RASKOP / ISOLIERLACKE

3. AUFLAGE

ISOLIERLACKE

deren Eigenschaften und Anwendung in der Elektrotechnik
insbesondere im Elektromaschinen- und Transformatorenbau

von

FRITZ RASKOP

Beratender Fachingenieur
für Elektromaschinenbau und Imprägniertechnik

Dritte, verbesserte und vermehrte Auflage
mit 134 Abbildungen

TECHNISCHER VERLAG HERBERT CRAM, BERLIN W 35

1952

Printed in Germany
Satz: Walter de Gruyter & Co., Berlin W 35
Druck: Buchkunst, Berlin W 35

Vorwort zur 3. Auflage

Die rege Nachfrage, die nach dem Erscheinen der 2. Auflage einsetzte und schon nach relativ kurzer Zeit zu der vorliegenden 3. Auflage führte, ist ein Beweis dafür, daß dem Werkstoff „Isolierlack" in Fachkreisen — mit Recht — ein ständig wachsendes Interesse entgegengebracht wird.

An dieser erfreulichen Erscheinung hat das vorliegende Fachbuch seinen Teil beigetragen.

Die Lackrohstoffchemie hat im Zuge des entwicklungsmäßigen Fortschrittes weitere, neuartige Kunststoffe auf den Markt gebracht, die dem Isolierlackchemiker den Impuls zur Neuausarbeitung verbesserter Isolierlacke gegeben haben. Diese Neuausarbeitungen führten besonders auf dem Gebiete der Drahtlacke (Lackdrähte) zu einer erheblichen Gütewertsteigerung. Aber auch auf dem Gebiete der Tränklacke bereitet sich durch das Erscheinen der USA-Silikone in Europa ein rohstofflicher Umbruch vor, dessen Auswirkung zur Zeit noch nicht in vollem Umfange übersehen und ermessen werden kann.

Die derzeitige Situation auf dem Gebiete der Elektro-Isolierlacke kann dahingehend gekennzeichnet werden, daß der Verbraucherschaft zur Zeit sowohl die althergebrachten, auf der Rohstoffgrundlage pflanzlicher Öle, als auch solche auf organischer — und in letzter Zeit — auch solche auf teils organischer, teils anorganischer Kunststoffbasis hergestellten Lacke zur Verfügung stehen.

Diese Vielgestaltigkeit des Isolierlackprogrammes der führenden Lackfabriken zwingt die Verbraucherschaft, sich mit den anfallenden Problemen auseinanderzusetzen und auch von sich aus zielstrebig in das Gebiet der Elektro-Isolierlacke ständig weiter einzudringen.

Es sind aber nicht nur die rohstofflich bedingten Eigenschaften und Gütewerte der Neuausarbeitungen, sondern auch die hiermit verbundenen Anwendungsmethoden, Maschinen, Meß-, Prüf- und sonstige Geräte oder Hilfsmittel, deren eingehende Kenntnis als eine der wichtigsten Voraussetzungen für den aussichtsreichen Einsatz der neuzeitlichen Isolierlacke aufgezeigt werden kann. Von diesen Gesichtspunkten aus wurde die vorliegende 3. Auflage neubearbeitet, verbessert und erweitert.

Die Grundrichtung in der Entwicklung der Isolierlacke zeigt unverkennbar das Streben nach

höherer Wärmebeständigkeit,
geringerer Wasseraufnahme (Feuchtigkeitsbeständigkeit),
besserer Wärmeleitfähigkeit,

wobei die Unveränderlichkeit des Durchgangswiderstandes bei Betriebswärme als ein wichtiges Gütekriterium in Erscheinung tritt (Silikone).

Aber auch die härtbaren Eigenschaften der Kunstharze und die sich hieraus ergebende mechanische, physikalische und chemische Stabilität der härtbaren Kunstharz-Isolierlacke (hohe Backfestigkeit, hohe und universelle Beständigkeit gegen chemische, tropische und subtropische Beanspruchungen, Nichtwiedererweichen bei Betriebswärme usw.) räumen diesen Lacktypen immer mehr einen bevorzugten Raum ein.

Mit dieser, in der letzten Zeit recht lebhaften Entwicklung auf dem Sektor „Isolierlacke" konnten die vom VDE herausgebrachten Prüfvorschriften nicht Schritt halten. Eine beschleunigte Angleichung dieser Prüfvorschriften an den heutigen Stand der Technik ist dringend notwendig geworden.

Der Verfasser übergibt die 3. Auflage des vorliegenden Fachbuches dem ständig wachsenden Interessentenkreis mit dem Wunsche, daß die hierin niedergelegten, vorwiegend aus der Praxis geschöpften Erfahrungen an der Weiterentwicklung noch besserer Isolierlacke beitragen mögen.

Krefeld, im Mai 1951. Der Verfasser.

Vorwort zur 2. Auflage

Mit dem Erscheinen der ersten Auflage präsentierte sich das vorliegende kleine Werk als „Erstes deutsches Fachbuch auf dem Sondergebiet der Elektro-Isolierlacke" und es kann heute nach fünf Jahren festgestellt werden, daß es seiner Aufgabe gerecht geworden ist.

Das Buch hat weit über die Reichsgrenzen hinaus in den Kreisen der interessierten Fachleute eine freundliche Aufnahme gefunden, denn auch im Ausland existierte bisher keine spezielle Fachliteratur über Isolierlacke, so daß der Versuch, die bestehende Lücke zu überbrücken, auch hier begrüßt wurde.

Obgleich die erste Auflage keinen Anspruch auf Vollständigkeit erheben konnte und wollte, erfüllte sie ihren Zweck in zufriedenstellender Weise, indem die interessierten Fachleute zu einem lebhaften Meinungsaustausch angeregt wurden und hierdurch die Gedanken des Verfassers zur positiven Auswirkung kamen.

Im Jahre 1940, also etwa zwei Jahre nach dem Erscheinen der ersten Auflage wurde in den Fachzeitschriften erstmalig über einen vom Verband deutscher Elektrotechniker (VDE) verfaßten Entwurf: „Leitsätze für die Prüfung von Isolierlacken" diskutiert. In den einschlägigen Fachverbänden wurden Sonderkommissionen für die Bearbeitung des Fachgebietes „Isolierlacke" berufen und in den Kreisen der Hersteller und Verbraucher von Elektro-Isolierlacken machte sich ein ansteigendes Interesse bemerkbar. Auch in der Wirtschaft widmete man sich mit größter Aufmerksamkeit der Entwicklung, die im Rahmen des Rohstoffumbruches auf dem Gebiete der Isolierlacke eingesetzt hatte und nunmehr im lebhaftem Tempo vorwärts getragen wurde.

Diese Situation gab einen erfreulichen Antrieb zur beschleunigten Weiterentwicklung der synthetischen Isolierlacke, deren zukünftige Bedeutung bereits in dem Vorwort zur ersten Auflage zutreffend vorausgesagt wurde.

Die nunmehr vorliegende 2. Auflage wurde dem derzeitigen Stand der Entwicklung auf dem Gebiete der Elektro-Isolierlacke angeglichen, soweit dies mit Rücksicht auf den noch nicht annähernd abgeschlossenen Rohstoffumbruch möglich war. Es ist indessen bereits klar ersichtlich, daß die früheren und bisherigen, auf der Rohstoffgrundlage trocknender (pflanzlicher) Öle, Naturharze und Asphalte hergestellten Isolierlacke immer mehr zugunsten der Kunststoff-Isolierlacke in den Hintergrund treten werden und es ist wichtig festzustellen, daß diese Erscheinung nicht allein auf einen Mangel an natürlichen Lackrohstoffen, sondern auch auf die gütemäßige Überlegenheit der synthetischen Isolierlacke zurückzuführen ist. Diese Feststellung bezieht sich nicht nur auf die Tränk- und Überzugslacke, sondern auch ganz besonders auf die Drahtlacke, die bekanntlich in der Familie der Isolierlacke eine bedeutende Rolle spielen und deren Weiterentwicklung noch lange nicht als abgeschlossen gelten kann.

Leipzig, im Juli 1943. Der Verfasser.

Vorwort zur 1. Auflage

Das interessante und wichtige Gebiet der Elektro-Isolierlacke ist bisher in den Fachbüchern über Elektromaschinenbau recht stiefmütterlich behandelt worden.

Die Ursache hierfür liegt offenbar weniger in einer mangelnden Erkenntnis der Verfasser hinsichtlich der Notwendigkeit und Bedeutung dieses Werkstoffes, sondern vielmehr darin, daß der gestaltende Elektromaschinenbau-Ingenieur und der Fachmann in der Werkstatt dem Wissensgebiet des Lackchemikers noch zu fremd gegenüberstehen.

Es sind nicht die rezeptlichen Zusammensetzungen, die den Isolierlackverbraucher interessieren, denn die Herstellung der Isolierlacke ist und bleibt eine Angelegenheit des Lackchemikers. Andererseits wird es aber stets die Aufgabe des Elektromaschinenbauers und der übrigen Isolierlackverbraucher sein, die vom Chemiker ausgearbeiteten Isolierlacke praktisch anzuwenden.

Hierzu ist eine gewisse Kenntnis über den rohstofflichen Aufbau, sowie über die vielseitigen Eigenschaften und Gütewerte der zahlreichen Isolierlacktypen unerläßlich. Im engen Zusammenhang hiermit stehen die Imprägnier- und Trockeneinrichtungen, sowie die Trockenmethoden.

Der Elektromaschinenbau und die übrigen Sparten in der Elektrotechnik stehen z. Zt. in einem teilweise entwicklungsmäßig, teilweise rohstofflich bedingten Umbruch, der sich auch in der Imprägniertechnik immer mehr bemerkbar macht.

Im Rahmen der Roh- und Werkstoff-Forschung sind in jüngster Zeit eine Reihe Isolierlacktypen auf synthetischer Basis entstanden, und es ist wahrscheinlich, daß die bisher üblichen, auf Ölbasis hergestellten Isolierlacke mit der Zeit nahezu restlos verschwinden werden.

Die hierdurch entstandene Situation rechtfertigt die Herausgabe eines Fachbuches, welches die Aufgabe des Vermittlers zwischen Chemiker und Isolierlackverbraucher übernimmt. Diesem Zweck soll das vorliegende kleine Werk dienen. Es soll den Isolierlackchemiker mit den Belangen der Lackverbraucher vertraut machen und dem Elektrotechniker einen Einblick in das Gebiet des Lackchemikers gewähren.

Leipzig, im Januar 1938. Der Verfasser.

Inhaltsverzeichnis

Seite

Vorwort VII

I. Abschnitt: Allgemeines über den Stand der Imprägniertechnik im Elektromaschinenbau 1

Die Entwicklung im Kleinmotorenbau 2
Asbestdraht-Wicklungen 3
Der Emaillelackdraht 5

II. Abschnitt: Die wichtigsten Rohstoffe für die Herstellung der Isolierlacke 9

Rohstoffe für Isolierlacke auf Ölbasis 10
Rohstoffe für Isolierlacke auf Kunstharzbasis 11
Bakelite 13
Phenol 13
Härtbare und nicht härtbare Kunstharze 15
Glyptalharz 15
Alkydharz 16
Alkydale 17
Modifizierte Alkydharze 17
KM-Kunstharze, Ronilla, Plastopale, Luphene 17
Plexigum J 16 18
Anilinharz, Chlorkautschuk 18
Isolierlacke auf Zellulosebasis 18
Äthyl- und Benzylzellulosen 19
Rohstoffe für Schellacke 19
Neuartige Lackrohstoffe 20
Polyvinylazetal 20
Nylon 21
Silikone 21

III. Abschnitt: Die Eigenschaften und Gütewerte der Isolierlacke . . . 23

Imprägnierlacke 23
Eindringvermögen, Backvermögen, Elastizität 24
Alterungsbeständigkeit, Ölbeständigkeit 25
Schleuderfestigkeit 26
Feuchtigkeitsaufnahme 26
Wärmeleitfähigkeit 27

Seite

Trockenzeiten, Durchschlagsfestigkeit 27
Wärmebeständigkeit 29
Überzugslacke 30
Oberflächenschutz 30

IV. Abschnitt: Über die Auswahl der Isolierlacke 32

Schwarze oder helle Isolierlacke 33
Luft- oder ofentrocknende Lacke 34
Trockenzeiten 35
1. Isolierlacke für umlaufende Wicklungen 37
2. Isolierlacke für ruhende Wicklungen 38
Eindringvermögen, Elastizität 39
3. Isolierlacke für Transformatorenwicklungen 40
4. Isolierlacke für Lackdrahtwicklungen 41
5. Hitzebeständige Isolierlacke 42
6. Isolierlacke für Dynamo- und Transformatorenbleche 43
7. Isolierlacke für Kühlschrankmotoren 45
8. Imprägniermittel für Lasthebemagnete, magnetische Schienenbremsen, Magnet-Aufspannplatten, Magnetkupplungen und Magnet-Spannfutter 46
9. Isolierlacke für Stab- und Bandwicklungen 47
10. Isolierlacke für Unterwassermotoren 50
11. Imprägnierlacke für Wicklungen aus kunstseideumsponnenen Drähten 51
12. Isolierlacke für die Vorimprägnierung umsponnener oder umwickelter Dynamodrähte 52
13. Isolierlacke für die Imprägnierung von Wicklungen und Lackträgern für die Hochfrequenztechnik 54
14. Isolierlacke für die Herstellung von Lackkabel 56
15. Isolierlacke für die Galvanotechnik 59
16. Tropenschutz-Isolierlacke 60
17. Isolierlacke für lackierte Metallfolien 61
18. Isolierlacke für die Herstellung von Hartpapier 64
19. Isolierlack für die Herstellung von Ölleinen, Ölseide, Öl-Hohlschläuche usw. 65
20. Kriechstromsichere Isolierlacke 65
21. Drahtlacke 67
22. Isolier-Klebelacke 68
23. Plastische Isoliermassen 68

V. Abschnitt: Die praktische Anwendung der Isolierlacke bei der Imprägnierung von Wicklungen an elektrischen Maschinen 72

Die Verdünnung des Isolierlackes 73
Viskosimeter und Stoppuhr 74

Seite

Die Wahl der Imprägniermethode 75
Beispiel einer Imprägniereinrichtung 77
Vakuum-Imprägnierung 77
Prinzip-Darstellung einer Vakuum-Imprägnier- und Trockenanlage . . 79
Der Ablauf der Vakuum-Imprägnierung 82
Die Trocknung der imprägnierten Werkstücke 88
Graphische Darstellung des Härtevorganges bei einem härtbaren Kunstharzlack 91
Die Trockenzeiten und die Trockentemperaturen 93
Beispiele von Trockenkurven . . . . 93—97
Die Bedeutung der Kurzschlußfestigkeit 100
Die Bedeutung der chemischen Beständigkeit 101
Der Härtungsvorgang 101
Die Temperatur bei der Vortrocknung 103
Die Trockenkurve — Härtekurve 104
Fallbügel-Regler 105
Vorteile gegenüber Öl-Tränklacke 107
Voraussetzungen für die aussichtsreiche Anwendung 107
Welche Einrichtungen sind für den Einsatz der Silikonlacke erforderlich 107
Die tägliche Einstellung der Viskosität 108
Imprägniergeräte 109
Der Imprägniervorgang 109
Trockenkurven für Silikonlacke 110
Trocknung der Silikonlacke 112
Die Auslegung des Trockenofens 112
Anorganische Isolierstoffe/Silikonlacke 112
Vorbehandlung der glasisolierten Leiter 113
Vorbehandlung der Glasgewebe 113

VI. Abschnitt: Trockenschränke und Anlagen für die Trocknung imprägnierter Wicklungen 115
Art der Heizung: Steinkohle, Braunkohle, Grudekoks, Heißwasser, Dampf, Gas, Rohöl, Elektrizität 115
Elektrische beheizte Trockenschränke 116
Angaben über die Herstellung eines elektrisch-beheizten Trockenofens mit Großflächenheizkörper nach Raskop 116
Meß- und Regelinstrumente für Trockenöfen . . . . 121—123
Gasbeheizte Trockenschränke 124
Dampf- und Warmwasserheizung 124
Mittelfrequenz-Trockenanlagen 125
Trocknung infolge Stromdurchganges 125
Trockenanlagen mit Luftumwälzung 127
Infrarot — Trockenverfahren 128

Seite

VII. Abschnitt: Einbrenn-Emaillelacke und ihre praktische Anwendung bei der Herstellung von Lackdrähten 132
Graphische Darstellung der Wickelräume bei textilumsponnenen Dynamodrähten im Vergleich mit Lackdrähten 132
Klassifizierung der Lackdrähte 133
Die Herstellung der Lackdrähte 134
Schematische Darstellung einer Horizontal-Lackiermaschine 134
Klasse I: Lackdrähte für die Schwachstrom- und Hochfrequenztechnik (Telegraph, Telephon, Bildfunk, Kabel usw.) 134
Klasse II: Lackdrähte für die Starkstrom-Elektrotechnik (Elektromaschinen-, Transformatoren- und Apparatebau) 134
Dreifach-Horizontal-Lackiermaschine 135
Retortenbeheizung infolge Stromdurchganges (Heizung über einen Transformator) 137
Vertikale-Lackiermaschinen 138
Aufspulvorrichtung 139
Die Gütewerte der Lackdrähte 140
Die elektrische Durchschlagsfestigkeit der Lackdrähte 141
Die Imprägnierfestigkeit der Lackdrähte 141
Isolationswiderstand und dielektrische Verluste der Lackdrähte . . . 143
Beständigkeit der Lackdrähte gegen Wasser 144
Die Prüfung der Lackdrähte während des Lackiervorganges 144
Die Prüfung der fertigen Lackdrähte 145
Prüfeinrichtung für Durchschlagsprüfungen 145
Die Prüfung auf Fehlerzahl in der Lackschicht 146
Die Lackdraht-Dehnungsprobe 147
Die Alterungsprobe, Ölbeständigkeit 147
Die Prüfung auf Imprägnierfestigkeit 148
Weitere Beispiele für die Gütewertbestimmung der Lackdrähte . . . 149
Die Dorn-Wickelprobe 151
Eindruck-Prüfung, Erweichungsprüfung 152
Fehlerzahl-Prüfung, Spannungsprüfung 153
Spannungsprüfung unter Druck, Messung des Isolationswiderstandes . 154

VIII. Abschnitt: Die Imprägnierung der Lackdraht-Wicklungen 155
Die Auswahl der Isolierlacke für die Imprägnierung der Lackdrahtwicklungen 158
Verdünnungsgrad des Imprägnierlackes 159
Die Tränkung der Lackdrahtwicklungen 160
Die Vortrocknung der imprägnierten Werkstücke 160
Die Trocknung im Ofen 161
Richtige und falsche Anordnung der imprägnierten Wickelkörper im Nutzraum des Trockenofens 161
Beispiel einer Trockenkurve für Lackdrahtwicklungen 162

Seite

IX. Abschnitt: Fehlschläge bei der Imprägnierung von Wicklungen, deren Ursachen und Verhütung . . . 165

Beispiele:

Kleinanker mit hohen Läuferdrehzahlen . . . 166

Das Ausschleudern des Isolierlackes bei umlaufenden Wicklungen . 167

Vergrünung und Grünspanbildungen bei imprägnierten Kupferwicklungen . . . 168

Fehlschläge bei Lackdrahtwicklungen . . . 168

Rückschläge durch die Anwendung von Schlupfmittel . . . 169

Fehlschläge bei ölgekühlten Transformatorenwicklungen . . . 171

Fehlschläge bei Vakuum-Imprägnier- und Trockenanlagen . . . 172

X. Das Isolier- und Imprägnierproblem bei Straßenbahnmotoren . . . 174

Allgemeines über die Ursachen der Wicklungsschäden . . . 174

Thermische Wicklungsschäden . . . 175

Vorratswirtschaft in der Wickelei . . . 175

Möglichkeiten zur Erhöhung der Lebensdauer . . . 176

Glasisolierte Profildrähte . . . 177

Die Alterung des Lackfilmes . . . 178

Die Filmbildung bei der Trocknung . . . 183

Die Herstellung der Wicklungen . . . 187

Ankerspulen für Straßenbahnmotoren . . . 192

XI. Das Imprägnierproblem bei vollkommen gekapselten Elektromaschinen 195

Die Ursachen der Kondensatbildung . . . 195

Der Einsatz der Kunststoffolien zwecks Erhöhung des Feuchtigkeitsschutzes . . . 198

XII. Abschnitt: Richtlinien für die Bestimmung der Gütewerte bei Isolierlacken . . . 200

Gattungsbegriffe für Elektro-Isolierlacke . . . 200

Öl-Isolierlacke . . . 200

Kunstharz-Isolierlacke mit Anteilen von Naturölen . . . 201

Kunstharz-Isolierlacke, Härtbare Kunstharz-Isolierlacke . . . 201

Lackier- und Tränk-Verfahren . . . 201

Trocknung der Isolierlacke . . . 202

Trockenzeit, Trockentemperatur . . . 202

Trockenverfahren . . . 203

Wärmebeständigkeit der Isolierlacke . . . 204

Die Schleuderfestigkeit . . . 206

Feststellung der Wärme-Leitfähigkeit . . . 209

Prüfung auf Widerstandsfähigkeit gegen Säuren und Laugen . . . 210

Prüfung auf Wasserbeständigkeit . . . 211

Die Trockeneigenschaften . . . 211

Backfähigkeit und mechanische Härte . . . 214

Seite

Durchschlagsfestigkeit 215
Ölfestigkeit 216
Alterungsbeständigkeit und Elastizität, Eindringvermögen 217
Körpergehalt der Isolierlacke 218

XIII. Ausblick auf die Entwicklung besserer Isolierlacke und Anwendungsmethoden 219
Lösungsmittelfreie (schwundfreie Isolierlacke) 219
Feuchtigkeitsbeständigere Tränklacke 220
Ein neues Lackdraht-Herstellungsverfahren 220

XIV. Betrachtungen über den Stand der Technik in der deutschen Lackdrahtherstellung 224
Konstruktive Verbesserungen an Lackiermaschinen 226
Der Kern des Lackdrahtproblemes 228
Temperatur-Meß- und Regeltechnik 229
Fertigungskontrollen 229
Draht-Einbrennlacke 230
Prüf- und Fertigungsvorschriften 231
Die Ausgestaltung des Lackierraumes 231
Elektrische Mehrfach-Heizretorten nach Raskop 233
Messung der Abzugsgeschwindigkeit 237
Luftdruckmessungen mit Ringwaage 237
Feuchtigkeits-Meßgerät 238
Gaskonzentrationsmesser 238
Elektro-Isolierlacke mit besserem Wärmeleitvermögen 240
Die rohstoffliche und rezeptliche Zusammensetzung der Drahtlacke. Richtlinien für den Isolierlack-Chemiker . 242

I. Abschnitt

Allgemeines über den Stand der Imprägniertechnik im Elektromaschinenbau

Überblickt man die Entwicklung der elektrischen Maschine von der handwerksmäßigen Herstellung der ersten, praktisch verwendbaren Dynamo bis zur Gegenwart, so kann ein recht beachtlicher Fortschritt im Elektromaschinenbau festgestellt werden.

Dieser entwicklungsmäßig bedingte Fortschritt beruht nicht nur auf einer ständigen Gütesteigerung der Baustoffe, sondern auch auf Erkenntnissen und Erfahrungen, die praktisch ausgewertet, zu einer höheren spezifischen Beanspruchung der Baustoffe und zu technisch vollkommenen Fertigungsmethoden führten.

Die Ergebnisse dieser Forschungsarbeiten haben in dem Totalgewicht, in der Formgestaltung, Lagerkonstruktion, Lüftung und nicht zuletzt in dem Preis der Maschinen einen deutlich erkennbaren Ausdruck gefunden.

Demgegenüber kann festgestellt werden, daß der Fortschritt in der rohstofflichen und rezeptlichen Zusammensetzung der Elektro-Isolierlacke, sowie in der Imprägnierung der Wicklungen elektrischer Maschinen mit der allgemeinen Fortentwicklung im Elektromaschinenbau nicht gleichen Schritt gehalten hat.

Damit soll keineswegs gesagt sein, daß die Elektro-Isolierlacke der heutigen Zeit allgemein nicht den Anforderungen entsprächen.

Indessen steht außer Zweifel, daß die Mittel und die Methoden, die der Erbauer der ersten praktisch verwendbaren elektrischen Maschine für die Imprägnierung der Wicklungen anwandte, vergleichsweise nur geringe Verbesserungen erfahren haben.

Die Ursache hierfür liegt z. T. darin begründet, daß der Hersteller der Isolierlacke zu wenig Elektrotechniker und der Elektrotechniker im Regelfall zu wenig Lackchemiker ist, um die anfallenden Probleme allein lösen zu können.

Da einerseits der Erbauer elektrischer Maschinen durch den Wettbewerb ständig auf entwicklungsmäßige Verbesserungen bedacht sein muß, der Lackchemiker aber nur dann zur Verbesserung seiner Lacke

Veranlassung hat, wenn er über die Belange der Elektrotechniker ständig und ausreichend unterrichtet ist, so tritt die Notwendigkeit einer **gemeinsamen** Forschungsarbeit beider Teile klar in Erscheinung.

Es dürfte daher vorteilhaft sein, einmal die diesbezüglichen Belange kurz aufzuzeigen und diesen Belangen den heutigen Stand der Imprägniermittel und deren Anwendungsmethoden gegenüberzustellen.

Betrachtet man z. B. **die Entwicklung des Kleinmotorenbaues,** so läßt sich leicht feststellen, daß der Erbauer bestrebt ist, mit dem geringsten Totalgewicht eine Maschine von höchsterreichbarer Leistung herzustellen. Diese Bestrebungen führten zu einer, noch bis vor kurzer Zeit nicht für möglich gehaltenen Steigerung der Ankerdrehzahl bei Universalmotoren. Bekanntlich stellt man z. Zt. derartige Motoren mit Ankerdrehzahlen bis etwa 50000 n her.

Bei der Entwicklung dieser Motoren spielte die Imprägnierung neben der Lagerkonstruktion und der dynamischen Auswuchtung des Läufers eine wesentliche Rolle.

Nach Lösung der Konstruktionsprobleme elektrischer und mechanischer Art, die bei der Entwicklung dieses Motorentyps nicht geringe Schwierigkeiten bereiteten, trat zum Schluß die Unzulänglichkeit der auf Ölbasis hergestellten Isolierlacke in Erscheinung. Es zeigte sich nämlich, daß durch die bei den hohen Ankerdrehzahlen auftretenden erheblichen Fliehkräfte, die im Regelfall in Maschinenarbeit hergestellten Ankerwicklungen gefährdet und die Betriebstüchtigkeit der Maschine hierdurch in Frage gestellt wurden.

Die einzelnen Windungslagen der Ankerwicklung, insbesondere aber die Schaltdrähte an der Stromwenderseite wurden durch die Fliehkräfte so stark beansprucht, daß Windungsschlüsse und Drahtbrüche eintraten.

Die Ursache dieser Erscheinung lag einerseits darin begründet, daß **das Backvermögen** der Isolierlacke für diese hohen mechanischen Beanspruchungen zu gering war. Man versuchte daher, die in sogenannter Knäuelwicklung hergestellten Wickelköpfe mit Leinenband zu bandagieren und so eine höhere innere Festigkeit derselben zu erlangen. Hierdurch wurde aber die Abgabe der Stromwärme an die Kühlluft verschlechtert und der Nutenfüllfaktor herabgesetzt.

Das Abreißen der Schaltenden an der Stromwenderseite wurde, da Kordelbandagen versagten, z. B. durch Auflegen von isoliert angeordneten Stahldrahtbandagen verhindert.

Abgesehen von Zeit und Materialaufwand war hiermit das Imprägnierproblem jedoch nicht gelöst. Selbst wenn es nach langwierigen Versuchen und Anwendung zahlreicher Mittel gelang, die Ankerwicklung und insbesondere die Schaltdrähte fliehkraftfest anzuordnen, blieb eine weitere Frage ungelöst, nämlich die dynamische Auswuchtung des Läufers.

Der auf Ölbasis hergestellte Isolierlack hat, bezogen auf den behandelten Fall, noch den Nachteil, daß der nach dem Trockenprozeß erkaltete und hartgewordene Lackfilm später, bei Eintritt der Betriebswärme des Ankers (etwa 60—80° Celsius) wieder erweicht.

Diese physikalische Erscheinung wirkt sich außerordentlich nachteilig auf die erforderliche, schwerpunktfreie Beschaffenheit des Läufers aus.

Da die Kleinanker vorwiegend auf Spezialmaschinen gewickelt werden, so ist es nicht zu verhindern, daß innerhalb der Nuten und Wickelköpfe kleine Hohlräume verbleiben. In diesen Räumen bilden sich Lacknester, die selbst bei mehr als 24-stündiger Trocknung im Ofen nicht durchtrocknen können, weil die Voraussetzungen hierfür fehlen.

Diese Lackmassen erweichen bei Betriebswärme des Ankers und erfahren dann durch die Fliehkräfte eine örtliche Verlagerung. Hierdurch geht die mit größter Sorgfalt auf hochempfindlichen dynamischen Auswuchtmaschinen erreichte Auswuchtung verloren.

Aus dieser Betrachtung ergibt sich, daß die üblichen Öl-Isolierlacke im vorliegenden Fall in zwei entscheidend wichtigen Punkten nicht den entwicklungsmäßig bedingten Ansprüchen des Elektromaschinenbauers entsprechen.

Mit dieser Schwierigkeit hat der gestaltende Ingenieur bei der Berechnung und Konstruktion des Hochleistungs-Kleinmotors sicherlich nicht gerechnet.

Die Auswirkungen der erst am Schluß der gestaltenden Arbeiten in Erscheinung tretenden Unzulänglichkeiten der Imprägniermittel sind leider recht bedeutungsvoll. Vielfach werden die Maschinen serienweise geliefert, und erst nach einiger Betriebszeit stellen sich Betriebsstörungen und Beanstandungen im größeren Umfange ein, weil trotz aller Bemühungen des Herstellers die geforderte Betriebstüchtigkeit der Maschinen nicht erreicht werden konnte.

Es liegt in der Natur der Sache begründet, daß der Elektromaschinenbauer das Imprägnierproblem nicht allein lösen kann. Er kann dies nur in Gemeinschaft mit dem hierzu berufenen Lackchemiker, und dieser ist zur Mitarbeit aber auch nur dann in der Lage, wenn er die Konstruktionsprobleme frühzeitig in allen Einzelheiten kennen gelernt und vor allen Dingen im vollen Umfang erfaßt hat.

Noch schwieriger liegen die Verhältnisse, wenn für die Lösung eines derartigen Problemes drei voneinander getrennt schaffende Sachbearbeiter in Betracht kommen.

Als Beispiel sei hier die Imprägnierung der **hitzebeständigen Asbestdrahtwicklungen** angeführt.

Die Idee des gestaltenden Elektromaschinenbauers, eine elektrische Maschine mit hochhitzebeständigen Wicklungen zu bauen, konnte nur unter Mitarbeit der Kabelwerke und der Isolierlackhersteller in die Tat umgesetzt werden. Den Kabelwerken fiel die Aufgabe zu, einen den Anforderungen entsprechenden, **asbestisolierten Dynamodraht** herzustellen. Die Lösung dieser Aufgabe war wesentlich schwieriger als es anfänglich den Anschein hatte.

Bei den mit Asbestfaser umsponnenen oder umwickelten Drähten mußte u. a. die Asbestfaser einerseits haftfest auf den Kupferdraht aufgeklebt und andererseits mußte für eine Imprägnierung der aufgebrachten Asbestschicht gesorgt werden.

Die hierfür in Frage kommenden Klebe- und Imprägniermittel entsprachen aber nur dann den Anforderungen, wenn dieselben auch hochhitzebeständige Eigenschaften besaßen und bei der Imprägnierung der fertiggestellten Wicklungen keine Schwierigkeiten bereiteten.

Anfänglich traten bei Verwendung von asbestisolierten Drähten vielfach Rückschläge ein. Die Ursache hierfür lag einerseits darin, daß der Draht vom Hersteller mit leicht schmelzbaren Wachsgemischen behandelt wurde. Diese, in die Asbestumhüllung eingedrungenen Imprägniermittel wurden später, bei der Imprägnierung der fertigen Wicklungen, durch die Trockenhitze flüssig, verbanden sich mit dem Imprägnierlack, und dieser Vorgang führte zu Beanstandungen. Der Imprägnierlack trocknete nicht, wurde beim Probelauf der Maschine ausgeschleudert, und es traten Betriebsstörungen ein.

Die hierdurch bedingten Auseinandersetzungen zwischen dem Elektromaschinenbauer, dem Lackfabrikanten und Drahthersteller zeigen recht deutlich die Schwierigkeiten der Lösung derartiger Probleme, wenn drei für sich arbeitende Stellen hieran beteiligt sind. Diese Schwierigkeiten entstanden im wesentlichen dadurch, daß der Isolierlackhersteller sowohl als auch das Kabelwerk entweder nicht ausführlich genug mit den an die Werkstoffe gestellten Anforderungen bekannt gemacht waren. Vielleicht waren auch die geforderten Eigenschaften der Werkstoffe seitens der Isolierlackhersteller und des Kabelwerkes nicht richtig erfaßt worden. Der Asbestdraht muß vom Hersteller mit **hochhitzebeständigen Imprägnierstoffen** von gutem Isoliervermögen verarbeitungsreif behandelt werden. Für die Imprägnierung der fertigen Asbestdrahtwicklungen kommen andererseits hochwertige, hitzebeständige Isolierlacke in Betracht, die sich mit den in der Asbestisolation enthaltenen Imprägniermitteln vertragen.

Es ist erklärlich, daß die Herstellung derartiger Spezial-Isolierlacke ein sorgfältiges Studium der jeweils vorliegenden Belange erfordert. Aber selbst in allen Teilen geeignete Isolierlacke können nur dann im vollen Umfang die Wünsche des Elektromaschinenbauers erfüllen, wenn die Lacke, bezogen auf ihre rohstoffliche und rezeptliche Zusammensetzung vom Verbraucher richtig angewandt werden. Das Eine ist so wichtig, wie das Andere, wie später noch ausführlich dargelegt wird.

Die dringende Notwendigkeit einer engeren Zusammenarbeit von Elektromaschinenbauer, Lackchemiker und Kabelwerk tritt in dem folgenden Beispiel noch deutlicher in Erscheinung.

Der Lackdraht

Für den fortschrittlich eingestellten Elektromaschinenbauer hat der Lackdraht schon seit vielen Jahren eine große Bedeutung. Indessen waren die Ansichten der Fachleute über die Zuverlässigkeit dieses Werkstoffes in bezug auf die Herstellung von ruhenden und umlaufenden Wicklungen im Elektromaschinenbau bisher nicht einheitlich. Die Ursache hierfür liegt erfahrungsgemäß in der Hauptsache darin, daß die bisher üblichen, mit Drahtlacken aus natürlichen Lackrohstoffen hergestellten Drähte hinsichtlich der sogenannten Imprägnierfestigkeit gegen erhitzte Isolier-Tränklacke den gestellten Anforderungen nicht immer entsprachen. Infolge dieses Mangels mußten vielfach erhebliche Rückschläge hingenommen werden, die stets mit empfindlichen Zeit-, Werkstoff- und finanziellen Verlusten verbunden und nicht geeignet waren, das Vertrauen der Elektromaschinenbauer zu dem an sich begehrten Werkstoff „Lackdraht“ zu fördern.

Maßgebend für die Bestimmung der Güterwerte an den Lackdrähten war bis vor kurzer Zeit das VDE Blatt 6450, welches bezüglich der Imprägnierfestigkeit lediglich die Forderung stellte, daß die Lackschichten der Drähte von den in der Schwachstromtechnik üblichen Imprägniermitteln (Erdwachs [Ceresin], Bienenwachs und deren Gemisch) nicht angegriffen werden dürfe. Eine Prüfung in Isoliertränklacke, ganz besonders in erhitzte Lacke, ist in dem VDE Blatt 6450[1]) nicht vorgesehen und es ist Allgemeingut der Lackdrahthersteller und Verbraucher, daß die mit Einbrennlacken auf der Basis pflanzlicher Öle in Verbindung mit Natur- oder Kunstharzen hergestellten Lackdrähte nur eine bedingte und vor allen Dingen keine einheitliche Widerstandsfähigkeit gegen betriebsmäßig erhitzte Isolier-Tränklacke besitzen. Taucht man einen solchen Lackdraht in betriebsmäßig (entsprechend der Trockentemperatur von etwa 80—120°C) erhitzte Isolier-Tränklacke, so läßt sich die Lackschicht des Drahtes bereits nach etwa 3—5 Minuten leicht mit den Fingerspitzen abstreifen. Schon diese oberflächliche Prüfung bestätigt die heute allgemein bekannte Tatsache, daß die Lackschicht der im Elektromaschinenbau zu Wicklungen verarbeiteten Öllack-Drähte während des Imprägnier- und Trockenvorganges durch die erhitzten und flüssigen Bestandteile des Tränklackes eine Erweichung und Quellung erfährt. Der Grad dieser physikalischen Veränderung der Lackschicht wird im wesentlichen von der spezifischen Lösekraft des in dem Tränklack enthaltenen Lösungs- und Verdünnungsmittels,

[1]) Es liegt inzwischen das DIN-Blatt 46 453 (März 1943) vor.

von der sogenannten Imprägnierfestigkeit des jeweils verwendeten Lackdrahtes sowie von der Temperatur und von der zeitlichen Einwirkung des Tränklackes bestimmt.

Die rohstoffliche und rezeptliche Verwandtschaft des Drahtlackes einerseits und des Tränklackes andererseits spielt hierbei eine nicht zu unterschätzende Rolle. Die nachteilige Auswirkung der Quellvorgänge ist um so einschneidender, je höher der Anlagedruck der einzelnen Windungen und Wicklungslagen innerhalb und außerhalb des aktiven Eisens und je schlechter die Tiefentrocknungseigenschaften der verwendeten Tränklacke sind.

Die praktischen Erfahrungen, die im Elektromaschinen- und Transformatorenbau mit Öllackdrähten in Verbindung mit Tränklacken auf Ölbasis gesammelt werden konnten, lassen sich etwa dahingehend zusammenfassen, daß bei der Reihenherstellung typisierter Wicklungen nach gegenseitiger sorgfältiger Abstimmung der Isolierstoffe innerhalb und außerhalb des aktiven Eisens, nach Einführung geeigneter Imprägnier- und Trockenanlagen sowie nach Schaffung vieler anderer Voraussetzungen brauchbare Ergebnisse erzielt werden. Die Verhältnisse liegen beispielsweise in den Unternehmen der elektrotechnischen Großindustrie deswegen besonders günstig, weil hier im Regelfalle die Lackdrahtherstellung sowie die Herstellung der Isolierstoffe und Isolierlacke in einer Hand liegen und somit auch verhältnismäßig leicht aufeinander abgestimmt werden können. Desgleichen ist die Werkstoffeingangskontrolle und somit die Überwachung der Werkstoffgütewerte hier erheblich einfacher und sicherer durchführbar, als dies bei dem Gros der mittleren und kleineren Lackdrahtverbraucher in der Sparte Elektromaschinenbau praktisch möglich ist.

Erfährt indessen der vielfach mühsam erkämpfte Gleichgewichtszustand eine Änderung etwa dadurch, daß notwendigerweise eine andere Tränklacktype oder ein Lackdraht anderer Herkunft verarbeitet werden muß, so tritt die Gefahr der Anlösungsrückschläge wieder in Erscheinung.

Dieser labile Zustand rückt in den Kreisen der Elektromaschinenbauer die verständliche Frage in den Vordergrund, ob es nicht möglich sei, einen Isoliertränklack für die Imprägnierung der Lackdrahtwicklungen herzustellen, der in erhitzter, zeitlich der Praxis entsprechender Beanspruchung die Lackschicht in keiner Weise zur Quellung bringt bzw. anlöst. Bezogen auf den derzeitigen Stand der Technik und auf die gegebene Rohstofflage muß diese Frage vorläufig noch verneint werden.

Die Bestrebungen, die in den Kreisen der Werkstofforscher zur Beseitigung des geschilderten Zustandes feste Formen angenommen haben, sind daher in erster Linie auf die Entwicklung von Drahtlacken abgestellt, mit deren Hilfe die Imprägnierbeständigkeit verbessert, d. h. erhöht werden kann. Daß es sich hierbei um eine Abkehr von den bisher üblichen, auf der Basis pflanzlicher Öle mit Anteilen von Natur- oder Kunstharzen hergestellten Drahtlacken handeln mußte, war nicht schwer zu erkennen, denn die rohstoffliche und rezeptliche Verwandtschaft der bisher auf Ölbasis hergestellten Draht- und Tränklacke war allgemein als Hauptursache der Anlösungsrückschläge einwandfrei erkannt. Es ist auch vereinzelt gelungen, die Imprägnierbeständigkeit der in jüngster Zeit mit verfügbaren synthetischen Drahtemaillelacken hergestellten Drähte nennenswert zu verbessern, ohne jedoch das erstrebte Ziel, nämlich die vollkommene Beständigkeit gegen die derzeit üblichen, auf Nenntrockentemperatur erhitzten Tränklacke zu erreichen. Über die Gründe dieser unvollkommenen Lösung soll an anderer Stelle ausführlich eingegangen werden.

Die somit auf dem Gebiete der Lackdrähte für den Elektromaschinenbau noch offenen Fragen enthalten eine Fülle wichtiger Aufgaben, die wiederum nur in zielstrebiger, enger Zusammenarbeit zwischen Elektromaschinenbauer, Lackchemiker und Lackdrahthersteller einer zufriedenstellenden Lösung entgegengeführt werden können. Es handelt sich hierbei nicht nur darum, einen Drahtemaillelack auf synthetischer Rohstoffgrundlage zu entwickeln, mit deren Hilfe auf den derzeit üblichen Emailliermaschinen wirklich imprägnierfeste Lackdrähte hergestellt werden können. Ebenso wichtig erscheint die Entwicklung und obligate Einführung kontinuierlicher Gütewertkontrollen in den Lackdrahtfabriken, die eine gleichmäßige, hohe Qualität der Lackdrähte sicherstellen. Im Zusammenhang hiermit steht auch die Herausgabe allgemein gültiger Leitsätze für die Prüfung von Lackdrähten, die den neuzeitlichen Belangen der Starkstrom-Elektrotechniker, insbesondere der Elektromaschinen- und Transformatorenbauer in vollem Umfange Rechnung tragen.

Diese Beispiele könnten nun auf alle mit dem Fortschritt im Elektromaschinenbau zusammenhängenden Fragen ausgedehnt werden. Indessen dürften die vorstehenden Darlegungen ausreichend den Weg aufgezeigt haben, der für eine glückliche und kurzfristige Lösung der jeweils auftauchenden Probleme beschritten werden muß.

Es kommt hierbei im wesentlichen darauf an, das Wollen und Können der an der Lösung aller anfallenden Aufgaben beteiligten Fachleute im Sinne der angestrebten Leistungssteigerung bestmöglichst zur Entfaltung zu bringen.

Hierzu gehört in erster Linie, daß einerseits der Lackchemiker und der Hersteller des Dynamodrahtes tiefer in das Gebiet des Elektromaschinenbauers eindringt, während andererseits der Elektromaschinenbauer die Aufgabe hat, sich mit dem Wollen und Können des Lackchemikers und des Drahtherstellers eingehender als bisher zu beschäftigen.

Mit der Herausgabe des vorliegenden kleinen Werkes versucht der Verfasser, das gegenseitige Verständnis für die Belange der beteiligten Fachleute zu fördern, hierdurch Schwierigkeiten aus dem Weg zu räumen, deren Bestehen von keiner Seite bestritten werden kann und deren Beseitigung sich günstig auf den entwicklungsmäßigen Fortschritt in den Sparten der Elektrotechnik bemerkbar machen wird.

II. Abschnitt

Die wichtigsten Rohstoffe für die Herstellung von Isolierlacken

A. Allgemeines

Über die rohstoffliche Zusammensetzung der Isolierlacke besteht bei einem großen Teil der Isolierlackverbraucher zur Zeit noch eine bedauerliche Unklarheit. Die Ursache hierfür liegt einerseits darin, daß die Lackfabriken in ihren Preislisten und Werbeblättern hierüber nur wenig verlauten lassen. Andererseits wird dieses Gebiet aber auch in den elektrotechnischen Fachbüchern bisher nicht ausführlich genug behandelt.

Die Kenntnis des rohstofflichen Aufbaues der Isolierlacke ist aber für den Verbraucher außerordentlich wichtig und erleichtert das ersprießliche Zusammenarbeiten zwischen Lackhersteller und Verbraucher im hohen Maße.

Die Notwendigkeit, daß beispielsweise ein härtbarer Kunstharz-Isolierlack eine ganz andere Behandlung erfahren muß als ein Öl-Isolierlack, wird von dem Verbraucher viel leichter verstanden, wenn er über den rohstofflichen Aufbau und die besonderen Eigenschaften der Rohstoffe unterrichtet ist.

Ein großer Teil der Fehlschläge, die beispielsweise bei der Imprägnierung elektrischer Maschinen immer wieder in Erscheinung treten, kann auf Unkenntnis der Verbraucher bezüglich der rohstofflichen Zusammensetzung der Lacke zurückgeführt werden.

Aber auch die richtige Wahl der Isolierlacke durch den Verbraucher und damit die Sicherung des vollen Erfolges wird durch die Kenntnis des rohstofflichen Aufbaues der Lacke wesentlich erleichtert.

Nicht zuletzt wird hierdurch der entwicklungsmäßige Fortschritt in der Imprägnierung von Wicklungen an elektrischen Maschinen in erwünschter Weise gefördert.

Der Elektromaschinenbauer, der über den rohstofflichen Aufbau der Isolierlacke und über die Eigenschaften der Rohstoffe ausreichend unterrichtet ist, wird z. B. einsehen, daß ein möglichst hoher Feuchtigkeitsschutz der Wicklung nicht durch mehrmalige Imprägnierung mit demselben Imprägnierlack erreicht werden kann. Er kommt deshalb schnell zu dieser Einsicht, weil Imprägnierlacke eine ganz andere Aufgabe zu erfüllen haben, als Überzugslacke.

Die Kenntnis über die Eigenschaften der Lackrohstoffe setzen den Elektromaschinenbauer in den Stand, für besondere Fälle, z. B. für die Herstellung einer Schutzimprägnierung gegen Angriffe von schwefliger Säure, den hierfür geeigneten Überzugslack selbst auszuwählen und dem Lackhersteller eindeutige Angaben über die gewünschte Lacktype zu machen.

Alle diese Gründe rechtfertigen die Bekanntgabe der wichtigsten Rohstoffe, die für die Herstellung der Isolierlacke zur Anwendung gelangen.

Es kann sich hierbei natürlich nur um eine umfassende Besprechung und nur um die wichtigsten Rohstoffe handeln. Die Isolierlackherstellung befindet sich z. Zt. in einem rohstofflichen Umbruch. Fast täglich werden von den Forschern neue Kunstharze und Kombinationen hiervon gefunden. Ein großer Teil dieser Lackrohstoffe befindet sich z. Zt. noch in dem Entwicklungsstadium. Es kann indessen angenommen werden, daß neben den bisher bekannten und eingeführten synthetischen Lackrohstoffen noch eine ganze Reihe weiterer, für die Fortentwicklung der Imprägniertechnik wichtiger Stoffe zur Einführung gelangen wird.

Bei dem unaufhaltsamen Fortschritt im Elektromaschinenbau werden diese neuen Imprägnierlacke eine wesentliche Rolle spielen.

B. Rohstoffe für Isolierlacke auf Ölbasis

Unter „Isolierlack auf Ölbasis“ versteht man solche, die einen mehr oder weniger großen Prozentsatz pflanzlicher (vegetabiler) Öle enthalten.

Im Gegensatz zu den Mineralölen besitzen die pflanzlichen Öle die Eigenschaft, daß sie durch Zutritt von Sauerstoff trocknen. Dieser Trockenprozeß ist ein chemischer Vorgang (Oxydation).

Das hier in erster Linie zu nennende **Leinöl** wird aus dem Samen des Flachses durch Auspressen gewonnen. Flachs wird hauptsächlich in Nordamerika, Rußland und in den Randstaaten angebaut.

Außer dem Leinöl spielt noch das **Holzöl** bei der Herstellung von Öl-Isolierlacken eine bedeutende Rolle.

Das Holzöl wird aus dem Samen des Tungbaumes gewonnen, der in China und Japan beheimatet ist.

Als weitere Rohstoffe für die Herstellung der Öl-Isolierlacke kommen eine Anzahl Naturharze, z. B. **Kolophonium, Dammar, Kopale** und **Bernstein** in Betracht. Schwarze Öl-Isolierlacke enthalten **Asphalte.**

Unter **Naturharze** versteht man im allgemeinen Ausscheidungen von Pflanzen. Die Harze sind in Wasser nicht löslich, können aber z. B.

in Alkohol, Äther oder Schwefelkohlenstoff verhältnismäßig leicht gelöst werden. Bei entsprechender Wärme erweichen diese Harze und sind bis zu einem gewissen Grade schmelzbar.

Die **Naturasphalte** sind Erdpeche, die in Wasser, verdünnten Säuren und Laugen unlöslich sind, hingegen in Äther teilweise, in Schwefelkohlenstoff, Benzol und Terpentinöl zum größten Teil gelöst werden können.

Ein den Asphalten ähnliches Produkt „**Bitumen**“ wird aus Steinkohle, Braunkohle und Holz gewonnen. Für die Herstellung hochwertiger schwarzer Isolierlacke kommen indessen in der Regel Naturasphalte in Betracht.

Asphalte erweichen bei Erwärmung, werden aber infolge ihres Mineralgehaltes nicht flüssig. Die Herkunftsorte der für Öl-Isolierlacke verwendeten Naturharze und Asphalte liegen fast ausschließlich außerhalb des Deutschen Reichsgebietes.

Als Lösungs- und Verdünnungsmittel der Öl-Isolierlacke kommen Benzol, Toluol, Rohbenzol (Solventnaphtha), Lackbenzin usw. in Betracht.

Die Gütewerte der auf Ölbasis hergestellten Isolierlacke ergeben sich aus der sorgfältigen Auswahl der Rohstoffe, insbesondere aus dem prozentualen Ölgehalt, aus der rezeptlichen Zusammensetzung der Lacke und nicht zuletzt aus den persönlichen Erfahrungen der Lackhersteller.

Je höher der Ölgehalt der Isolierlacke, je länger in der Regel die Trockenzeiten, je höher aber auch die bei richtiger Anwendung erzielbaren Gütewerte.

Die auf Ölbasis hergestellten Isolierlacke sind entweder farblos oder gelblich bis orange gefärbt. Die schwarzen Isolierlacke erhalten ihren Farbton durch den Asphaltgehalt.

C. Rohstoffe für Isolierlacke auf Kunstharzbasis

Die Idee, an Stelle der natürlichen Lackrohstoffe solche auf der synthetischen Grundlage für die Herstellung von Elektro-Isolierlacken zu verwenden, nahm bereits vor etwa 45 Jahren feste Formen an.

Dieser Idee lag im wesentlichen der Gedanke zugrunde, die den natürlichen Lackrohstoffen anhaftenden Mängel zu beseitigen und durch Verwendung anderer, besser geeigneter Rohstoffe den Isolierlacken Eigenschaften zu verleihen, die den schnell ansteigenden, entwicklungsmäßig bedingten Anforderungen der Starkstromtechnik entsprachen. Wenn trotz der damaligen Anfangserfolge die synthetischen Isolierlacke erst in jüngster Zeit eine entscheidende Bedeutung sowohl im Elektromaschinen- und Transformatorenbau, als auch in der übrigen Starkstromtechnik erlangten, so hat dies verschiedene Gründe. Ausschlaggebend war jedenfalls die Tatsache, daß erst im Rahmen des jüngsten, großen Rohstoffumbruches aus Notwendigkeit und Erkenntnis heraus diejenigen synthetischen Lackrohstoffe entwickelt wurden, die hinsichtlich der spezifischen Gütewerte den Belangen des fortschrittlichen Elektrotechnikers entsprechen.

Dieser kurze Rückblick auf die Entwicklung in der Elektro-Imprägniertechnik erscheint deswegen notwendig, weil selbst in Fachkreisen noch vereinzelt die Meinung vertreten wird, daß es sich bei den zur Zeit im Vordergrund stehenden synthetischen Isolierlacken um sogenannte Ersatzstoffe handele. Dieser irrtümlichen Auffassung widerspricht die Tatsache, daß die ersten brauchbaren, ausschließlich mit synthetischen Rohstoffen hergestellten Isolierlacke schon vor etwa 45 Jahren und zwar in einem der rohstoffreichsten Länder der Erde (USA), hergestellt wurden. Im Zusammenhang hiermit dürfte der Hinweis interessant sein, daß in der Elektrotechnik schon seit vielen Jahren weitaus mehr Kunstharze als Naturharze verwendet werden und daß Deutschland bereits im Jahre 1934 an der Welterzeugung von Kunstharzen mit etwa 35% beteiligt war.

Wenn die Entwicklung hochwertiger, synthetischer Elektro-Isolierlacke sich über einen so großen Zeitraum von etwa 45 Jahren erstreckte, dann hat diese Erscheinung wohl nicht zuletzt ihren Grund darin, daß es zwischenzeitlich an der notwendigen engen Zusammenarbeit zwischen Isolierlackchemiker und Starkstromtechniker gefehlt hat. Seit dem Erscheinen der ersten Auflage des vorliegenden Fachbuches (1938) hat sich hier eine recht beachtliche Wandlung vollzogen. Der über den Werkstoff „Isolierlack“ bisher behutsam ausgebreitete Schleier des Geheimnisses wurde, soweit dies im Interesse des Fortschrittes erforderlich schien, gelüftet, und die Belange der Hersteller- und Verbraucherschaft auf ein gemeinsames Ziel ausgerichtet. Im Jahre 1940 erschien erstmalig die vom Verband deutscher Elektrotechniker (VDE) herausgegebene Druckschrift: „Leitsätze für die Prüfung von Isolierlacken“ (VDE 0360/XII/40) und es dürfte die Richtigkeit der vorstehend geschilderten Situation bestätigen, wenn berücksichtigt wird, daß diese wichtige Druckschrift leider erst 74 Jahre nach dem Geburtstag der ersten elektrischen Maschine (Werner Siemens 1866) der Hersteller- und Verbraucherschaft der Elektro-Isolierlacke zur Verfügung gestellt wurde. Wenn auch die Erstausgabe der „Leitsätze“ noch nicht in allen Teilen den Belangen der Praxis entsprach, so ist zumindest der erste Schritt zur Überbrückung eines lange Zeit bestandenen Mangels getan. Unter der großen Zahl der in letzter Zeit bekannt gewordenen Kunstharztypen haben sich u. a. benzinlösliche, stickstoffhaltige Sondertypen für Elektro-Isolierlacke als geeignet erwiesen, die bei Temperaturen von etwa 80—100° Celsius hauptsächlich durch Wärmepolymerisation trocknen und deren Tiefentrocknungseigenschaften den Anforderungen der Elektromaschinen- und Transformatorenbauer entsprechen. Die mit Hilfe solcher Kunstharze hergestellten Isolierlacke weisen das Kriterium härtbarer Kunstharzlacke auf, d. h. die Harzkörper werden durch den Einfluß von Wärme in den unlöslichen Zustand überführt. Dies geschieht nach der Imprägnierung und zwar im Ablauf des anschließenden Trockenprozesses bei einer Temperatur von 80—100° Celsius und in angemessenen Trockenzeiten. Die Elastizität dieser Isolierlacke kann durch Zusatz geeigneter Plastifizierungsmittel in weiten Grenzen reguliert und somit den verschiedenen Belangen der Verbraucherschaft angepaßt werden. Derartige Tränklacktypen können sowohl auf rein synthetischer Rohstoffgrundlage, als auch unter Mitverwendung pflanzlicher oder künstlicher Öle hergestellt werden. Hinsichtlich der Tiefentrocknungseigenschaften sind sie den reinen Öllacken weit überlegen. Im übrigen besitzen die Lacke alle Eigenschaften guter und bester Öllacke. Sie stellen daher fortschrittliche Erzeugnisse von vielseitiger Verwendbarkeit dar.

In den Kreisen der Elektromaschinenbauer hat nach anfänglicher Ablehnung allmählich die Erkenntnis Platz gegriffen, daß die auf Kunstharzbasis aufgebauten Isolierlacke den bisher allgemein verwendeten Öl-Isolierlacken gegenüber gleichwertig, in mancher Hinsicht sogar weit überlegen sind.

Mit der Herstellung von Kunstharzlacken begann die Bakelit-Gesellschaft. Sie brachte bereits vor vielen Jahren den allgemein bekannten „Bakelit-Lack" auf den Markt.

Das hierbei verwendete Kunstharz **„Bakelite"** wurde von L. H. Baekeland erfunden. „Bakelite" ist eine von der Bakelitgesellschaft geschützte Bezeichnung und bezieht sich im wesentlichen auf ein aus **Phenol-Formaldehyd** hergestelltes Kunstharz.

In neuer Zeit werden sogenannte phenolische Kunstharze auch von anderen Firmen hergestellt.

Die grundlegenden Patente des Erfinders Baekeland reichen auf die Jahre 1907 und 1908 zurück. Das deutsche Patent, welches sich auf die Herstellung von Kunstharzen durch Kondensation von Phenol und Formaldehyd unter Verwendung von Ammoniak und anderen basischen Kondensationsmitteln bezog, war bis 1921 in Kraft.

Es sind also zur Zeit eine Anzahl **phenolischer Kunstharzlacke** auf dem Markt, die irrtümlich mit Bakelit-Lack bezeichnet werden.

Für derartige Lacke werden Kunstharze verwendet, die aus Phenol oder Kresol und Formaldehyd hergestellt werden. Der Ursprung dieser Stoffe liegt in der Steinkohle bzw. im Holzkohlenteer.

Reines **Phenol** (Karbolsäure) ist eine fast durchsichtige Kristallmasse (Abb. 1). Die Karbolsäure verbreitet den in Krankenhäusern bekannten Geruch. Phenol läßt sich in Wasser lösen, ist giftig und wirkt auf die Haut ätzend.

Formaldehyd ist ein stark riechendes Gas. Es entsteht z. B. durch Oxydation von Methylalkohol.

Abb. 1. Phenol (Karbolsäure).

Abb. 2. Kunstharz aus Phenol und Formaldehyd.

Die nach bekannten Verfahren hergestellten Phenol-Formaldehyd-Harze ähneln im Aussehen dem Bernstein und sind etwa so spröde wie

Kolophonium. Das Harz ist leicht schmelzbar und kann z. B. in Alkohol gelöst werden (Abb. 2).

Man unterscheidet unter den phenolischen Harzen **härtbare** und **nicht härtbare Harze.**

Für den Elektromaschinenbauer stehen die aus härtbaren Phenolharzen hergestellten ofentrocknenden Isolierlacke im Vordergrund des Interesses. Die nicht härtbaren Harze sollen im allgemeinen als **Schellack-Ersatz** dienen. Hieraus hergestellte Lacke trocknen an der Luft, werden aber bei späterer Erwärmung wieder weich.

Im Gegensatz hierzu erweichen die einmal gehärteten ofentrocknenden Phenolharz-Isolierlacke bei späterer Erwärmung (z. B. bei hoher Betriebswärme der Wicklung) nicht mehr.

Für die Imprägnierung von Wicklungen an elektrischen Maschinen kommen die reinen Phenolharzlacke wegen ihrer Sprödigkeit im allgemeinen nicht in Betracht. Die hierfür geeigneten Lacke erhalten Zusätze von Weichhaltemitteln, die eine gewisse Elastizität des gehärteten Lackfilmes gewährleisten.

Außer den phenolischen, härtbaren, also ofentrocknenden Isolierlacken sind die unter Mitverwendung von **Harnstoff-Kunstharzen** hergestellten Lacke von Bedeutung.

Der Harnstoff wird ebenfalls aus Steinkohle und zwar in Verbindung mit Luftstickstoff und Wasserstoff gewonnen. Der Harnstoff reagiert mit Formaldehyd ähnlich wie Phenol. Das gehärtete Harnstoffharz ist unschmelzbar sowie **unlöslich in Alkalien und Säuren.** Beachtlich ist die Kriechstromsicherheit solcher Lacke.

Ein Kunstharz von besonderer Bedeutung für den Elektromaschinenbau ist das **Glyptalharz.** Es wird aus Glyzerin und Phthalsäure gewonnen und läßt sich ähnlich wie die phenolischen Harze durch Hitze aus dem löslichen und schmelzbaren Zustand in den unlöslichen und unschmelzbaren Zustand überführen. Die Härtung erfolgt bei Temperaturen, die um 200° Celsius liegen.

Gegenüber den phenolischen Kunstharzen hat dieses Harz, bezogen auf die Belange des Elektromaschinenbauers nennenswerte Vorteile. Die aus Glyptalharzen hergestellten Isolierlacke sind sehr elastisch. Die Lackfilme behalten diese Elastizität auch bei höheren Temperaturen bei und neigen nicht zum Verkohlen.

In Deutschland befinden sich die maßgeblichen Patente und Lizenzen auf Glyptalharz, soweit bekannt, in den Händen der AEG. und der Beckacite-Kunstharz G. m. b. H. (Beckosole). Ursprünglich wurden Glyptalharze in Nordamerika hergestellt.

Man verwendet Glyptalharze wegen derer Elastizität als Klebemittel für Mikanit, aber auch für Isolierlacke und plastische Trafo-Compoundmassen.

Der Härtevorgang von lackähnlichen Erzeugnissen aus Glyptalharzen erfordert einen größeren Zeitaufwand, als dies bei Lacken aus phenolischen Harzen der Fall ist.

Ein dem Glyptal ähnliches Kunstharz ist das **Alkydharz.** Die Alkydharze sind in den üblichen Lacklösungsmitteln löslich und unter gewissen Bedingungen auch härtbar. Durch die hohe Wärmefestigkeit, das gute Isoliervermögen, die ausgezeichnete Haftfestigkeit, Backfähigkeit und Elastizität eignen sich die Alkydharze für die Herstellung von Isolierlacken vorzüglich. Auf der Basis „Alkydharz" lassen sich in Verbindung mit Metalloxyden und Silikaten auch plastische Isolier- und Compoundmassen herstellen. Diese Massen zeichnen sich durch gute Wärmeleitfähigkeit, hohes Backvermögen, Ölbeständigkeit und guten Isolationswert aus.

Den härtbaren, phenolischen Kunstharzen gegenüber besitzen die Alkydharze jedoch vielfach den Nachteil, daß die hieraus hergestellten Isolierlacke nach erfolgter Trocknung später, und zwar bei entsprechender Betriebswärme einen Teil ihrer Härte vorübergehend verlieren.

Alkydale

Die unter der Markenbezeichnung „Alkydale" in vielen Typen hergestellten Kunstharze sind ein Kondensationsprodukt aus mehrbasischen Säuren (z. B. Phthalsäure), mehrwertigen Alkoholen (z. B. Glyzerin) und pflanzlichen Ölen. Sie werden in zähflüssiger, klebriger Konsistenz geliefert und weisen einen schwachen ölähnlichen Geruch auf. Die Alkydale enthalten keine Naturharzverbindungen, keine freien, fetten Öle, Phenole oder Phenolverbindungen und zeigen keine Storch-Morawski-Reaktion.

In den Alkydalen sind die harzartigen Bestandteile (Phthalsäure-Glyzerin) und Ölbestandteile in geeigneter Weise chemisch fest miteinander verbunden, während in den gewöhnlichen Öllacken im wesentlichen Lösungen von Harzen und trockenen Ölen vorliegen. Die aus Alkydalen hergestellten Lacke weisen den Öllacken gegenüber eine höhere Beständigkeit gegen atmosphärische und chemische Einflüsse auf. Sie ergeben einen harten aber elastischen Film und zeigen günstiges Verhalten bei der Trocknung. Die Alkydale lassen sich mit anderen geeigneten Bindemitteln (z. B. Plastopal) kombinieren und durch Zusatz von Kunst- oder Naturharzen (z. B. K. M.-Harz extra, Kunstharz AW. 2) kann man die Eigenschaften der Filme nach verschiedenen Gesichtspunkten beeinflussen.

Als Lösungsmittel kommen aromatische Kohlenwasserstoffe z. B. Benzol, Toluol, Xylol, Ester, Ketone, Glykoläthern und ihre Ester sowie alipatische Kohlenwasserstoffe (Benzine) bzw. hieraus zusammengesetzte Lösungsmittel in Betracht.

Modifizierte Alkydharze

Mit trockenen Fettsäuren modifizierte Alkydharze, besonders die mit einem gewissen Gehalt an Leinölfettsäure, spielen mengenmäßig eine bedeutende Rolle. Sie zeichnen sich durch hohe Wasserfestigkeit und Wasserbeständigkeit aus. Neben der Leinölfettsäure kommen andere natürliche oder künstliche Öle z. B. Holzöl, Oiticia-Öl, Perillaöl, Sojabohnenöl, Sonnenblumenöl und auch Fischöl für die Modifizierung in Betracht. Man unterscheidet je nach dem Ölgehalt fette, mittelfette und magere Alkydharze. Außer den mit trockenen Fettsäuren modifizierten Alkydharzen gibt es noch solche, die mit Harzsäuren, Harzen und Fettsäuren modifiziert sind.

KM-Kunstharz

Unter der Bezeichnung KM-Harz bringt man ein synthetisch aufgebautes, esterartiges Produkt von Kopalharzcharakter heraus, welches sich in Verbindung mit anderen Bindemitteln u. a. auch für die Herstellung von Drahtemaillelacke (Einbrennemaillen) eignet.

Ronilla L

Ist ein neuartiges hochpolymeres Bindemittel, welches durch Polymerisation des Kohlenwasserstoffes Styrol in geeigneter Weise gewonnen wird. Ronilla L wird bei etwa 150° Celsius plastisch und zersetzt sich, ohne einen eigentlichen Schmelzpunkt zu zeigen, bei Temperaturen von über 250° Celsius. Vermöge seiner hervorragenden elektrischen Eigenschaften und Beständigkeit gegen Feuchtigkeit eignet sich dieses Bindemittel auch für die Herstellung von Isolierlacken, sofern keine hohe Temperaturbeständigkeit verlangt wird.

Plastopale

Plastopale sind Harnstoff-Aldehyd-Kondensationsprodukte, die in verschiedenen Typen hergestellt werden. Besonders geeignete Typen (Plastopal AT und AW) wurden in Verbindung mit anderen Bindemitteln erfolgreich für synthetische Drahtlacke verwendet.

Luphene

Sind ölfreie, härtbare Phenolformaldehydprodukte, die sich mit Plastopalen, Mowilithen und Alkydalen kombinieren und in zweckentsprechender Zusammensetzung zu Isolier- und Schutzlacken verarbeiten lassen.

Die Beckacite-Kunstharzfabrik G. m. b. H. stellt Glyptal- und Alkydharze unter der Handelsbezeichnung „Beckosole“ und härtbare

Phenolharze unter der Bezeichnung „Beckacite“ her. Von den Beckaciten (Phenol-Formaldehyd-Harze) sind einige Spezialtypen in Benzin und Benzol löslich. Diese Kunstharze lassen sich u. a. in Verbindung mit Leinöl und Holzöl für hochwertige Isolierlacke verwenden.

Die ölreaktiven, härtbaren Phenolharztypen sind für die Isolierlackherstellung von besonderer Bedeutung, weil sie den bisher allgemein üblichen, auf der Basis Naturharz—Holz—Leinöl hergestellten Isolierlacken ähnlich, trotzdem aber in den Gütewerten überlegen sind. An Stelle synthetischer Weichhaltemittel treten hier Holz- und Leinöl. Isolierlacke dieser Art finden als Übergang von Öl-Isolierlacken auf synthetische Isolierlacke ein aussichtsreiches Anwendungsgebiet.

Anilinharze. Z. B. in Verbindung mit Formaldehyd lassen sich aus Anilin Kunstharze herstellen, die für Isolierlacke Verwendung finden können. Diese Harze bzw. die hieraus hergestellten Isolierlacke zeichnen sich durch **geringe Feuchtigkeitsaufnahme, gute Kriechstromsicherheit** und **hohe Durchschlagsfestigkeit** aus.

Außer den vorstehend aufgeführten Kunstharzen kommen noch eine ganze Reihe weiterer Kunstharze für die Isolierlack-Herstellung in Betracht. Die besonderen Eigenschaften der Kunstharzfilme lassen sich dahingehend zusammenfassen, daß sie fast alle eine hohe Wärmebeständigkeit sowie gute mechanische und elektrische Eigenschaften besitzen. Hinsichtlich der Beständigkeit gegen Säuren, Laugen, Alkalien, Salz- und Süßwasser sind die auf Kunstharzbasis hergestellten Isolierlacke den bisher allgemein üblichen auf Ölbasis hergestellten Isolierlacken vielfach in hohem Maße überlegen.

„Plexigum J 16“

Plexigum J 16 ist ein stickstoffhaltiges Polymerisat-Kunstharz, welches sich für Tränk- und Überzugs-Schutzlacke eignet.

Als Festsubstanz wird Plexigum J 16 grießförmig gekörnt geliefert. Es ist in Ketonen — wie Aceton und Methyläthylketon — klarlöslich. Als Verschnittmittel eignen sich vornehmlich Benzol, die Mischlösungsmittel Drawin 31 und 35a, sowie Äthylacetat, die in Mengen von 40—60 Gewichts-Prozent im Lösungsmittelgemisch anwesend sein können.

Mit Plexigum J 16 lassen sich elastische Lackfilme von guter Haft- und Schlagfestigkeit erzielen. Die Lacke sind härtbar, und zwar zwischen 100 und 160° C. Sie besitzen daher hinsichtlich der Unveränderlichkeit des getrockneten (gehärteten) Lackfilmes gegen ein Erweichen bei Betriebstemperatur, hinsichtlich der Backfähigkeit und hinsichtlich der universellen Beständigkeit gegen betriebliche Beanspruchungen (Mineralöl, Säuren, Benzinkohlenwasserstoffe, Alkohole und Xylol) die Vorteile der härtbaren Kunstharz-Isolierlacke. Laugen und Ammoniak greifen den Lackfilm an.

Die Anwendung der Plexigum-Tränklacke **geschieht zweckmäßig** im Tauchverfahren.

Die Trocknung der Lacke erfolgt durch eine chemische Verkettung (Polymerisation). Bei Tiefentrocknungen ist grundsätzlich Ofentrocknung zu empfehlen.

D. Sonderstoffe

Für die Herstellung schwer entflammbarer oder schwer brennbarer Lacküberzüge lassen sich Lacke auf **Chlorkautschukbasis** verwenden. Diese Lacke trocknen gewöhnlich an der Luft und sind gegen Säuren, Laugen, Alkalien usw. in beachtlichem Maße widerstandsfähig. Indessen ist die Wärmebeständigkeit der Chlorkautschuklacke in der Regel bis auf etwa 85° Celsius begrenzt. Die Anwendung dieser Lacke erfordert besondere Aufmerksamkeit und Vorsicht.

E. Rohstoffe für Isolierlacke auf Zellulosebasis

Die Zellulose ist ein Baustoff der Pflanzen. Sie bildet den Hauptbestandteil der Pflanzenfasern und des Holzes. Die Baumwolle ist fast reine Zellulose.

Das Holz enthält etwa zur Hälfte Zellulose, und, wie allgemein bekannt, wird Holz für die Papier- und Pappenherstellung (Zellstoff) verwendet.

Für die Lackherstellung kommt z. B. die **Nitrozellulose** in Betracht. Die Nitrozellulose entsteht durch eine Behandlung der Zellulose in Nitriersäure. Die Nitrozellulose wird in Äther und Alkohol gelöst und gelangt nach Filtrierung als Kollodiumlösung zur Verarbeitung. Nitrozellulose ist besonders im trockenen Zustand äußerst leicht entzündlich. Diese leichte Entzündbarkeit kann durch eine Denitrierung herabgesetzt werden. Für die Lackfabrikation werden auch abgenutzte Filme (Bildträger) aus der Lichtbildtechnik mit verwendet.

Die **Acetylzellulose** ist ein Abkömmling der Zellulose und im Gegensatz zu der Nitrozellulose unbrennbar. Sie wird auch als Grundstoff z. B. für die Herstellung von Cellonlacken verwendet. Als Lösungsmittel für solche Lacke ist u. a. Aceton zu nennen.

Neuerdings hat eine weitere Zelluloseart, die **Benzylzellulose**, als Lackrohstoff Bedeutung erlangt. Isolierlacke auf der Basis Benzylzellulose sind **wasserabweisend** und ergeben gute elektrische Werte.

Äthyl- und Benzylzellulosen (Zelluloseäther der Gruppe B)

ergeben elektrisch hervorragende Lackfilme, die sich durch geringe elektrische Verluste, hohe Durchschlagsfestigkeit und Wasserunempfindlichkeit auszeichnen. Mit Hilfe von Benzylzellulose können Durchgangswiderstandswerte bis zu etwa $1{,}5 \cdot 10^{14}$ Ohm, bei Äthylzellulose solche bis zu etwa $2 \cdot 10^{12}$ Ohm erzielt werden. Die Lackfilme weisen eine vorzügliche Beständigkeit gegen Alkalien z. B. Natron- und Kalilauge, Soda, wäßrige Ammoniaklösungen sowie gegen Säuren und zwar sowohl bei mäßiger, als auch bei erhöhter Temperatur auf. Die Brennbarkeit ist gering. Der Erweichungspunkt liegt beträchtlich über 100° Celsius, eine Zersetzung beginnt erst oberhalb von etwa 180° Celsius. Die Zelluloseäther lassen sich mit vielen Harzen zu hochwertigen Schutzlacken (Überzugslacken) kombinieren. Als Weichmachungsmittel kommen Clophen A 60, Trikresylphosphat, Palatinol C und BB, Tributylphosphat sowie Butylstearat der I. G. in Betracht. Speziell werden Clophen A 60, Trikresylphosphat CIIS und Vulkanol B verwendet. In manchen Fällen ist die Mitverwendung kleiner Mengen Harze, z. B. TC-Harz oder KM-Harz extra hart, angebracht. Lösungsmittel sind: Benzolkohlenwasserstoffe (z. B. Toluol, Xylol, Solventnaphtha, Tetralin) u. a.

F. Rohstoffe für Schellacke

Der für sogenannte Spritlacke verwendete Schellack kommt fast ausschließlich aus Indien und ist ein Ausscheidungsprodukt der Lacklaus. Die Larven der Lacklaus stechen ihren Saugrüssel in eine Pflanze und saugen den Saft derselben aus. Die Larven scheiden dann ein weißes Wachs aus, welches die Tiere selbst und die Zweige einhüllt. In dem anschließenden Fortpflanzungsprozeß scheiden die weiblichen Tiere den Lack aus. Dieser Stocklack dient zur Herstellung des Schellacks.

Der Schellack kann in Farbstoff, Wachs, Fettsäuren und Reinharz zerlegt werden.

Bei etwa 90° Celsius beginnt das Harz des Schellacks unter Wasserabgabe zu schmelzen. Bei etwa 200° Celsius geht das flüssige Harz in eine zähe Masse über und wird beim Erkalten sehr hart. Schellack ist in Alkohol (Sprit, Spiritus) löslich.

Es wurde schon erwähnt, daß gewisse phenolische Kunstharze als Schellackersatz verwendet werden.

Beim Naturschellack wäre hervorzuheben, daß derselbe selbst durch hohe Hitze zum Verkohlen gebracht, seine isolierende Eigenschaften nicht verliert.

G. Neuartige Lackrohstoffe

Polyvinylazetal[1])

Der unter der Bezeichnung Polyvinylazetal bekanntgewordene Isolierlack-Rohstoff trat erstmalig im Zusammenhang mit Drahtlacken in Erscheinung. Das in den USA entwickelte Formerx-Lackdraht-

[1]) Hersteller in Deutschland: Farbwerke Höchst, Bezeichnung: „Movitale" Dr. A. Wacker, München, Bezeichnung: „Pioloform".

Herstellungsverfahren (1938/39) beruht im wesentlichen auf dem Einsatz dieses Lackrohstoffes.

In Deutschland wird dieser Lackrohstoff unter der Bezeichnung Pioloform und Movital hergestellt und auf den Markt gebracht.

Nylon (sprich „Naillon")

ist ein neuartiger Kunststoff aus den USA, der mit dem deutschen „Perlon" identisch ist.

Bekanntlich werden aus diesen Stoffen Textilien hergestellt, die sich durch die Feinheit und Festigkeit des Fadens besonders auszeichnen.

Man kann den Nylon- oder Perlonfaden beispielsweise für die Umspinnung oder Umklöppelung hochwertiger Leiterwerkstoffe (Kupferdrähte) verwenden und es lag nahe, denselben Kunststoff auch für die Entwicklung hochwertiger Isolierlacke zum Einsatz zu bringen.

Silikone[1])

Unter der Bezeichnung „Silikone" sind im Jahre 1947 neuartige Isolierlackrohstoffe auf dem Markt erschienen, die auf Grund ihrer besonderen Eigenschaften und Gütewerte höchstwahrscheinlich einen rohstofflichen Umbruch von größter Bedeutung auf dem Gebiete der Elektro-Isolierlacke eingeleitet haben.

Die Silikone unterscheiden sich in ihrem chemischen Aufbau grundsätzlich von den bisher allgemein üblichen Lackrohstoffen organischer Herkunft dadurch, daß erstmalig organische Gruppen mit einem anorganischen Grundgerüst aus mineralischen Silikaten zu einem Lackrohstoff vereinigt wurden.

Die Entwicklung der Silikone geht auf das Jahr 1871 zurück und wurde in den letzten Jahren (1946/47) hauptsächlich in den Vereinigten Staaten Nordamerikas durch die Firmen Dow Corning Corp. Midland, Mich. und der elektrotechnischen Großfirma General Electric Co Schenectady vorangetragen.

Seit dem Jahre 1950 stehen auch den deutschen Isolierlackherstellern USA-Silikone und Silikon-Isolierlacke aus den USA zur Verfügung.

Silikone sind organisch-anorganische Lackrohstoffe mit härtbaren Eigenschaften.

Gegenüber den bisher „üblichen" organischen Lackrohstoffen weisen die Silikone u. a.

eine erheblich höhere thermische Beständigkeit (bis 175° Celsius),
eine sehr geringe Wasseraufnahme (weniger als 0,1 % nach 24 h),
eine bessere Wärmeleitfähigkeit,
einen geringeren Abfall des Durchgangswiderstandes bei Betriebstemperaturen

auf.

---

[1]) Siehe Seite 107—114.

Diese Eigenschaften sind für den gestaltenden Elektromaschinenbauer sehr interessant. Sie bieten dem Berechner und Konstrukteur elektrischer Maschinen u. a. die Möglichkeit, gleiche Leistungseinheiten mit erheblich geringeren Baustoffgewichten und äußeren Abmessungen herzustellen.

Abb. 3. Vereinfachte Darstellung der Silikone

Demgegenüber liegen z. Zt. noch die Preise für Silikonisolierlacke mehrfach höher als diejenigen der bisher üblichen, besten Isolierlacke organischen Ursprungs.

Für die Darstellung der Silikon-Lackrohstoffe besteht eine Vielzahl von Möglichkeiten.

Die bisher vorliegenden, praktischen Anwendungsergebnisse sind vielversprechend. Sie reichen jedoch noch nicht für eine endgültige Beurteilung des Einsatzwertes der Silikone aus. Indessen kann heute schon mit Sicherheit festgestellt werden, daß die Silikone im Zusammenhang mit Glasgeweben eine hervorragende Rolle in der Isoliertechnik spielen werden.

Bezüglich der Voraussetzungen für den praktischen, erfolgreichen Einsatz der Silikonlacke sind auf S. 107—114 nähere Hinweise gegeben.

III. Abschnitt

Die Eigenschaften und Gütewerte der Isolierlacke

Bei der Betrachtung über die Eigenschaften und Gütewerte der Isolierlacke muß zunächst davon ausgegangen werden, daß es sich hier um flüssige Werkstoffe handelt, die nur etwa 50—60% Feststoffe enthalten und deren Verflüssigungsmittel (Lösungs- und Verdünnungsmittel) im Verlauf der Trocknung zur Verdunstung gebracht werden müssen. Durch die Verdunstung der Lösungs- und Verdünnungsmittel entsteht ein erheblicher Volumenschwund, wie aus Abb. 45 ersichtlich ist. Dieser entscheidend wichtige Mangel tritt bei der Durchtränkung von Wicklungselementen und Wicklungen dadurch in Erscheinung, daß sich im Innern der Wicklungen kleine, mit Luft angefüllte Hohlräume ergeben, die eine erwünschte, beschleunigte Abgabe der Wicklungsstromwärme an die Kühlluft erschweren (Abb. 7). Das Bestreben des Elektromaschinenbauers, die innerhalb der Wicklungen elektrischer Maschinen vorhandenen Hohlräume im Interesse einer guten Wärmeabgabe und höchster Betriebssicherheit möglichst restlos durch ein hochwertiges Dielektrikum auszufüllen, scheitert an dem dargelegten Mangel, der den zur Zeit üblichen Isolierlacken ausnahmslos anhaftet. Es wird eine der wichtigsten Aufgaben berufener Fachleute sein, Isolierlacke zu entwickeln, die **ohne Volumenschwund** aus dem flüssigen in den festen Zustand überführt werden können. Die Lösung dieses Problemes erscheint nach dem heutigen Stand der Kunststofforschung durchaus nicht aussichtslos.

Die Eigenschaften der Isolierlacke und damit zusammenhängend auch die Gütewerte sind je nach dem Verwendungszweck grundverschieden.

Man unterscheidet ganz allgemein **Imprägnier- und Überzugslacke.**

Imprägnierlacke

Die Imprägnierlacke haben die Aufgabe, einen Lackträger, z. B. die Umspinnung der Dynamodrähte, zu durchdringen und nach erfolgter Tauchung mit dem Lackträger zusammen eine Isolierschicht zu bilden.

Eindringvermögen

Die Imprägnierlacke müssen ein gutes Eindringvermögen aufweisen, wenn sie ihren Zweck möglichst vollkommen erfüllen sollen. Bezüglich des Eindringvermögens in den Lackträger verhalten sich ölreiche Lacke naturgemäß günstiger als sogenannte magere (harzreiche) Lacke. Auch die Art der zur Herstellung der Imprägnierlacke verwendeten Öle (Leinöl, Standöl, Holzöl) sowie die richtige „Flüssigkeit" des Lackes (Viskosität) ist für ein restloses und kurzfristiges Durchdringen des Lackträgers von großer Bedeutung.

Das Eindringen des Imprägnierlackes in den Lackträger kann durch Wärme, Vakuum und Druck begünstigt werden.

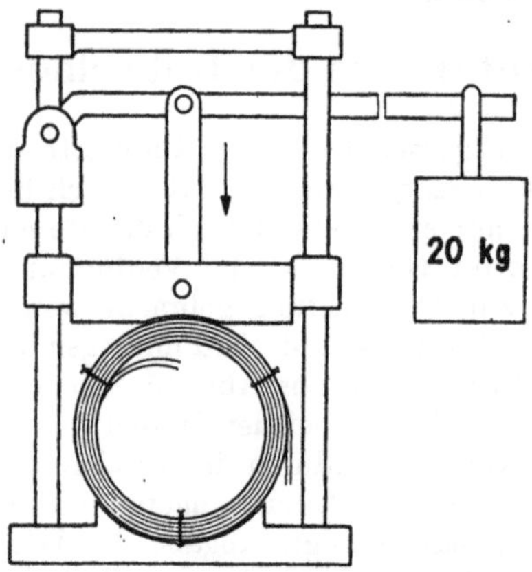

Abb. 4. Prüfung der Backfestigkeit eines Tränklackes an imprägnierte Draht-Prüflinge gemäß S. 145

Backvermögen

Die Imprägnierlacke müssen außerdem ein ausreichendes Backvermögen aufweisen. Diese Eigenschaft wird selbst in Fachkreisen verhältnismäßig wenig beachtet, sie ist aber von großer Bedeutung. Bekanntlich treten in einem stromdurchflossenen Leiter je nach Größe und Schwankung des durchfließenden Stromes dynamische Kräfte auf. Diese Kräfte führen zu einer Bewegung der in den Wicklungen zusammengefaßten Leiter und somit zu einer mechanischen Beanspruchung der Leiterisolation. Überdies geraten die einzelnen Leiter einer Wicklung durch die im Betrieb der Maschine auftretenden Erschütterungen in Schwingungen.

Ganz besonders stark ist die mechanische Beanspruchung der Leiterisolation bei umlaufenden Wicklungskörpern (Läuferwicklungen) und bei den Ständerwicklungen der Käfigläufermotoren. Beim Anlassen der letzteren entstehen in der Ständerwicklung außergewöhnliche Stromstöße, die bei Einstab-Käfigläufer bei direkter Einschaltung der Netzspannung den 8—10fachen Wert des Nennstromes erreichen können. Ähnlich liegen die Verhältnisse bei Transformatoren gelegentlich von Netzkurzschlüssen. Die angestrebte Kurzschlußfestigkeit der Transformatorenwicklungen kann durch Anwendung backfester Imprägnierlacke erreicht werden, wenn alle übrigen Voraussetzungen im mechanischen Aufbau der Wicklungen erfüllt worden sind.

Der Imprägnierlack hat daher auch die Aufgabe, die einzelnen Windungen der Wicklungen zu einem möglichst festen Körper zusammenzubacken und hierdurch die Isolation derselben gegen diese Beanspruchungen wirksam zu schützen.

Diese an den Imprägnierlack gestellte Forderung kann mit Öl-Isolierlacken im Regelfall nur bis zu einer gewissen Grenze erfüllt werden.

Elastizität

Im engen Zusammenhang mit dem Grade des Backvermögens der Imprägnierlacke steht die Elastizität desselben. Je härter und fester der Imprägnierlack trocknet, je geringer ist im allgemeinen die Elastizität des Lackfilms.

Eine gewisse Elastizität muß der Imprägnierlack unbedingt besitzen, da in dem Lackfilm sonst leicht feine Risse entstehen, die ein Eindringen zerstörender Elemente begünstigen und den Isolationswert der Wicklung in kürzerer oder längerer Zeit herabsetzen.

Die Elastizität der Imprägnierlacke steht im Zusammenhang mit dem prozentualen Ölgehalt und mit der Ölart, die zur Anwendung gelangt. Bei Kunstharzlacken treten an Stelle der pflanzlichen Öle sog. **Weichmacher** oder Weichhalter.

Alterungsbeständigkeit

Der auf Ölbasis hergestellte Isolierlack unterliegt ausnahmslos der Alterung. Diese Alterung entsteht durch Zutritt von Sauerstoff (Oxydation) und wird durch Wärme begünstigt. Der anfänglich elastische Lackfilm wird allmählich spröde, erhält Risse und verliert letzten Endes dann die ursprünglichen Eigenschaften vollständig.

Dieser Alterungsprozeß erstreckt sich bei guten Öllacken auf einen erheblichen Zeitraum. Bei Kunstharzlacken liegen die Alterungsverhältnisse im allgemeinen günstiger, als bei Öllacken.

Ölbeständigkeit

Die Forderung nach Ölbeständigkeit ist, bezogen auf Imprägnierlacke, ganz besonders bei solchen Lacken wichtig, die für die Imprägnierung ölgekühlter Wicklungen zur Verwendung kommen.

Von den auf Ölbasis hergestellten Imprägnierlacken sind die hellfarbigen im Regelfall ölbeständiger als die schwarzen (Asphalt — Öl — Harz) Lacke. Aber auch unter den hellen Imprägnierlacken bestehen hinsichtlich der Ölbeständigkeit beachtliche Unterschiede. Der Ölbeständigkeit wird indessen auch vielfach eine zu hohe Bedeutung beigemessen. Bei normalen, in trockenen und sauberen Räumen aufgestellten elektrischen Maschinen normaler Betriebsspannung ist die Gefährdung der Lackimprägnierung durch Mineralöl und Schmierfette nicht groß. Die Lagerkonstruktionen bei neuzeitlichen Elektromaschinen sind heute so vollkommen und die Wartung der Maschinen so sorgfältig, daß die Ölbeständigkeit der Imprägnierlacke nur für ölgekühlte Wicklungen und für Sonderausführungen eine besondere Bedeutung hat.

Für ölgekühlte Trafowicklungen ist die Ölbeständigkeit der Imprägnierlacke aber von um so größerer Wichtigkeit, weil es sich hierbei im Regelfall u. a. auch um hohe Betriebsspannungen handelt.

Schleuderfestigkeit

Für umlaufende Wicklungen spielt die Schleuderfestigkeit der Isolierlacke eine wichtige Rolle. Die Schleuderfestigkeit hängt in erster Linie mit der restlosen Durchtrocknung des Isolierlackes (insbesondere der sog. Lacknester) in den tiefer gelegenen Wicklungsteilen zusammen. Aber auch das Wiedererweichen getrockneter Lacke bei Eintritt der Betriebswärme ist hier von entscheidender Bedeutung.

Hinsichtlich der Schleuderfestigkeit sind aus den an anderer Stelle bereits dargelegten Gründen die härtbaren Kunstharzlacke den Öl- und ölhaltigen Isolierlacken weit überlegen, weil diese Lacke selbt bei hoher Betriebswärme unveränderlich bleiben. Man hat allerdings in jüngster Zeit gefunden, daß gewisse, benzinlösliche Kunstharze der neueren Entwicklung in Verbindung mit bereits bekannten Harztypen auch in Kombination mit trocknenden Ölen hinsichtlich der Tiefentrocknung zu günstigeren Ergebnissen führten, als dies bisher bei reinen Öllacken der Fall war. Bei der Trocknung dieser Lacke spielt der Luftsauerstoff gegenüber der Trocknung durch Wärmepolymerisation eine zweitrangige Rolle[1]).

Feuchtigkeitsaufnahme

Alle Imprägnierlacke neigen mehr oder weniger zur Feuchtigkeitsaufnahme. Insbesondere ist dies bei Öl-Imprägnierlacken der Fall. Die neuerdings von den Lackfabriken herausgebrachten, auf künstlicher Rohstoffbasis (Kunstharze usw.) hergestellten Lacke verhalten sich bezüglich Feuchtigkeitsaufnahme z. T. günstiger als Imprägnierlacke auf Ölbasis. Unter den Kunstharzlacken stehen die auf Vinylharzbasis hergestellten Lacke in dieser Beziehung mit an erster Stelle. Diese Lacke sind den bisher allgemein üblichen, auf Ölbasis hergestellten bezüglich Feuchtigkeitsaufnahme weit überlegen.

Die Gefahr der Feuchtigkeitsaufnahme der Imprägnierlacke kann durch Anwendung spezifischer Feuchtigkeits-Schutzlacke (Überzugslacke) ganz wesentlich herabgesetzt werden.

Durch eine Umbandelung der Wicklungselemente mit Kunststofffolien kann ein erhöhter Feuchtigkeitsschutz erzielt werden.

Die Fa. Anorgana, G. m. b. H. in Gendorf, Bayern, stellt unter der Bezeichnung „Genothermfolie" eine Kunststoffolie her, die sich für Umbandelungszwecke eignet (siehe auch S. 198).

[1]) Carl Scherping, Elektro-Technik Heft 2 (3/4) — 16. 1. 1943.

Wärmeleitfähigkeit

Die Abführung der Stromwärme aus den Wicklungen ist ein überaus wichtiges Problem. Leider sind alle Imprägnierlacke verhältnismäßig schlechte Wärmeleiter, und deshalb wird durch starke Lackaufträge die Wärmeabgabe der Wicklung an die Kühlluft in unerwünschter Weise beeinträchtigt.

Die Wärmeleitfähigkeit der Isolierlacke läßt sich im gewissen Grade durch Zusatz guter Wärmeleiter erhöhen. Hierdurch wird aber das Eindringvermögen der Lacke herabgesetzt.

Als zusätzliche Wärmeleiter kommen Metalloxyde (z. B. Zinkweiß), Quarzpulver und dergleichen in Betracht. Eine vollkommene Lösung ist jedoch nach dieser Richtung noch nicht gefunden worden.

Trockenzeiten

Die Trockenzeiten der Imprägnierlacke stehen im engen Zusammenhang mit dem rohstofflichen Aufbau und mit den Gütewerten derselben.

Für alle auf Ölbasis hergestellten Isolierlacke läßt sich der Grundsatz aufstellen, daß allgemein die Gütewerte derselben um so höher liegen, je schlechter der Lack trocknet bzw. je längere Trockenzeiten aufgewandt werden müssen.

Je kürzer also die Trockenzeit der Öl-Isolierlacke, je geringer sind im Regelfall auch die erzielbaren Gütewerte, und diese Tatsache ist für den Elektromaschinenbauer, ganz besonders aber für den Instandsetzungsfachmann eine recht unerwünschte Erscheinung. Die Durchtrocknung in den tieferen Wicklungslagen ist bei Öl-Isolierlacken außerordentlich zeitraubend und aus physikalischen Gründen in der Regel nur unvollständig zu erreichen. Bei härtbaren Kunstharzlacken liegen die Verhältnisse, wie später noch ausführlich dargelegt wird, wesentlich günstiger.

Durchschlagsfestigkeit

Die elektrische Durchschlagsfestigkeit der Imprägnierlacke ist ein relativer Gütewert, weil derselbe im Regelfall nur laboratoriumsmäßig ermittelt und angegeben werden kann. Die Durchschlagsfestigkeit hängt in erster Linie von der rohstofflichen Zusammensetzung, von dem Grad der Trocknung, von der Stärke des Lackfilmes, von der Säureziffer, von der relativen Luftfeuchtigkeit ab, bei welcher die Messung stattfindet.

Helle Öl-Isolierlacke weisen vielfach eine etwas höhere Durchschlagsfestigkeit auf als schwarze Öl-Isolierlacke. Gute Öl-Isolierlacke haben bei 0,1 mm Filmstärke eine Durchschlagsfestigkeit von etwa 7—10000 Volt. Dieser Wert bezieht sich auf die Messung zwischen zwei Kugelelektroden von etwa 12 mm ⊖ bei Anwendung von Wechselstrom 50 Hertz und ist als theoretischer Wert anzusehen (Abb. 5).

Bei härtbaren Kunstharzlacken wird der höchste Durchschlagswert nur dann erzielt, wenn der Lack ausgehärtet (in den unlöslichen C-Zustand übergeführt) ist.

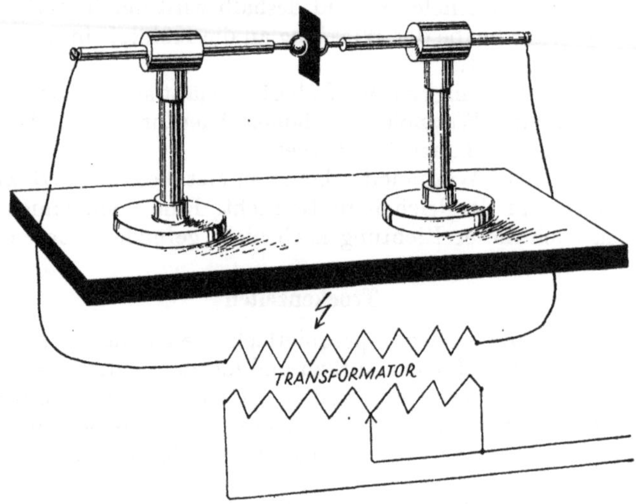

Abb. 5. Durchschlagsprüfung zwischen Kugelelektroden.

Durchgangswiderstand

Ein wichtiges Gütekriterium der Isolierlacke ist der Durchgangswiderstand. Dieser Wert ist von dem Grad der Trocknung, von der relativen Luftfeuchtigkeit, von der Temperatur, von der rohstofflichen — und rezeptlichen Zusammensetzung der Isolierlacke und von der Stärke des Lackfilmes abhängig.

Es ist für alle Isolierlackverbraucher wichtig zu wissen, daß der Durchgangswiderstand mit dem Ansteigen der Wicklungstemperatur und mit dem Ansteigen der relativen Luftfeuchtigkeit erheblich abnimmt.

Eine kalte (raumwarme) Wicklung hat also einen höheren Durchgangswiderstand als eine betriebswarme Wicklung. Desgleichen hängt der Durchgangswiderstand im hohen Maße von der Luftfeuchtigkeit ab, welche die Wicklung während der Lagerung bzw. im Ruhezustand der elektrischen Maschine aufnimmt.

Ein zutreffendes Bild über das Isoliervermögen eines Isolierlackes ergibt

a) die Wasserlagerungsprobe,

b) die Erwärmungsprobe

in Abhängigkeit von der Prüfzeit.

Wärmebeständigkeit

Nach den „Regeln für die Bewertung und Prüfung von elektrischen Maschinen", REM. 0530/XII. 37 (Verband deutscher Elektrotechniker Ausgabe 1937, §§ 38 und 39) betragen die zulässigen Temperatur-Grenzwerte:

für Wicklungen mit Isolierungen nach Klasse A = 60 + 35 = 95° Celsius
bzw. 70 + 35 = 105° Celsius

für Wicklungen mit Isolierungen nach Klasse B = 80 + 35 = 115° Celsius
bzw. 90 + 35 = 125° Celsius

für Wicklungen mit Isolierungen nach Klasse C sind die zulässigen Grenztemperaturen nur beschränkt durch den Einfluß auf benachbarte Isolierteile.

Für Lackdrähte gelten ab 1. 1. 1938 die Temperaturgrenzwerte der Werkstoffklasse B (115 bzw. 125° Celsius).

Die Grenztemperaturen für Wicklungen nach Werkstoffklasse B sind gemäß der VDE Umstellvorschrift 1940 auf 95 + 35 = 130° Celsius heraufgesetzt worden.

Die Dauer-Wärmebeständigkeit der Imprägnier- und Überzugslacke für Wicklungen an elektrischen Maschinen muß daher, bezogen auf den Normalfall, mindestens 130° Celsius betragen (Werkstoffklassen A und B). Für die Imprägnierung von Wicklungen aus Werkstoffen nach Klasse C (Asbestdraht und Dynamodrähte mit Glasseide-Umspinnung) wird eine Dauer-Wärmebeständigkeit von etwa 160° Celsius verlangt. Isoliertränklacke, die diesen hohen Anforderungen entsprechen, werden bereits auf synthetischer Rohstoffgrundlage hergestellt.

Bei der Beurteilung der Wärmebeständigkeit eines Isolierlackes für die Imprägnierung von Wicklungen an elektrischen Maschinen ist zu berücksichtigen, daß zwischen dem Innern der Wicklungen (Stauwärme) und den außenliegenden, von dem Kühlmittel umspülten Wicklungsteilen ein erhebliches Temperaturgefälle besteht. Über die Bestimmung des Gütewertes „Wärmebeständigkeit" liegen zur Zeit noch keine zuverlässigen Prüfmethoden vor.

Sofern es sich um die Beurteilung von Öl-Isolierlacken handelt, ist anzunehmen, daß die außenliegenden, von einem lebhaft bewegten Frischluftstrom umspülten Teile der Wicklung weniger durch die Wärme als durch erhöhte Sauerstoffzufuhr der Alterung unterliegen. Demgegenüber ist der Zutritt von Sauerstoff zu den inneren Wicklungsteilen erschwert, wenngleich hier wesentlich höhere Temperaturen vorhanden sind. Es ist daher nicht leicht, eine Prüfmethode zu finden, die diesen Tatsachen Rechnung trägt.

Die seit kurzer Zeit auf dem Markt befindlichen Silikon-Isolierlacke vertragen im Dauerbetrieb eine Temperatur von etwa 175° Celsius. Es handelt sich hier zum ersten Male um Tränklacke, die auf synthetischer Rohstoffgrundlage entwickelt wurden und deren Grundstoffe teils organischen, teils anorganischen Charakter aufweisen.

Hieraus ergibt sich die erheblich höhere Wärmebeständigkeit gegenüber der bisher allgemein üblichen, auf natürlicher und synthetischer Rohstoffgrundlage entwickelten Isolierlacke.

Überzugslacke

Oberflächenschutz

Im Gegensatz zu den Imprägnierlacken verlangt man an Stelle des guten Eindringvermögens in erster Linie eine hohe spezifische

Abb. 6. Anordnung eines Wassersackes zur Aufnahme des Kondenzwassers bei gekapselten oder oberflächengekühlten Drehstrommotoren. Werkbild BBC, Saarbrücken.

Widerstandsfähigkeit gegen Feuchtigkeit, Säuren, Laugen, Gase usw. Außerdem soll der Überzugslack einen flächebildenden, porenfreien und elastischen Film ergeben, welcher das Anhaften von Kühlluftbestandteilen (z. B. Staubablagerung) auf der Oberfläche der Wicklung bestmöglichst verhindert. Der Film des Überzugslackes soll letzten Endes vermöge seiner besonderen Eigenschaften das Eindringen zerstörender Elemente in das Innere der Wicklung verhindern.

Damit haben die Überzugslacke eine ganz andere Aufgabe zu erfüllen als Imprägnierlacke. Aus diesen und vielen anderen, vielfach auch aus herstellungstechnischen Gründen ist es notwendig, zwischen Imprägnier- und Überzugslacken zu unterscheiden.

Ebensowenig wie ein normaler, allen Anforderungen entsprechender Imprägnierlack in der Regel die spezifischen Eigenschaften eines Überzugslackes besitzen kann, läßt sich umgekehrt an Stelle eines Imprägnierlackes ein Überzugslack verwenden. Aber auch unter den Überzugslacken bestehen hinsichtlich der speziellen Schutzeigenschaften erhebliche Unterschiede. Es ist erklärlich, daß ein Überzugslack mit möglichst vielseitigen Schutzeigenschaften, gegen bestimmte Einflüsse nicht so widerstandsfähig sein kann als ein Speziallack, der beispielsweise einen hochwertigen Schutz gegen Seifenlauge (Waschmaschinenmotoren) oder gegen Schwefeldioxyd (Kühlschrankmotoren) gewährleistet. Es gibt beispielsweise Lacke, die gegen Mineralöl und Benzin beständig, aber gegen Wasser in hohem Maße empfindlich sind.

Bei den Überzugslacken stehen die auf Kunstharzbasis hergestellten an erster Stelle. Recht vielseitige Schutzeigenschaften weisen hierbei die härtbaren Phenolharze auf. Da aber lufttrocknende Überzugslacke aus sachlichen Gründen bevorzugt werden, so gewinnen die gegen bestimmte Einflüsse widerstandsfähigen Kunstharzlacke an Bedeutung.

IV. Abschnitt

Über die Auswahl der Isolierlacke

Der Isolierlackprospekt einer leistungsfähigen Lackfabrik gewährt einen Überblick über die erstaunlich große Anzahl von Isolierlacktypen, die von den Lackfabriken hergestellt und angeboten werden.

Die Reichhaltigkeit eines solchen Isolierlackprogrammes läßt bei den Verbrauchern oft die naheliegende Frage aufkommen, ob es nicht möglich sei, mit einigen wenigen Lacktypen den Anforderungen der Praxis zu entsprechen. Man ist wohl mit Recht der Meinung, daß die Auswahl der Isolierlacke seitens der Verbraucher wesentlich erleichtert werden könne, wenn die Anzahl der Lacktypen auf ein möglichst geringes Maß gehalten würde.

Demgegenüber kann festgestellt werden, daß die Vielzahl der Isolierlacktypen in erster Linie durch die Erfüllung unzähliger Sonderwünsche und Berücksichtigung der verschiedenen Ansichten der Verbraucher entstanden ist. Die Ansichten über gute und schlechte, helle und schwarze, ofentrocknende und lufttrocknende Isolierlacke usw. sind in den Kreisen der Verbraucher grundverschieden, und hieraus erklärt sich z. T. die Vielzahl der Isolierlacktypen in den Prospekten der Isolierlackhersteller.

In den Kreisen der Instandsetzungsfachleute schätzt man z. B. aus sachlichen Gründen die möglichst schnelltrocknenden Isolierlacke. Instandsetzungs- und Neuwicklungsarbeiten an elektrischen Maschinen müssen im Regelfall kurzfristig ausgeführt werden, und daher ist für die Imprägnierung und Trocknung der Wicklungen nicht viel Zeit vorhanden. Diesen an sich berechtigten Wünschen der Verbraucher steht leider die Tatsache gegenüber, daß die Trockenzeiten der auf Ölbasis hergestellten Isolierlacke im umgekehrten Verhältnis zu den Gütewerten derselben stehen. Je schneller solche Isolierlacke trocknen, je geringer sind nämlich die Gütewerte.

Der Instandsetzungsfachmann wird daher zu einer falschen Beurteilung kommen, wenn er die Güte eines Isolierlackes nur nach der Trockenzeit bestimmt.

Aber abgesehen von derartigen Fehlbeurteilungen führen noch eine ganze Reihe anderer Gründe zu der Vielzahl der Isolierlacktypen.

Es kommt in der Praxis z. B. sehr häufig vor, daß eine bestimmte Isolierlacktype, die von vielen Verbrauchern als außerordentlich wertvoll und in allen Teilen geeignet bezeichnet wird, von anderen Interessenten als völlig unbrauchbar abgelehnt wird.

Diese unterschiedliche Beurteilung kann in der Anwendungsmethode, in der Konstruktion des Trockenofens, in der Verschiedenheit der Heizung (Gas, Elektrizität, Kohle, Grudekoks, Dampf usw.) und in manchen anderen Dingen ihre Ursache haben. Beispielsweise ist es möglich, daß ein bestimmter Isolierlack im normalen Tauchbecken sich günstig verhält, während derselbe Lack in einer Vakuum-Imprägnier- und Trockenanlage zu Beanstandungen Anlaß gibt.

Andere Verbraucher legen in erster Linie großen Wert auf Ölbeständigkeit, andere auf hohe Glanzstufe und wiederum andere auf eine besonders hohe Elastizität oder Alterungsbeständigkeit.

Seltener ist die Durchschlagsfestigkeit der Isolierlacke für die Auswahl entscheidend. Dafür ist aber wieder die Ansicht über die Frage „helle oder schwarze Lacke" sehr unterschiedlich.

Alle diese Faktoren haben zu der Vielzahl der Isolierlacktypen in den Prospekten der Lackhersteller beigetragen. Es ist aber aus den vorstehenden Darlegungen auch ersichtlich, daß den vielfach grundverschiedenen Anforderungen nicht mit einigen Isolierlacktypen entsprochen werden kann, weil die Verarbeitungsmethoden, die Trockeneinrichtungen und die Verwendungszwecke nicht einheitlich sind und wohl auch nicht einheitlich sein können.

Da ein hochwertiges Ergebnis aber nur bei sorgfältiger Auswahl des Isolierlackes erzielt werden kann, so ist hierauf der größte Wert zu legen.

Schwarze oder helle Isolierlacke

Stellt man die Gütewerte der schwarzen und hellen Öl-Isolierlacke gegenüber, so läßt sich leicht feststellen, daß bei etwa gleicher Qualität (Preislage) die hellen Lacke im Regelfall nur in einem Punkt und zwar in der

Ölbeständigkeit

den schwarzen Lacken überlegen sind. Dafür besitzen die schwarzen Isolierlacke aber eine Reihe Vorteile gegenüber den hellen Lacken. Ganz allgemein betrachtet sind die schwarzen Öl-Isolierlacke preisgünstiger als die hellen Lacke.

Entscheidend zugunsten der schwarzen Lacke ist aber im Regelfall die kürzere Trockenzeit und die bessere Durchtrocknung im Tropfen, d. h. in den Lacknestern, die sich innerhalb der Wicklungen bilden. Darüber hinaus ist die **Wärmedurchlässigkeit** und damit die Abgabe der Stromwärme der Wicklung an die Kühlluft bei schwarzen Lacken im allgemeinen günstiger als bei hellen Lacken (Abb. 7). Auch die geringere Empfindlichkeit bei dem Zusammenbau der gewickelten Körper spricht zugunsten der schwarzen Isolierlacke.

Gelbe Lacke neigen auch vielfach zu Vergrünungen, während diese Erscheinung bei schwarzen Lacken seltener beobachtet werden kann.

Die vereinzelt auftauchende Meinung, daß der schwarze Farbton der Isolierlacke minderwertige Rohstoffe verdecken solle, beruht auf einem Irrtum. Der Verbrauch an schwarzen Öl-Isolierlacken ist mengenmäßig, bezogen auf die Verwendung im Elektromaschinenbau, ganz

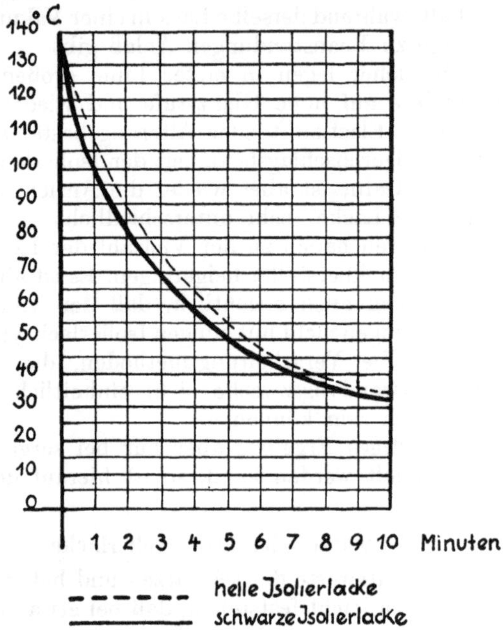

Abb. 7. Schematische Darstellung der vergleichsweisen Wärmeabgabe bzw. Wärmedurchlässigkeit schwarzer und farbloser Isolierlacke.

erheblich größer als derjenige der hellen Lacke. Hieraus darf wohl entnommen werden, daß die schwarzen Isolierlacke mit Recht allgemein bevorzugt werden.

Für **die Imprägnierung ölgekühlter Wicklungen** kommen indessen nur **helle Isolierlacke** von besonders **hoher Ölbeständigkeit** in Betracht. Im Transformatorenbau haben die schwarzen Öl-Isolierlacke daher nur für luftgekühlte Ausführungen eine Bedeutung.

Luft- oder ofentrocknende Lacke

Für die Imprägnierung von Wicklungen an elektrischen Maschinen und Transformatoren kommen lufttrocknende Lacke nicht in Betracht, weil eine ordnungsmäßige Durchtrocknung in den tieferen Wicklungslagen einen zu hohen Zeitaufwand erfordert und die Gütewerte lufttrocknender Lacke im allgemeinen den betrieblichen Anforderungen nicht entsprechen.

Hingegen lassen sich solche Lacke als Überzugslacke oder für solche Zwecke verwenden, wo die eigentliche Imprägnierung der Wicklung bereits mit einem ofentrocknenden Isolierlack durchgeführt wurde.

Im Regelfall werden für die Imprägnierung von Wicklungen an elektrischen Maschinen nur ofentrocknende Isolierlacke verwendet.

Trockenzeiten

Ein überaus wichtiges Merkmal bei der Auswahl der Isolierlacke ist die Trockenzeit, aber es ist sehr schwierig, hierfür zuverlässige An-

Abb. 8. Prüfung eines Isolierlackes auf Trockenzeit und Tiefentrocknung.

gaben zu machen. Die in den Druckblättern der Lackhersteller angegebenen Trockenzeiten sind im allgemeinen durch Trocknungsversuche ermittelt, die im Laboratorium unter Verwendung von Papier oder Leinenstreifen durchgeführt wurden.

Da es sich hierbei nur um sogenannte Oberflächentrocknungen handelt, so bieten diese Zahlenwerte keinen sicheren Rückschluß auf das Verhalten der Lacke beim Trocknen imprägnierter Wicklungen. Hier dringt der Isolierlack nicht nur in die tiefer gelegenen Wicklungslagen ein, sondern es bilden sich im Innern der Wicklungen auch Lackansammlungen, die sich bezüglich des Trocknens ganz anders verhalten, als die auf Papier oder Leinen in gleichmäßiger und dünner Schicht aufgebrachten Lackfilme. Um über die Trockenzeiten der Isolierlacke einen einigermaßen zuverlässigen Anhalt zu erhalten, ist es empfehlenswert, einige behelfsmäßig gewickelte Drahtspulen von etwa 100 Windungen 0,5—0,8 mm Drahtdurchmesser in den richtig verdünnten Isolierlack zu tauchen und im Ofen bei Beachtung der erforderlichen Trockentemperatur zu trocknen.

In Abständen von etwa je 2 Stunden entnimmt man dem Trockenofen eine Versuchsspule, schneidet dieselbe in zwei Teile und stellt nach dem Erkalten fest, ob die Trocknung in den tieferen Wicklungslagen vollkommen ist. Auf diese Weise lassen sich gute Näherungswerte über die Trockenzeiten ermitteln (Abb. 8).

Ganz allgemein betrachtet, kann die Trockenzeit eines Isolierlackes nur unter Beachtung folgender Faktoren ermittelt werden:

Richtige Verdünnung des Lackes,
Luftzu- und Abfuhr im Ofenraum,
Drahtstärke, Windungszahl und Lagenzahl,
Größe und Totalgewicht des Werkstückes,
Ofenraum im Verhältnis zur Beschickung,
Umbandelte oder freiliegende Wicklungselemente,
Lackdraht- oder Wicklungen aus umsponnenem Draht.

Die Trockenzeiten der ofentrocknenden, auf Ölbasis hergestellten Isolierlacke liegen etwa in den Grenzen 6—12 Stunden, bezogen auf Trockentemperaturen von 90—100° Celsius und Wicklungen an normalen Wechsel- und Gleichstrommaschinen kleinerer bis mittlerer Leistungen.

Diese Trockenzeiten lassen sich in einzelnen Fällen durch Erhöhung der Trockentemperaturen bis auf etwa 120° Celsius nennenswert verkürzen.

Gegenüber den Öl-Isolierlacken liegen die Trockenzeiten **bei härtbaren Kunstharzlacken wesentlich günstiger.** Beispielsweise beträgt die Trockenzeit bei einem Staubsaugeranker etwa 2—3 Stunden, wenn für die Imprägnierung ein bei 120—130° Celsius härtbarer Kunstharzlack verwendet wird und die Trockentemperatur am Werkstück gemessen den Nennwert 120—130° Celsius wirklich erreicht.

Bei härtbaren Kunstharzlacken kann eigentlich nicht von einer „Trocknung" des Isolierlackes gesprochen werden. Hier trifft vielmehr die Bezeichnung „Härtung" zu.

Es ist an sich verständlich, daß in den Verbraucherkreisen der Wunsch nach einem Imprägnierlack besteht, der für alle vorkommenden Fälle den Anforderungen entspricht. Man möchte also möglichst mit einer einzigen Lacktype arbeiten.

Ob dies möglich ist, hängt im wesentlichen davon ab, welcher Art Werkstücke hergestellt, in welchen Mengen (Serienherstellung) dieselben hergestellt und welchen betrieblichen Anforderungen die fertigen Werkstücke entsprechen müssen.

Handelt es sich beispielsweise darum, die Ständerwicklungen normaler kleiner Drehstrommotoren bis 380 Volt Spannung und Leistungen bis etwa 7,5 kW zu imprägnieren, so kann man sehr wohl mit einer einzigen Tränklacktype den Anforderungen entsprechen, wenn grundsätzlich umsponnene oder papierisolierte Dynamodrähte verwendet werden.

Die Verhältnisse liegen aber schon schwieriger, wenn teils umsponnene, teils Emaillelackdrähte zur Verwendung gelangen oder außer normalen Motoren auch Sonderausführungen, z. B. Kühlschrank-, Pumpenmotoren usw., hergestellt werden.

1. Isolierlacke für umlaufende Wicklungen

Bei der Auswahl von Isolierlacken für umlaufende Wicklungen, z. B. Kollektor- und Schleifringläufer, sind andere Gesichtspunkte maßgebend, als bei ruhenden Wicklungen (Drehstromständer, Nebenschlußwicklungen).

Abb. 9. Umlaufender Wicklungsträger (Drehstrom-Schleifringläufer).

Dies tritt ganz besonders bei Läufern mit hohen Drehzahlen und hohen Umfangsgeschwindigkeiten in Erscheinung, weil diese Wicklungen erheblichen mechanischen Beanspruchungen durch die Fliehkräfte standhalten müssen.

Imprägnierlacke für umlaufende Wicklungen müssen daher ein gutes Haft- und Backvermögen und besonders günstige Trockeneigenschaften bezüglich Durchtrocknung in den tiefer gelegenen Wicklungsteilen aufweisen.

Das so gefürchtete **Ausschleudern des Lackes** ist bei ausreichender Trocknung und richtiger Trockentemperatur im Regelfall darauf zurückzuführen, daß der Lack im Tropfen (in Lacknestern) nicht durchtrocknet, für umlaufende Wicklungen also nicht geeignet ist. Vielfach beobachtet man bei solchen Lacken eine recht gute und schnelle Oberflächentrocknung. Hierdurch wird aber die Durchtrocknung in den tieferen Wicklungslagen erschwert oder sogar verhindert.

Besitzen die Isolierlacke kein ausreichendes Backvermögen, dann beobachtet man vielfach nach der Inbetriebnahme der Maschine das Entstehen von Windungs- und Lagenschlüssen.

Bei der Auswahl von Isolierlacken für umlaufende Wicklungen ist auch den Forderungen bezüglich der **dynamischen Auswuchtung** Rechnung zu tragen. Auf Ölbasis hergestellte Isolierlacke weisen den härtbaren Kunstharzlacken gegenüber den Nachteil auf, daß die im Innern der Wicklung eingeschlossenen Lacknester selbst nach ausreichender Trocknung später bei Betriebswärme wieder erweichen. Die weichen Lacknester erfahren durch die Fliehkräfte eine örtliche Verlagerung, und hierdurch wird die vorher durchgeführte Auswuchtung z. T. oder gänzlich aufgehoben.

Die wichtigsten Merkmale für Imprägnierlacke, die sich für umlaufende Wicklungen eignen, können daher wie folgt zusammengefaßt werden:

1. gutes Backvermögen,
2. Durchtrocknung im Tropfen und in den tieferen Wicklungslagen bei zulässigen Trockenzeiten.

Handelt es sich außerdem noch um Wicklungen aus Emaille-Lackdraht, so wäre darauf zu achten,

3. daß der Isolierlack die Lackschicht der Wickeldrähte nicht angreifen darf (siehe auch imprägnierfeste Lackdrähte S. 149).

Soll nun die Imprägnierung und Trocknung in einer Vakuum-Imprägnier- und Trockenanlage vorgenommen werden, so muß der Imprägnierlack noch eine vierte wichtige Eigenschaft besitzen und zwar:

4. Der Imprägnierlack muß den Beanspruchungen, die durch das häufige Umpumpen aus dem Lackbehälter in den Imprägnier- und Trockenraum und zurück, sowie durch das wiederholte Erhitzen und Erkalten entstehen, in allen Teilen entsprechen.

Wenn die Forderung Punkt 4 nicht erfüllt werden braucht, dann eignen sich die härtbaren Kunstharzlacke für umlaufende Wicklungen erheblich besser, als Öl-Isolierlacke. Dies trifft auch für die Fälle zu, wo lediglich die Imprägnierung im Vakuumkessel, die Trocknung aber in einem besonderen Trockenofen vorgenommen wird. Die Verwendung härtbarer Kunstharzlacke in kombinierten Vakuum-Imprägnier- und Trockenanlagen sollte nur nach vorheriger Rückfrage beim Lackhersteller geschehen.

2. Isolierlacke für ruhende Wicklungen

Wenn es sich beispielsweise um die Imprägnierung von Nebenschluß-Magnetspulen für Gleichstrommaschinen handelt (hohe Windungszahl, dünner Draht), so muß der Imprägnierlack in erster Linie ein gutes

Abb. 10. Ruhender Wicklungsträger (Ständer eines Drehstrom-Turbo-Generators).

Eindringvermögen (Kapillarität)

und eine ausreichende

Elastizität

besitzen.

Auch die Trockeneigenschaften bezüglich Durchtrocknung in tieferen Wicklungslagen spielen hierbei eine beachtliche Rolle.

Bezüglich des Backvermögens und der harten Durchtrocknung müssen bei solchen Lacken gewisse Vorbehalte gemacht werden. Man stellt an imprägnierte Nebenschluß-Magnetspulen oft die Forderung, daß die Spulen beim Einbauen in das Magnetgestell noch leicht von Hand oder in Schablonen nachgeformt werden können. Dies trifft ganz besonders bei Magnetspulen für kleine Universalmotoren zu.

Wenn diese Forderung gestellt wird, dann scheiden z. B. härtbare Kunstharzlacke fast gänzlich aus. Jedenfalls lassen sich solche Lacke für den gegebenen Fall nur dann verwenden, wenn die Lacke einen hohen Prozentsatz Weichhalter enthalten, also im gehärteten Zustand noch elastisch genug sind.

Ist jedoch eine Nachformung beim Einbau der Magnetspulen nicht erforderlich, so können die härtbaren Kunstharzlacke zur Anwendung kommen.

Für andere ruhende Wicklungen, z. B. für Drehstrom-Ständerwicklungen, treffen allgemein die Forderungen zu, die auch an Isolierlacke für umlaufende Wicklungen gestellt werden.

3. Isolierlacke für Transformatorenwicklungen

Bei Transformatoren handelt es sich ebenfalls um ruhende Wicklungen. Ölgekühlte Transformatorenwicklungen werden in manchen Fällen überhaupt nicht imprägniert. Hier tritt an Stelle des Isolierlackes vielfach das gleichzeitig als Kühlmedium verwendete Transformatorenöl.

Abb. 11. Drehstrom-Transformator.

Im Regelfall werden aber auch die Transformatorenwicklungen imprägniert. Allgemein betrachtet haben diese Imprägnierungen den Zweck, die einzelnen Windungslagen der Spulen zu einem mechanisch festen Spulenkörper zusammenzubacken, um die sogenannte **Kurzschlußfestigkeit** der Wicklungen zu erhöhen.

Da bei Transformatoren im Regelfall hohe Betriebsspannungen in Betracht kommen, so müssen die Imprägnierlacke auch **eine hohe Durchschlagsfestigkeit** aufweisen.

Werden die Wicklungen in Öl gekühlt, dann müssen die Isolierlacke **eine hohe Beständigkeit gegen heißes Transformatorenöl** besitzen. Eine besonders hohe Kurzschlußfestigkeit der Spulen läßt sich durch Anwendung **plastischer Isolierlacke oder plastischer Isoliermassen** erzielen. Solche Imprägniermittel besitzen auch eine bessere Wärmeleitfähigkeit als Imprägnierlacke.

Die hauptsächlichsten Gütewerte der Imprägnierlacke für Transformatorenwicklungen lassen sich daher wie folgt zusammenfassen:

1. hohes Backvermögen,
2. hohe Durchschlagsfestigkeit,
3. hohe Ölbeständigkeit.

Die hellen, ölbeständigen Isolierlacke und die plastischen, wärmeleitenden Isoliermassen mit hoher Backfähigkeit stehen hier im Vordergrund des Interesses.

4. Isolierlacke für Lackdrahtwicklungen

Das Problem der Imprägnierung von Lackdrahtwicklungen kann zur Zeit noch nicht als vollkommen gelöst bezeichnet werden.

Der Erfolg solcher Imprägnierungen hängt nämlich nicht nur von der Geeignetheit des Imprägnierlackes, sondern auch von der Geeignetheit der Lackdrähte ab.

Kommen sogenannte **imprägnierfeste Lackdrähte** zur Anwendung, dann können für die Imprägnierung solcher Wicklungen alle normalen Tränklacke, die jeweils den üblichen Anforderungen entsprechen, verwendet werden.

Normale, transparente Lackdrähte können im Regelfall nicht als imprägnierfest bezeichnet werden. Taucht man solche Drähte in erhitzten Isolierlack (80—100° Celsius), so läßt sich die Lackschicht der Drähte vielfach schon nach 3—5 Minuten leicht mit den Fingern abstreifen (siehe Abschnitt über Lackdrähte S. 149).

Bei der Auswahl von Imprägnierlacken für Lackdrahtwicklungen wird man daher das Interesse zweckmäßig solchen Speziallacken zuwenden, welche besonders milde Lösungs- und Verdünnungsmittel enthalten, d. h. als besonders geeignet von den Herstellerfirmen empfohlen werden.

Derartige Lacke müssen ein ganz besonders gutes Backvermögen und hinsichtlich der Trockenzeit und des Durchtrocknens in den tieferen Wicklungslagen günstige Eigenschaften besitzen.

Das Eindringvermögen spielt bei diesen Lacken keine besondere Rolle, desgleichen nicht die Durchschlagsfestigkeit, die bei guten Isolierlacken ohnehin um 6—8000 Volt je 0,1 mm Lackauflage liegt.

Die für Lackdrahtwicklungen in Betracht kommenden Imprägnierlacke sollen zusammengefaßt folgende Gütewerte aufweisen:

1. der erhitzte Isolierlack darf die Lackschicht der Drähte nicht anlösen,
2. der Isolierlack muß ein gutes Backvermögen besitzen und
3. in praktisch zulässigen Trockenzeiten auch in den tieferen Wicklungslagen einwandfrei durchtrocknen.

Da die Forderungen Ziffer 2—3 wiederum von härtbaren Kunstharzlacken erfüllt werden, so sei auch an dieser Stelle darauf hingewiesen, daß diese Lacke im sogenannten Kalt-Imprägnierverfahren (siehe S. 160) den Anforderungen Ziffer 1 mindestens in dem Maße entsprechen wie die Öl-Isolierlacke.

5. Hitzebeständige Isolierlacke für Asbestdrahtwicklungen

Für die Imprägnierung hitzebeständiger (Asbestdraht-)Wicklungen können im allgemeinen nur hochhitzebeständige Spezial-Isolierlacke zur Anwendung gelangen.

Es kommt im Einzelfall natürlich sehr darauf an, welche Temperaturen betriebsmäßig an den Wicklungen auftreten. Vielfach werden Asbestdrahtwicklungen auch da angewandt, wo normale, papierisolierte, Bw.-umsponnene oder Lackdrähte bezüglich der Hitzebeständigkeit noch ausreichen würden. Für solche Fälle entsprechen normale, hochwertige Isolierlacke noch den Anforderungen.

Der nach REM zulässige Temperaturgrenzwert für Isolierungen aus Asbest- und Glimmerpräparate beträgt zur Zeit 130° Celsius.

In der Praxis werden 130° Celsius vielfach in erheblichem Maße überschritten. Hochbeanspruchte Maschinen in der Hüttenindustrie (z. B. Rollgangmotoren in Walzwerken), die allein schon durch Strahlungswärme von außen her Temperaturen bis 150° Celsius und mehr aushalten müssen, bedürfen einer Spezialimprägnierung von höchster Hitzebeständigkeit. Aber auch elektrische Fahrzeugmotoren (elektrische Lokomotiven) werden beispielsweise beim Anfahren und bei Überwindung überhöhter Streckenabschnitte stark überlastet und müssen hohe Temperaturen aushalten. Es treten hierbei im Innern der Wicklung vorübergehend Temperaturen von 140—180° Celsius auf.

Für die Imprägnierung solcher Wicklungen eignen sich plastische Isolierlacke auf Kunstharzbasis, die als Pigmentzusatz feinkörnige Silikate erhalten.

Die Imprägnierlacke dürfen bei bestimmten Asbestdrähten keine Bestandteile aufweisen, welche die Asbestisolation nachteilig verändern, z. B. auflösen. Es gibt Asbestdrähte, deren Isolation aus einer Asbestmasse besteht, welche unter Druck auf die Drahtoberfläche aufgespritzt wird. Die Asbestmasse enthält Bindemittel, welche durch das Löse- und Verdünnungsmittel gewisser Isolierlacke erweicht.

Asbestdrähte, deren Isolation aus reiner Asbestfaser besteht, sind in dieser Hinsicht unempfindlicher. Aber auch bei solchen Drähten wird aus herstellungstechnischen Gründen im Regelfall keine reine Asbestfaser, sondern auch noch einige Baumwollefäden werden zur mechanischen Verfestigung der Isolierung mitverwendet.

Ein großer Nachteil des Asbestes ist die schlechte Wärmeleitfähigkeit und die Neigung zur Wasseraufnahme. Die Wärmeleitfähigkeit läßt sich durch Verwendung wärmeleitfähiger Imprägnierlacke oder plastischer Massen nennenswert verbessern.

Die Neigung zur Feuchtigkeitsaufnahme versuchen die Hersteller der Asbestdrähte durch Vorimprägnierung der Asbestisolation herabzusetzen bzw. zu beseitigen.

Für die Vorimprägnierung der Asbestdrähte dürfen keine leicht schmelzbaren Wachse und dergleichen verwendet werden, weil diese Wachse oder Wachsgemische später bei der Vortrocknung der fertigen Wicklung schmelzen, sich gelegentlich der anschließenden Imprägnierung mit dem Isolierlack verbinden und einen ordnungsmäßigen Verlauf des Imprägniervorganges stören oder gar verhindern.

Auf alle diese Dinge muß bei der Auswahl von Isolierlacken für Asbestdrahtwicklungen geachtet werden. Es kommt daher nicht allein darauf an, daß der Imprägnierlack hitzebeständig ist und auch sonst hinsichtlich Backfähigkeit usw. den Anforderungen entspricht. Auch die Asbestdrähte müssen so beschaffen sein, daß eine ordnungsmäßige Imprägnierung der fertigen Wicklungen möglich ist.

Man wird bei Bedarf derartiger Imprägnierlacke zweckmäßig dem Lackhersteller die geforderten Eigenschaften des gewünschten Isolierlackes bekanntgeben und gleichzeitig ein Muster des zur Verarbeitung vorgesehenen Asbestdrahtes einsenden.

Die hauptsächlichsten Eigenschaften der für die Imprägnierung von Asbestdrahtwicklungen geeigneten Isolierlacke lassen sich wie folgt zusammenfassen:

1. hohe Hitzebeständigkeit,
2. hohe Backfähigkeit,
3. Verträglichkeit mit den in der Asbestdraht-Isolation bereits enthaltenen Imprägnierstoffen,
4. gute Wärmeleitfähigkeit,
5. das Löse- und Verdünnungsmittel des Isolierlackes darf die Beschaffenheit der Asbestdraht-Isolation nicht nachteilig verändern.

6. Isolierlacke für Dynamo- und Transformatorenbleche

An Stelle der bisher allgemein üblichen Papierbeklebung der Dynamo- und Transformatorenbleche verwendet man in ständig steigendem Maße geeignete Isolierlacke.

Die Ursache hierfür liegt darin, daß Papier zur Aufnahme von Feuchtigkeit neigt und damit die Rostbildung auf den Blechen fördert.

Überdies ist Papier nicht hitzebeständig, es verzundert bereits bei etwa 110° Celsius.

Für elektrische Maschinen mit Asbestdrahtwicklungen ist daher die Verwendung lackierter Bleche vorteilhafter als einseitig mit Seidenpapier beklebte Bleche. Bei diesen Wicklungen muß mit einer Stauwärme von etwa 140—160° Celsius gerechnet werden, und bei diesen Temperaturen wird das Papier zerstört.

Aber auch für elektrische Maschinen, die in feuchten, säurehaltigen Räumen, z. B. in Kalibergwerken, zur Aufstellung gelangen, sind lackierte Bleche vorzuziehen. In diesem Falle müssen die zur Anwendung kommenden Lacke gegen Feuchtigkeit bzw. Säuren, Laugen, Alkalien usw. beständig sein.

Der einfacheren Anwendung halber werden vom Verbraucher lufttrocknende Isolierlacke gewünscht. Derartige Lacke können aber nie die Beständigkeit gegen Hitze, Säure, Laugen, Salze, Wasser usw. aufweisen wie z. B. ofentrocknende Kunstharzlacke.

Lufttrocknende Blechlacke kommen also nur da in Betracht, wo es sich lediglich um einen Übergang von Papierbeklebung auf die Lackierung handelt, demnach also keine besonderen Anforderungen an den Lack gestellt werden.

Für diejenigen Anforderungen, die an hochbeanspruchte Maschinen, z. B. in der Hüttenindustrie, in Bergwerken, Schlachthäusern, Wäschereien, Salz- und Kalibergwerken, an Unterwassermotoren, Waschmaschinenmotoren, Kühlschrankmotoren usw., gestellt werden, kommen ausschließlich hochwertige Kunstharzlacke und sonstige Sonderlacke in Betracht.

Mit an erster Stelle stehen hier die modifizierten phenolischen Kunstharzlacke, die bei 120 oder 180—200° Celsius gehärtet werden. Die Ofentrocknung ist natürlich zeitraubender und teurer als die Lufttrocknung. Mit Rücksicht auf den hohen Wert der Lackierung ist die Ofentrocknung bei entsprechenden Anforderungen jedoch gerechtfertigt.

Bei ölgekühlten Transformatoren kommen nur solche Blechlacke zur Anwendung, die in hohem Maße ölbeständig sind und keine Beimischungen enthalten, die das Transformatorenöl nachteilig verändern können. Für den Regelfall scheiden hier die lufttrocknenden Blechlacke aus.

Für luftgekühlte Transformatoren gelten die Gesichtspunkte, die für Dynamobleche bereits dargelegt wurden.

Die Blechlacke können im Streich-, Spritz-, Tauch- und Walzverfahren aufgetragen werden. Aus Gründen der Wirtschaftlichkeit wird die Lackierung an den Blechtafeln im Walzverfahren vorgenommen.

Diese Lacke müssen stanzfest sein, da z. B. die Nutenlöcher nach der Lackierung und Trocknung auf automatisch arbeitenden Nutenstanzen oder mit Hilfe von Komplettschnitten hergestellt werden müssen.

Bei Instandsetzungen von Motoren für Kalibergwerke und in ähnlichen Fällen müssen die bereits gestanzten Bleche einzeln lackiert werden. In solchen Fällen wählt man zweckmäßig das Tauchverfahren.

Die zur Anwendung kommenden Lacke werden hierbei sehr dünnflüssig eingestellt und müssen u. a. die Eigenschaft eines guten, gleichmäßigen Verlaufes aufweisen.

Es sei an dieser Stelle darauf hingewiesen, daß **die Gefahr der Eisenverluste durch Rostbildung** innerhalb der aktiven Blechpakete bei Drehstrom**läufern** nicht so wichtig ist. Hier ist die Frequenz bekanntlich vom Läuferschlupf abhängig und die sogenannte Schlupffrequenz ist gering. Bei den Ständerblechpaketen liegen die Verhältnisse ungünstiger, denn hier spielt die Netzfrequenz, die im Regelfall = 50 Hertz beträgt, für die Größe der Eisenverluste eine entscheidend wichtige Rolle.

Wenn es sich um die Lackierung von Dynamoblechen gelegentlich einer Instandsetzung handelt, dann kann man vielfach auf die Lackierung der Läuferbleche verzichten. Man sollte aber solche Läufer nach ausgiebiger Trocknung in einen Kunstharzlack tauchen und anschließend die Härtung des Lackes im Ofen vornehmen.

Die wichtigsten Merkmale der Dynamo- und Transformatorenblechlacke lassen sich wie folgt zusammenfassen:

1. gute Haftfestigkeit auf Eisenblech,
2. Beständigkeit gegen Säure, Alkalien, Laugen, Salz, Wasser und Hitze,
3. Stanzfestigkeit (Elastizität),
4. guter Verlauf, wenn Tauchlacke in Betracht kommen.

7. Isolierlacke für Kühlschrankmotoren

Die in Kühlschränken zum Antrieb von Kompressoren verwendeten Elektromotoren sind gewöhnlich mit dem Kompressor direkt gekuppelt. Das Aggregat, bestehend aus Motor und Kompressor, ist im Regelfall in einer luftdicht verschweißten Stahlhaube angeordnet, in welcher sich auch das Kühlmedium, z. B. „Schwefeldioxyd", befindet.

Die Schwefeldioxyddämpfe und das zur Schmierung des Kompressors erforderliche Öl kann bei gegebenen Voraussetzungen in das Innere des Motors eindringen. Die Wicklungen solcher Motoren sind daher in hohem Maße durch Schwefeldioxyd und Öl gefährdet.

Die für die Imprägnierung solcher Wicklungen in Betracht kommenden Isolierlacke müssen sehr hohen Anforderungen entsprechen und besonders gegen Schwefelsäuredämpfe und Öl widerstandsfähig sein. Darüber hinaus muß der Imprägnierlack eine hohe Haftfestigkeit, Alterungsbeständigkeit und Elastizität aufweisen.

Lösen sich nämlich während des Betriebes kleine Lackteile von der Wicklung, so besteht die Gefahr, daß diese in die Ventilsitze des Kompressors gelangen und somit zu Störungen Anlaß geben.

Die Wicklungen solcher Spezialmotoren müssen vor der Imprägnierung vollkommen feuchtigkeitsfrei sein, weil sonst ebenfalls Störungen an dem Kühlaggregat eintreten können.

Im Regelfall erfolgt die Imprägnierung in einer Vakuum-Imprägnier- und Trockenanlage. Einige Firmen wenden sogar Höchstvakuum an.

Die Versuche, das Imprägnierproblem mit Öl-Isolierlacken zu lösen, sind aufgegeben worden. Man hat nach den Mißerfolgen hiermit sogar teilweise auf eine Imprägnierung verzichtet und die Wicklungen nur in Transformatorenöl unter Vakuum ausgekocht.

Gute Ergebnisse werden mit Isolierlacken auf der Basis härtbarer Phenolharze erzielt. Auch Vinylharzlacke haben sich als sehr brauchbar erwiesen.

Die Kunstharzindustrie erzeugt aber noch eine Reihe anderer Harzsorten, die sich für den erwähnten Zweck eignen dürften.

Man kann die Gütewerte der für Kühlschrankmotoren geeigneten Imprägnierlacke etwa wie folgt zusammenfassen:

1. hohe spezifische Widerstandsfähigkeit gegen Schwefeldioxyd und Mineralöl,
2. hohe Haftfestigkeit auf der Umspinnung der Wickeldrähte,
3. gutes Backvermögen,
4. hohe Alterungsbeständigkeit,
5. hohe Elastizität.

8. Imprägniermittel für Lasthebemagnete, magnetische Schienenbremsen, Magnet-Aufspannplatten, Magnet-Kupplungen und Magnet-Spannfutter[1])

Die vorstehend aufgeführten elektrischen Apparate sind mit Wicklungen ausgerüstet, die aus einem Gleichstromnetz erregt und im Regelfall durch Schaltvorrichtungen ein- und ausgeschaltet werden.

Selbst wenn die Betriebsspannungen, mit denen diese Wicklungen erregt werden, in der Regel nur 110—500 Volt betragen, muß mit einer hohen mechanischen und elektrischen Beanspruchung derselben gerechnet werden.

Die mechanische Beanspruchung der Wicklungen entsteht durch das stufenlose Einschalten der vollen Betriebsspannung, indem der plötzlich fließende Nennstrom in den einzelnen Windungen der Wicklung hohe dynamische Kräfte hervorruft. Beim Ausschalten liegen die Verhältnisse ähnlich.

---

[1]) Siehe auch Plastische Isoliermassen S. 68.

Außerdem erwärmen sich die Erregerwicklung und das Eisen während des Betriebes. Die verschiedenen Metalle dehnen sich ungleich aus und ziehen sich während der Abkühlung wieder zusammen.

Durch diese Vorgänge wird die Isolierung der einzelnen Windungen hohen mechanischen Beanspruchungen unterworfen. Außerdem sind die Voraussetzungen für die Bildung von Schwitzwasser innerhalb des Wickelraumes gegeben.

Beim Ausschalten der Erregerwicklungen entstehen hohe und damit schädliche Induktionsspannungen, die durch einen hochohmigen, parallel zu der Wicklung geschalteten Dämpfungswiderstand unschädlich gemacht werden müssen.

Bei Magnetspannplatten werden die aufgespannten Gegenstände vielfach mit Wasser gekühlt oder geschmiert (Seifenwasser mit Ölzusatz). Ist der Wickelraum nicht ganz dicht, so kann das Wasser eindringen und zu Störungen Anlaß geben.

Bei der Herstellung derartiger Wicklungen muß in erster Linie eine hohe Kurzschlußfestigkeit angestrebt werden. Diese erreicht man mit geeigneten ofentrocknenden, plastischen Isoliermassen, die außerdem noch eine gute Wärmeleitfähigkeit besitzen sollen. Zwecks guter Ableitung der Stromwärme sollen möglichst keine schlechten Wärmeleiter, z. B. Ölleinen, Jakonettband usw. für die Isolierung der Erregerspulen verwendet werden.

Der Hohlraum zwischen Erregerspule und dem Spulenkasten wird zweckmäßig nach betriebsfertigem Einbau der Spulen mit einer wasserfesten, hochelastischen und möglichst gut wärmeleitenden Compoundmasse ausgegossen.

Die für den vorstehend dargelegten Zweck geeigneten Isoliermassen sollen etwa folgende Eigenschaften aufweisen:

1. hohe Backfähigkeit,
2. hohe Wasser- und Ölfestigkeit,
3. hohe Durchschlagsfestigkeit,
4. gute Wärmeleitfähigkeit.

9. Isolierlacke für Stab- und Bandwicklungen

Zwecks Erzielung eines besseren Nutenfüllfaktors und einer besseren Wärmeabgabe der Wicklungen lassen sich an Stelle der bisher üblichen Baumwolle- oder Papierisolation bei Stab- und Bandwicklungen besonders geeignete Isolierlacke verwenden (Abb. 12 u. 13).

Die Voraussetzungen für die Anwendung solcher Lacke sind bei Drehstromläufer-Stabwicklungen, aber auch bei Gleichstromläufer-Stabwicklungen sowie bei Compound-, Wendepolwicklungen und Transformatorenwicklungen gegeben, sofern die letzteren aus Kupfer- oder Aluminiumband hergestellt werden.

Für diese Zwecke eignen sich sog. Einbrennlacke, die eine hohe Haftfestigkeit auf Kupfer und Aluminium, außerdem aber noch eine hohe Elastizität, Durchschlagsfestigkeit, Wärmebeständigkeit, Beständigkeit gegen Säuren, Laugen, Alkalien, Salz-, Süß- und Kondenswasser aufweisen.

Diesen Anforderungen entsprechen nur härtbare Kunstharzlacke, und zwar nur solche, die gegen eine Überhärtung unempfindlich sind. Durch Anwendung solcher Lacke kann man die Überlastbarkeit hoch

Abb. 12. Drehstrom-Schleifringläufer mit Stabwicklung.

beanspruchter Wicklungen ganz erheblich steigern bzw. den Wickelraum verkleinern. Da aber auch die Lackschicht eine geringere Feuchtigkeitsaufnahme als Baumwolle oder Papier besitzt, außerdem auch gegen Säure, Laugen, Alkalien, Wasser usw. widerstandsfähiger ist, als Papier oder Baumwolle, so sind die Voraussetzungen für die Anwendung z. B. bei elektr. Fahrzeug-(Lokomotiv-)Motoren, Motoren in chemischen Fabriken, Kalibergwerken, Kompressorantrieben usw. gegeben.

Die Lackschicht wird zweckmäßig im Tauchverfahren aufgebracht und in elektrisch beheizten, mit genauen Thermoreglern versehenen Öfen bei Temperaturen von etwa 160—200° Celsius gehärtet bzw. eingebrannt.

Da bei Fertigstellung solcher lackierter Wicklungen zum Schluß auch noch Lötungen vorgenommen werden müssen, so muß der Lack so eingebrannt werden bzw. so beschaffen sein, daß durch diese nachträgliche und erhebliche Erhitzung die Struktur des Lackfilmes in der Nähe der Lötstellen nicht nachteilig verändert wird.

In dieser Beziehung müssen solche Lacke die Eigenschaft besitzen, die bei guten Emaille-Lackdrähten vorhanden ist. Die Lackschicht dieser Drähte hält bekanntlich die Erhitzung beim Einlöten der Schaltenden in den Kollektor gut aus.

In jüngster Zeit werden härtbare, phenolische Harze (im Vakuum) hergestellt, die gegen Überhärtungen (zu hohe Härtetemperatur oder zu lange Härtezeit) unempfindlich sind. Glyptalharze weisen ebenfalls diese wichtige Eigenschaft auf.

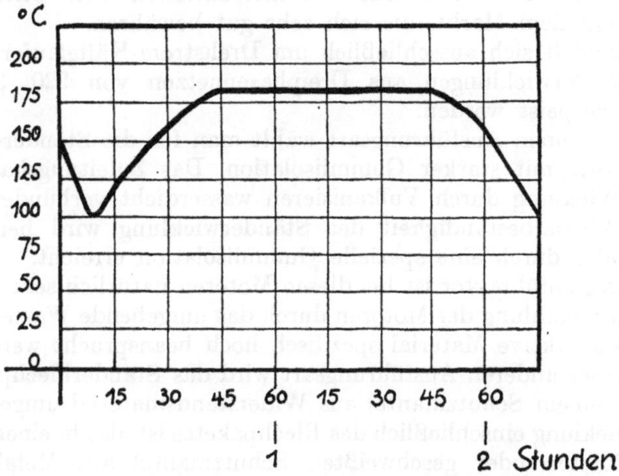

Abb. 13. Beispiel einer Härtekurve, bezogen auf einen härtbaren Phenolharz-Stablack, der bei 180° Celsius in den C-Zustand übergeht. Der Trockenofen wird auf 150° Celsius geheizt. Beim Beschicken des Ofens fällt die Temperatur auf etwa 100° Celsius. Nach etwa 45 Minuten ist die Härtetemperatur von 180° Celsius erreicht, die etwa 1 Stunde beibehalten wird.

In den Fällen, wo hinsichtlich der Beständigkeit gegen Säuren, Laugen, Alkalien, Benzol usw. keine besonderen Anforderungen an derartige Lacke gestellt werden, kann den Anforderungen leichter entsprochen werden.

Die Eigenschaften und Gütewerte der Isolierlacke für die Lackierung von Stab- und Bandwicklungen lassen sich etwa wie folgt zusammenfassen:

1. hohe Haftfestigkeit auf Kupfer und Aluminium,
2. bei hoher mechanischer Härte hohe Elastizität,
3. hohe Widerstandsfähigkeit gegen Hitze, Säuren, Laugen, Alkalien, Wasser und Lacklösungsmittel,
4. Unempfindlichkeit gegen Überhärtungen,
5. hohe elektrische Durchschlagsfestigkeit,
6. hohe Alterungsbeständigkeit.

10. Isolierlacke für Unterwassermotoren[1])

Die unter dem Wasserspiegel arbeitenden Elektromotoren sind im Regelfall mit einer Kreiselpumpe direkt gekuppelt.

Anfänglich war man der Ansicht, die erforderliche Wasserfestigkeit der Wicklungen durch Imprägnierungen mit geeigneten Isolierlacken erreichen zu können. Die Erfahrung hat indessen gezeigt, daß dieser Weg nicht zum Ziel führt.

Zur Zeit sind verschiedene Konstruktionen von Unterwassermotoren auf dem Markt, die sich sehr gut bewähren.

Es handelt sich ausschließlich um Drehstrom-Käfigläufermotoren, deren Ständerwicklungen aus Dreiphasennetzen von 220, 380 oder 500 Volt gespeist werden.

Bei der einen Ausführungsart wählt man für die Ständerwicklung Kupferdrähte mit starker Gummiisolation. Das Zuleitungskabel wird mit der Wicklung durch Vulkanisieren wasserdicht verbunden.

Die Wasserbeständigkeit der Ständerwicklung wird bei solchen Motoren also durch eine spezielle Gummiisolation erreicht.

Der Nutenfüllfaktor ist bei diesen Motoren natürlich sehr schlecht. Da aber die Kühlung der Motoren durch das umgebende Wasser erfolgt, so kann das aktive Material spezifisch hoch beansprucht werden.

Bei einer anderen Ausführungsart wird das Ständerblechpaket allseitig mit einem Schutzmantel aus Widerstandsmaterial umgeben. Die Ständerwicklung einschließlich des Blechpaketes ist also in einen wasserdicht gelöteten oder geschweißten Schutzmantel aus Metall eingeschlossen.

Bei dieser Ausführungsart können normale Wicklungen und normaler Dynamodraht angewandt werden. Die Ausführungsarten sind patentamtlich geschützt.

Bei der zuerst beschriebenen Ausführungsart sah man bisher von einer Imprägnierung der Ständerwicklungen ab. Es kommen für die Imprägnierung der gummiisolierten Dynamodrähte nur Isolierlacke in Betracht, die auf Gummi gut haften und deren Lösungs- und Verdünnungsmittel die Gummiisolation nicht angreifen bzw. nachteilig verändern, z. B. sind Lacke auf Chlorkautschukbasis geeignet.

Wichtig bei diesen Motoren ist die Isolation der Ständerbleche, die zweckmäßig an Stelle der Papierbeklebung eine Lackierung mit einem wasserbeständigen Speziallack erhalten. Die aktiven Blechpakete kommen mit dem Wasser unmittelbar in Berührung, so daß die Voraussetzungen für eine beschleunigte Rostbildung außerhalb und innerhalb der Blechpakete gegeben sind. Aus diesem Grunde empfiehlt es sich auch, die Blechpakete und das Gehäuse mit einem hochwertigen Rostschutzlack zu überziehen.

---

[1]) Siehe auch unter Silikonlacke S. 21.

Bei den metallgekapselten Wicklungen ist eine besonders hochwertige Imprägnierung mit Öl- oder Kunstharzlack und die Anwendung spezifischer Feuchtigkeitsschutzlacke erforderlich. Bei dieser Ausführungsart kommt der Ständer nicht unmittelbar mit Wasser in Berührung. Indessen sind hier die Voraussetzungen für die Bildung von Schwitzwasser gegeben. Die Anwendung spezieller Feuchtigkeitsschutzlacke ist daher unerläßlich.

Ähnlich liegen die Verhältnisse bei den Unterwassermotoren, die unter einer Taucherglocke arbeiten.

Zusammengefaßt stehen hier die auf synthetischer Rohstoffbasis hergestellten Isolierlacke im Vordergrund des Interesses. Da infolge der Wasserkühlung bei Unterwassermotoren nur geringe Temperaturen an den Wicklungen auftreten, können auch Kunstharzlacke zur Anwendung gelangen, die wegen ihrer geringen Wärmebeständigkeit für normale Betriebstemperaturen nach REM nicht in Betracht kommen. Isolierlacke auf Chlorkautschukbasis, Vinylharzlacke und solche auf der Basis Benzylzellulose entsprechen den Anforderungen. Diese Lacke trocknen gewöhnlich an der Luft. Die lufttrocknende Eigenschaft stellt einen besonderen Vorzug dar, weil hier die Voraussetzungen für die Anwendung lufttrocknender Isolierlacke gegeben sind (Oberflächentrocknung).

Die Eigenschaften und Gütewerte der für Unterwassermotoren geeigneten Isolierlacke lassen sich etwa wie folgt zusammenfassen:

1. geringe Wasseraufnahme (wasserabweisend),
2. gute Haftfestigkeit auf Metall,
3. bei gummiisolierten Drähten: gute Haftfestigkeit auf Gummi und Neutralität gegen Gummi,
4. hoher Feuchtigkeits- und Rostschutz,
5. gute Elastizität und Alterungsbeständigkeit.

11. Imprägnierlacke für Wicklungen aus kunstseide-umsponnenen Drähten

Für die Imprägnierung der Wicklungen kunstseide-umsponnener Drähte eignen sich nicht alle Isolierlacke. Als Kunstseiden stehen neben der Kollodiumseide (Nitrozelluloseseide), dem Glanzstoff aus kupferammoniakalischer Zelluloselösung, die Viskoseseide und die Azetatseide für die Umspinnung von Dynamodrähten zur Verfügung.

Die auf Zellulosebasis hergestellten Kunstseiden werden von den auf Ölbasis hergestellten Isolierlacken, sofern dieselben als Lösungs- oder Verdünnungsmittel Benzin, Benzin-Benzolgemische usw. aufweisen, nicht angegriffen.

Die Azetatseiden sind dagegen vielfach auch gegen normale Öl-Isolierlacke empfindlich.

Sofern Isolierlacke als Lösungs- oder Verdünnungsmittel, z. B.

Azeton, Chloräthylessigester, Milchsäureäthylester, Glykoldiazetat, Methyl- und Äthylformiat enthalten, kommt deren Verwendung für kunstseidenumsponnene Drähte nicht in Betracht. Für den praktischen Fall empfiehlt es sich, eine Drahtprobe in den Isolierlack zu legen, den Lack vorsichtig (da Brandgefahr) auf etwa 40—50° Celsius zu erwärmen und festzustellen, ob die Kunstseide mit der Zeit angelöst wird. Ein sicheres Urteil läßt sich erst dann bilden, wenn die Prüfung auf mehrere Stunden ausgedehnt wird.

An Stelle der bisher allgemein üblichen Baumwolle-Jakonettbänder werden neuerdings auch solche aus Kunstseide und Gemischen aus Kunstseide und Zellwolle auf den Markt gebracht. Es empfiehlt sich, diese Bänder ebenfalls vor Verwendung einer Prüfung zu unterziehen.

Im allgemeinen lassen sich jedoch normale, auf Ölbasis und Kunstharzbasis hergestellte Lacke, z. B. härtbare Phenolharzlacke, für die Imprägnierung von Kunstseide und Zellwolle verwenden.

12. Isolierlacke für die Vorimprägnierung umsponnener oder umwickelter Dynamodrähte

Aus der Erkenntnis, daß die bei Dynamodrähten als Umspinnung verwendeten Stoffe, z. B. Baumwolle oder Seide, gegebenenfalls auch das zu gleichen Zwecken verwendete Papier in erster Linie als **Lackträger** betrachtet werden muß, ergibt sich in vielen Fällen die Notwendigkeit, diese Lackträger **vor** Verarbeitung des Wickelmaterials mit geeigneten Isolierlacken zu imprägnieren.

In erster Linie ist dies bei Herstellung von Wicklungen an Hochspannungsmaschinen der Fall, wo die Wickeldrähte im Regelfalle in Glimmerkanäle von Hand eingefädelt werden.

Derartige Wickeldrähte müssen unter allen Umständen in einem hochwertigen Isolierlack vorimprägniert werden, und ganz besonders ist diese Forderung bei den gefährdeten Eingangsspulen berechtigt.

Bei der Herstellung solcher eingefädelter Hochspannungswicklungen wird sehr häufig als Schlupfmittel Paraffin oder Talkum verwendet. Von der Anwendung solcher Schlupfmittel ist dringend abzuraten.

Die für Hochspannungswicklungen in der Regel verwendeten Dynamodrähte sind ein- oder zweimal mit Baumwolle umsponnen und einmal umklöppelt. Vielfach werden diese Drähte schon von dem Hersteller vorimprägniert. Aus herstellungstechnischen Gründen verwendet man leider oft die sogenannten schnelltrocknenden Isolierlacke mit hohem Harzgehalt oder sogar Schellacke.

Beide Lackarten sind deshalb nicht geeignet, weil deren Elastizität zu gering ist. Die Wickeldrähte werden hart und die Lackschicht erhält bei der hohen mechanischen Beanspruchung gelegentlich des Wickelns Risse.

Besser geeignet sind Isolierlacke auf der Kombination Öl-Zellulosebasis. Diese Lacke trocknen verhältnismäßig schnell und verleihen u. a. dem Wickeldraht eine elastische, glatte Oberfläche, so daß die Anwendung von Glätt- und Schlupfmitteln bei der Wickelarbeit unterbleiben kann. Derartige Lacke sind naturgemäß teurer, als die schnelltrocknenden Lacke auf Öl-, Harz- oder Schellackbasis. Mit Rücksicht darauf, daß es sich bei Hochspannungsmaschinen immer um Objekte von hohem materiellem Wert handelt, ist aber der beste Isolierlack eben noch gut genug.

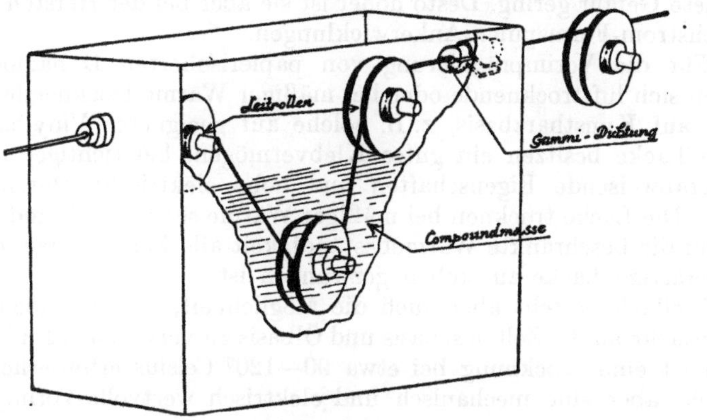

Abb. 14. Einrichtung für die Vorimprägnierung umsponnener oder umwickelter Dynamodrähte im kontinuierlichen Durchlaufverfahren. Imprägniermittel: Isolierlack oder kaltplastische Isoliermassen.

Die Forderung, bei Hochspannungs-Einfädelwicklung nur vorimprägnierte Drähte zu verwenden, ergibt sich aus der Tatsache, daß jede Einlochspule nach Fertigstellung im Regelfall mit Ölleinen-Diagonalband und Jakonettband umwickelt wird. Eine nachträgliche Imprägnierung der Wicklungselemente ist also praktisch kaum möglich.

In jüngster Zeit werden Hochspannungswicklungen bei Drehstrommotoren oder Generatoren auch als Träufelwicklungen hergestellt. Man verwendet hierzu Wickeldrähte, die außer einer hochwertigen Emaillelackschicht einen Isoliermantel aus Mischpolymerisaten oder ähnlichen Kunststoffen erhalten. Diese Drähte weisen eine hohe elektrische Durchschlagsfestigkeit und wasserabweisende Eigenschaften auf.

Als Nutenisolation verwendet man an Stelle von Glimmer (Mikanit) auch geschichtetes Ölleinen, welches mit Hilfe einer besonders geeigneten Kunstharzmasse aufeinander geklebt ist. Diese Kunstharzklebemasse hat eine sehr geringe Feuchtigkeitsaufnahme, außerordentlich hohe elektrische Durchschlagswerte und ein vorzügliches Klebvermögen. Der elektrische Verlustwinkel des zur Anwendung gelangenden Harzes ist sehr günstig.

Bei **papier-isolierten Drähten** sollte grundsätzlich schon während der Herstellung eine Vorimprägnierung vorgenommen werden. Papier neigt zur Feuchtigkeitsaufnahme, und der im Wickelvorgang aufgebrachte, im Regelfall in zwei Auflagen hergestellte Papierlackträger weist ohne Imprägnierung eine zu geringe mechanische Widerstandsfähigkeit auf. Bei kurzen Biegungen verschiebt sich das Papier auf der Drahtoberfläche, und hierdurch können leicht Windungsschlüsse entstehen. Bei der Herstellung von zylindrischen Trafo-Scheibenspulen ist diese Gefahr gering. Desto höher ist sie aber bei der Herstellung von Gleichstrom-Formspulen-Ankerwicklungen.

Für die Vorimprägnierung von papierisolierten Dynamodrähten eignen sich lufttrocknende oder bei mäßiger Wärme trocknende Isolierlacke auf Kunstharzbasis, z. B. solche auf geeigneter Vinylharzbasis. Diese Lacke besitzen ein gutes Klebvermögen, bei richtiger Auswahl wasserabweisende Eigenschaften und hohe elektrische Durchschlagswerte. Die Lacke trocknen bei mäßiger Wärme sehr schnell und erfüllen bis auf die beschränkte Wärmebeständigkeit alle Forderungen, die man an derartige Lacke zu stellen gezwungen ist.

Vielfach besteht aber auch die Möglichkeit, für denselben Zweck Isolierlacke auf Öl-Zellulosebasis und Ölbasis zu verwenden. Im letzteren Falle ist eine Trocknung bei etwa 90—120° Celsius erforderlich, man erreicht aber eine mechanisch und elektrisch wertvolle Vorimprägnierung.

Für die sogenannte Vorimprägnierung der mit Lackträger versehenen Dynamodrähte sind Isolierlacke mit folgenden Eigenschaften geeignet:

1. gute Durchdringung des Lackträgers (Baumwolle, Seide, Papier),
2. ausreichende Elastizität,
3. geringe Feuchtigkeitsaufnahme,
4. möglichst kurze Trockenzeiten,
5. gutes Klebvermögen,
6. hohe elektrische Durchschlagsfestigkeit,
7. bei ölgekühlten Wicklungen muß der Lack eine hohe Ölbeständigkeit besitzen und darf keine Stoffe enthalten, die das Kühlöl nachteilig verändern (nur bei ölgekühlten Transformatorwicklungen),
8. die Lacke dürfen keine Bestandteile enthalten, die auf der Oberfläche des Kupferdrahtes Vergrünungen hervorrufen.

13. Isolierlacke für die Imprägnierung von Wicklungen und Lackträgern (z. B. Papier), die in der Hochfrequenztechnik Verwendung finden sollen

Für die Imprägnierung von Wicklungen und Lackträgern, die in der Hochfrequenztechnik Verwendung finden sollen, kommen in erster Linie solche auf Kunstharzbasis in Betracht.

Diese Lacke müssen vor allen Dingen hinsichtlich der elektrischen Verluste, der Feuchtigkeitsaufnahme und der elektrischen Durchschlagsfestigkeit hohen Anforderungen entsprechen.

Lacke auf Vinylharz-, Anilinharz- und Benzylzellulose-Basis haben sich für solche Zwecke gut bewährt. Indessen ist anzunehmen, daß die Kunststoffindustrie Rohstoffe herausbringen wird, mit deren Hilfe noch hochwertigere Isolierlacke hergestellt werden können.

In der Anwendung der Isolierlacke auf dem Gebiet der Hochfrequenztechnik sind die Erfahrungen noch sehr dürftig. Immerhin sind Lacke gefunden worden, die recht beachtliche Gütewerte aufweisen. In der Regel handelt es sich um Kunstharzlacke oder doch solche auf synthetischer Basis, die durchweg schnelltrocknende Eigenschaften aufweisen.

Diese Lacke werden meist farblos angewandt.

Vielfach handelt es sich um die Imprägnierung geeigneter Papiere, die für die Herstellung von Kondensatoren Verwendung finden sollen.

Als Kondensatorpapier kommen hochwertige Hadern-, Sulfit- und Natron-Zellulosepapiere von etwa $^1/_{100}$ mm Stärke in Betracht. Die elektrische Durchschlagsfestigkeit solcher Papiere beträgt etwa 2500 Volt, bezogen auf eine Papierstärke von etwa $^{2,5}/_{100}$ mm.

Das Papier wird bisher vielfach in besonders vorbehandeltem Paraffin unter Vakuum von etwa 0,9 mm Quecksilbersäule imprägniert.

Paraffin verhält sich unter Vakuum insofern ungünstig, weil es zum Schäumen neigt, desgleichen neigt Paraffin zur Feuchtigkeitsaufnahme.

Die Dielektrizitätskonstante von Paraffin beträgt etwa 4, der elektrische Verlustwinkel bezogen auf 800 Hertz Meßfrequenz = etwa 0,01.

In Fachkreisen wird angenommen, daß sich das in Paraffin getränkte Kondensatorpapier unter dem Einfluß hoher Frequenzen (z. B. bei Ultrakurzwellen) bezüglich des elektrischen Verlustwinkels verändert und hierauf z. T. das labile Verhalten der Kapazität der Kondensatoren zurückzuführen ist.

Entsprechende Überlegungen führten zu Versuchen, die auf einen Ersatz des Paraffins durch geeignete Isolierlacke abzielen.

Die für diesen Zweck geeigneten Isolierlacke müssen recht vielseitigen Anforderungen entsprechen. Der Lack darf im Vakuum von etwa 0,9 mm Quecksilbersäule nicht zum Schäumen oder zu physikalischen oder chemischen Veränderungen neigen.

Der getrocknete Isolierlack soll eine möglichst geringe Feuchtigkeitsaufnahme, günstigen Verlustwinkel und Dielektrizitätskonstante aufweisen.

Isolierlacke, die beispielsweise bei Gleichstrom ein ausgezeichnetes Verhalten zeigen, können für die Hochfrequenztechnik völlig ungeeignet sein.

Der Imprägnierlack für Kondensatorpapier soll aus naheliegenden

Gründen möglichst an der Luft, höchstenfalls in mäßig erwärmter Luft schnell und gut durchtrocknen. Außerdem wird eine Wärmebeständigkeit von 80, vereinzelt auch bis 100° Celsius gefordert.

Es ist für den Lacktechniker nicht leicht, einen Imprägnierlack herzustellen, der allen diesen Anforderungen entspricht. Das Problem kann auch zur Zeit noch nicht als gelöst bezeichnet werden.

Indessen steht fest, daß für die erwähnten Imprägnierlacke die synthetische Rohstoffbasis (z. B. Vinylharz und Anilinharz) zu bevorzugen ist.

Die für den vorbeschriebenen Zweck geeigneten Imprägnierlacke sollen folgende Eigenschaften aufweisen:

1. günstigen elektrischen Verlustwinkel,
2. hohe elektrische Durchschlagsfestigkeit,
3. gute Durchdringung des Lackträgers,
4. hohe Elastizität und Alterungsbeständigkeit,
5. geringe Feuchtigkeitsaufnahme,
6. kurze Trockenzeiten,
7. hohe Kriechstromsicherheit.

14. Isolierlacke für die Herstellung von Lackkabel

Sogenannte Lackkabel finden für die elektrische Installation der Kraft- und Luftfahrzeuge Verwendung. Es handelt sich hier um einen flexibelen Metalleiter, der zuerst einen Gummimantel und anschließend eine Umklöppelung aus Textilfaser erhält.

Auf diese Umklöppelung wird im kontinuierlichen Durchlaufverfahren ein auf Azetylzellulosebasis hergestellter Lack, und zwar in 8—10 Auflagen, aufgebracht (Abb. 15).

Diese Isolierlacke sollen eine schwarze oder farbige, saubere und glatte Schutzschicht ergeben, die gegen Kraftstoffgemisch, vielfach auch gegen Benzol, Kälte, Hitze, Süß- und Salzwasser in hohem Maße beständig ist. Die Lacke müssen möglichst an der Raumluft oder bei mäßiger Wärme trocknen, und die getrocknete Lackschicht darf nicht brennbar sein.

Für Luftfahrzeuge bestehen besonders strenge Prüfbestimmungen.

An Stelle der oben beschriebenen Isolierung des Leitermetalles verwendet man neuerdings auch Mischpolymerisate, die den Gummimantel und die Umklöppelung zugleich ersetzen. Diese Kunststoffe werden maschinell im erwärmten Zustand auf die Drahtoberfläche gespritzt und ergeben eine saubere Isolierung, die hohen Anforderungen entspricht.

In vielen Fällen reichen aber die Gütewerte dieser Mischpolymerisate zur Zeit noch nicht ganz aus, weshalb die eingangs beschriebenen Speziallacke noch nicht entbehrt werden können.

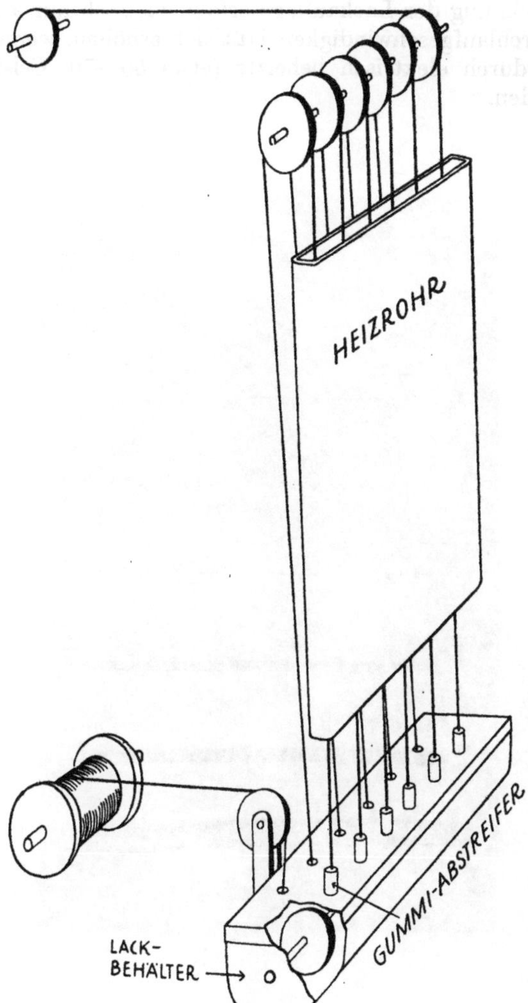

Abb. 15. Einrichtung für die Lackierung isolierter Leitungen im kontinuierlichen Durchlaufverfahren (Herstellung von Lackkabel).

Wie schon erwähnt, sind die Isolierlacke für sogenannte Lackkabel größtenteils auf der Basis Azetylzellulose hergestellt. Dieser Lackrohstoff ist unbrennbar.

Die Drähte werden über Leitrollen durch Lackbehälter geführt, die mit einem Gummiabstreifer versehen sind (Abb. 15).

Die Trocknung der Lackauflage erfolgt vielfach nur an der Raumluft. Die Durchlaufgeschwindigkeit läßt sich erhöhen, wenn die lackierten Drähte durch elektrisch beheizte (etwa 50—70° Celsius) Röhren geleitet werden.

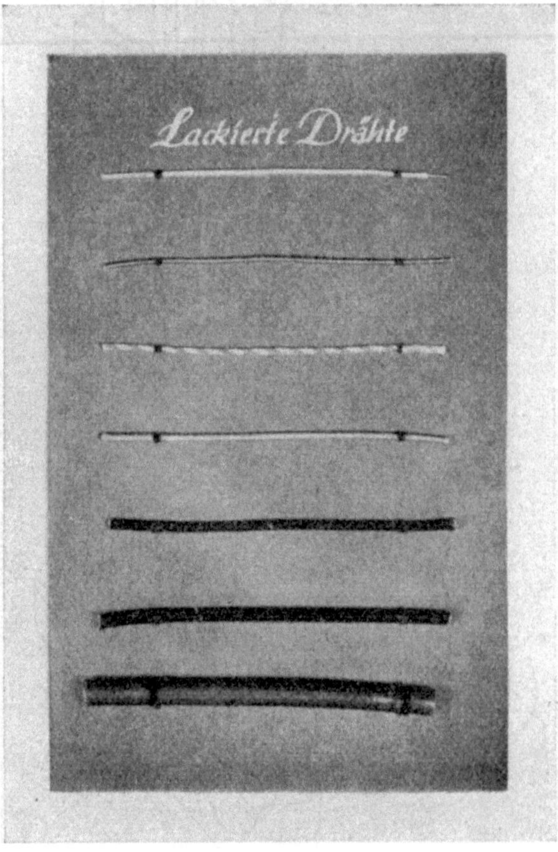

Abb. 16. Beispiele lackierter Leitungsdrähte.

Isolierlacke für die Herstellung von sogenannten Lackkabeln sollen etwa folgende Eigenschaften aufweisen:

1. gute Haftfestigkeit auf Baumwolleumklöppelung und möglichst auch auf Gummi,
2. Beständigkeit gegen: Kraftstoffgemisch, Benzol, Benzin, Salz- und Süßwasser, Kälte bis 30° Celsius, Hitze bis etwa 100° Celsius, Mineralöl.

3. die getrocknete Lackschicht muß unbrennbar sein,
4. die dünn aufgetragene Lackschicht soll an der Raumluft oder bei mäßiger Wärme in etwa 3—5 Minuten trocknen,
5. die Lackschicht muß elastisch und alterungsbeständig sein.

15. Isolierlacke für die Galvanotechnik

Zur Verhinderung eines unerwünschten Metallniederschlages an den Anoden und Kathoden der galvanischen Bäder verwendet man Isolierlacke, die gleichzeitig gegen den Angriff des Badinhaltes widerstandsfähig sein müssen.

Man stellt an solche Lacke außerdem die Forderung, daß dieselben in einem einfachen Arbeitsvorgang (z. B. im Streichverfahren) aufgebracht werden können und möglichst in einigen Stunden an der Luft trocknen.

Diesen Forderungen kann nur in solchen Fällen entsprochen werden, wo es sich z. B. um Nickel-, Silber-, Kupfer- und Goldbäder handelt.

Der Inhalt dieser Bäder ist nicht so aggressiv wie beispielsweise der Badinhalt bei Verchromungsanlagen. Ganz besonders die erhitzten (etwa 40—60° Celsius) Chrombäder greifen in wenigen Stunden fast alle derartigen Schutzlacke, sogar solche auf Phenolharzbasis an, die bei 120 oder 180° Celsius eingebrannt sind.

Als Schutzlack für Nickel-, Kupfer-, Silber-, Gold- und alkalische Bäder eignen sich vielfach lufttrocknende Lacke auf Zellulose-, Harnstoff- oder Chlorkautschukbasis. Es kommt natürlich sehr auf die rezeptliche Zusammensetzung dieser Lacke an. Der Schutzanstrich muß gewöhnlich je nach Beanspruchung durch den Badinhalt in 1—5 Tagen erneuert werden.

Bei Anwendung nicht wärmebeständiger Schutzlacke ist darauf zu achten, daß der metallische Querschnitt der Elektroden reichlich bemessen ist. Bei zu geringem Leiterquerschnitt erhitzt sich infolge Stromdurchgang das Leitermetall und hierdurch blättert die Lackschicht von dem Metall ab.

Als Schutzanstrich für die Badbehälter eignen sich Asphaltlacke.

Schutzlacke für galvanische Bäder sollen etwa folgende Eigenschaften aufweisen:

1. gute Haftfestigkeit auf Kupfer und Messing,
2. Beständigkeit gegen Salz-, Schwefel-, Chromsäure und Gemische hiervon, sowie gegen Alkalien und Chemikalien aller Art,
3. möglichst Lufttrocknung,
4. gutes elektrisches Isoliervermögen,
5. geringe Wasseraufnahme,
6. Hitzebeständigkeit bis etwa 80° Celsius, besser bis 100° Celsius.

16. Tropenschutz-Isolierlacke

Die Wicklungen elektrischer Maschinen und Apparate, welche in tropischen und subtropischen Gebieten Verwendung finden sollen, sind besonders hohen Beanspruchungen ausgesetzt.

Infolge erheblicher Temperaturschwankungen und wechselnder Luftfeuchtigkeit muß mit der Bildung von Schwitzwasser gerechnet werden.

Darüber hinaus besteht die Möglichkeit, daß die Isolierlacke durch Bakterien infiziert oder durch kleine Lebewesen z. B. Ameisen, angegriffen werden.

Es hat den Anschein, als ob die auf Öl-Naturharz aufgebauten Isolierlacke einen vorzüglichen Nährboden für gewisse Arten von Bakterien und größeren Lebewesen abgeben.

Beispielsweise ist beobachtet worden, daß Ameisen in das Innere der Wicklungen eindringen. Vermöge ihrer scharfen Greif- und Kauwerkzeuge ist es ihnen möglich, die Öllackschicht der Wicklungen anzugreifen und Teile hiervon als Nahrung in sich aufzunehmen. Es erfolgen Eiablagen und die später ausschlüpfenden Larven stillen ihre Freßlust an dem Imprägnier- und Überzugslack. Die Ausscheidungen der Lebewesen führen mit der Zeit zu Durchschlägen.

Aus diesen und manchen anderen Gründen sind **die Kunstharzlacke** den auf Ölbasis hergestellten Schutzlacken vorzuziehen.

Der chemische Aufbau der Kunstharze, die mechnische Härte und außergewöhnliche Stabilität derselben bieten einen vorzüglichen Widerstand gegen die Einwirkungen von Spaltpilzen, Feuchtigkeit, Säuren, Alkalien, Gase usw. Möglicherweise ist es die mechanische Härte, wahrscheinlich aber auch der chemische Aufbau der Kunstharze, die den oben erwähnten Lebewesen die Angriffslust auf die Lackschicht nehmen.

Als geeignete Tropenschutz-Isolierlacke kommen in erster Linie härtbare Phenolharzlacke in Betracht. Bei entsprechender rezeptlicher Zusammensetzung können solche Lacke sowohl als Imprägnier-, als auch Überzugslacke angewandt werden.

Tropenschutz-Isolierlacke sollen etwa folgende Eigenschaften aufweisen:

1. Beständigkeit gegen Kondenswasser, Salzwasser, Säuren, erhitzte feuchte Luft, sowie gegen den Angriff von Bakterien und anderen, in tropischen Gebieten vorkommenden kleinen Lebewesen,
2. hohe mechanische Härte des Lackfilmes,
3. gutes Haftvermögen auf Textilien, Metallen und Eisen,
4. hohe elektrische Durchschlagsfestigkeit.

17. Isolierlacke für lackierte Metallfolien als Nutenisolation mit guter Wärmeleitfähigkeit

Es mag zunächst etwas sonderbar erscheinen, daß Metall als vorzüglicher elektrischer Leiter auch als Isoliermaterial Verwendung finden soll. In der Tat bestehen solche Möglichkeiten, weil die Metallfolien mit einem haftfesten, elastischen und hochisolierenden Kunstharz-Einbrennlack überzogen werden können.

Die Metallfolien dienen hier lediglich als Lackträger. Gegenüber den bisher als Nutenisolationen verwendeten Stoffen z. B. Preßspan, Papier, Leinen bietet die lackierte Metallfolie den großen Vorteil einer erheblich besseren Wärmeleitfähigkeit. In Verbindung mit imprägnierfesten Lackdrähten lassen sich daher bezüglich Raumersparnis und Wärmeleitvermögen (Kühlungsproblem bei Wicklungen an elektrischen Maschinen) Voraussetzungen schaffen, die für den gestaltenden Ingenieur von großer Bedeutung sind. Die Hitzebeständigkeit solcher Wicklungen liegt erheblich über den bisher gewohnten Werten.

Abb. 17. Anordnung einer Nutenisolation in dem Ständer eines Drehstrommotors.

Für die Herstellung solcher metallischer Nutenisolationen lassen sich z. B. dünne **Kupfer- und Aluminiumfolien** verwenden. Die Lackschicht kann entweder im Tauch-, Spritz- oder Walzverfahren aufgebracht werden. Bei richtiger Wahl des Einbrennlackes genügt im Regelfall für Maschinenspannungen bis etwa 380 Volt eine Lackauflage von 0,05 mm Stärke. Wird die Stärke der Metallfolie mit 0,1 mm gewählt, so beträgt in diesem Falle die Gesamtstärke der Nutenisolation nur 0,2 mm.

Die Durchschlagsfestigkeiten solcher lackierter Metallfolien betragen zwischen Kugelelektroden von etwa 12 mm $\ominus$ gemessen etwa 4000—5000 Volt und höher.

Man verwendet für solche Zwecke vorteilhaft z. B. härtbare, elastische Kunstharzlacke, z. B. auf der Basis Glyptal und Phenolharz, und zwar solche, die bei etwa 180—200° Celsius gehärtet (eingebrannt) werden.

Die Lackschicht dieser Folien ist im richtig gehärteten Zustand nicht hygroskopisch und außerordentlich widerstandsfähig gegen Säure, Alkalien, Laugen, Gase, Wasser. Geeignete, hochelastische Lacke dieser

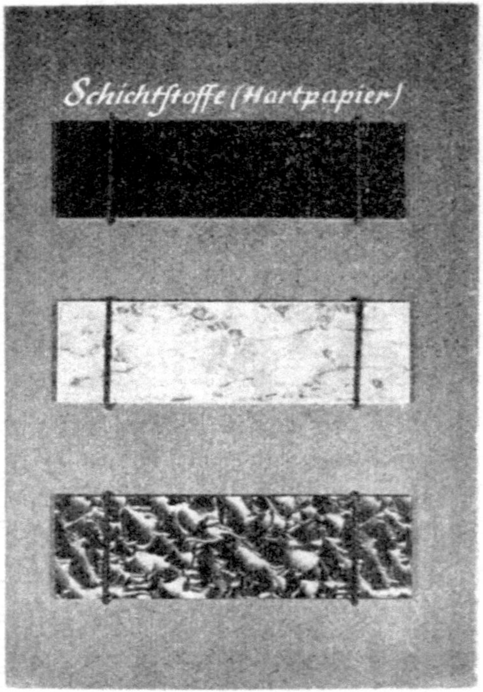

Abb. 18. Schichtstoffe für die Elektro-Industrie.

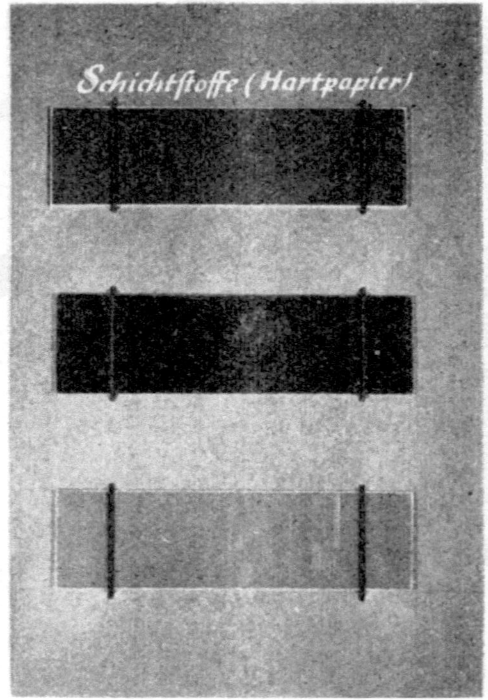

Abb. 19. Schichtstoffe für die Elektro-Industrie.

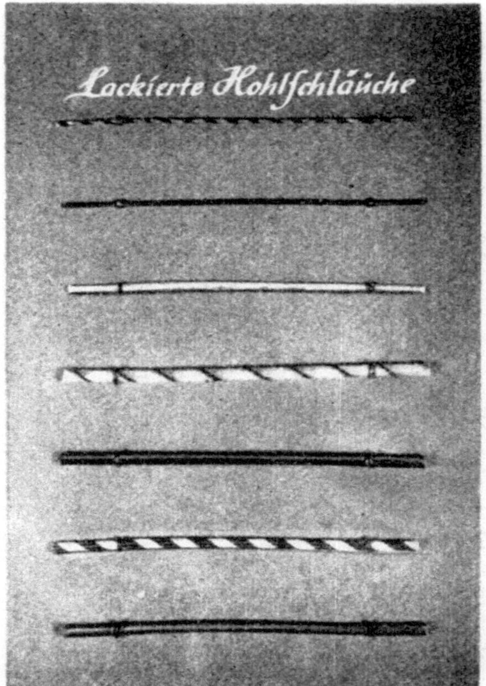

Abb. 20. Lackierte Hohlschläuche.

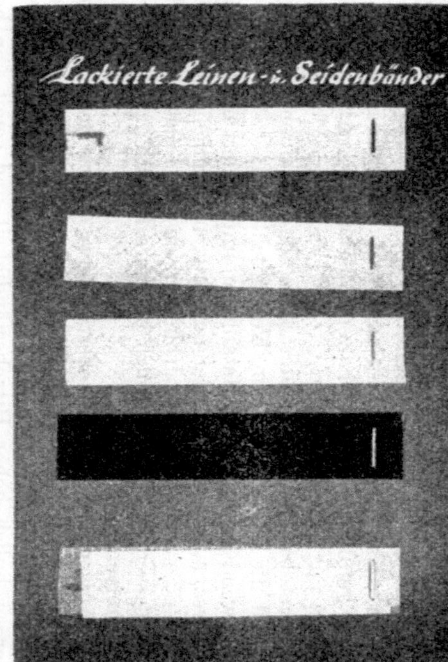

Abb. 21. Lackierte Leinen- und Seidenbänder

Art gewährleisten eine hohe Haftfestigkeit auf dem Metall. Die Lackschichten sind knitterfest und von besonderer mechanischer Härte.

Sofern die Folien aus Metallbändern hergestellt und nach der Lackierung und Härtung maßhaltig zugeschnitten werden, wird man zweckmäßig die Schneidkanten umfalzen.

Diese Falzstellen liegen später außerhalb des aktiven Eisens. Die mit Leitern gefüllten Nuten erhalten oberhalb als Abschluß einen Isolierstreifen aus Glimmerpapier.

Die überstehenden Lappen der Metallfolien werden hierauf umgeklappt und die Nute mit einem Keil geschlossen.

Bei Verwendung lackierter Metallfolien imprägniert man die Wicklungen entweder mit wärmeleitenden, hitzebeständigen, plastischen Isolierlacken oder mit plastischen Isoliermassen (siehe plastische Isolierlacke und -massen). Es können auch härtbare Kunstharzlacke zur Anwendung kommen.

Unter Anwendung hochhitzebeständiger, plastischer Isolierlacke oder Isoliermassen auf der Basis härtbarer Kunstharze, lassen sich infolge Fortfalls von Preßspan, Baumwolle, Ölleinen, Papier usw. Wicklungen von außergewöhnlich hoher Hitzebeständigkeit und somit von hoher spezifischer Leistungsabgabe herstellen.

Im Zusammenhang mit den vorstehenden Darlegungen steht der Gedanke, chemisch oder elektrochemisch oxydierte Aluminiumfolien als Nutenisolation zu verwenden. Es entzieht sich der Kenntnis des Verfassers, ob nach dieser Richtung bereits praktische Versuche durchgeführt sind bzw. ob diese Versuche zu einem positiven Ergebnis geführt haben. Die Möglichkeit der Verwendung solcher Metallfolien für den beschriebenen Zweck erscheint als gegeben.

Die Gütewerte der für lackierte Metallfolien geeigneten Lacke lassen sich etwa wie folgt zusammenfassen:

1. gute Haftfestigkeit auf Metall, besonders auf Aluminium- und Magnesiumlegierungen,
2. hohe Elastizität,
3. hohe Durchschlagsfestigkeit,
4. geringe Wasseraufnahme,
5. Beständigkeit gegen Isolierlacke auf Öl- und Kunstharzbasis.

18. Isolierlacke für die Herstellung von Hartpapier und Hartgewebe (geschichtete Isolierstoffe)

Für die Herstellung von Hartpapier und Hartgewebe werden in der Regel härtbare Phenolharz-Lacke verwendet. Die Papier- oder Gewebebahnen werden in Lackiermaschinen mit dem Lack durchtränkt, anschließend im Trockenofen angetrocknet und alsdann maßhaltig zerschnitten.

Hierauf werden die einzelnen Teile übereinandergeschichtet und in hydraulischen Pressen bei einer Temperatur von etwa 150° Celsius ausgehärtet (Abb. 18 und 19).

19. Isolierlack für die Herstellung von Ölleinen, Ölseide, Ölschläuchen usw.

Die im Elektromaschinenbau als Isoliermaterial verwendeten, in Isolierlack getränkten Textilien und Papiere werden unter Verwendung von ofentrocknenden

Öl-Isolierlacken

hergestellt. Derartige Lacke bestehen in der Regel aus einer Kombination von trocknenden Ölen (Leinöl oder Holzöl) und Harzen, wie Kopalen, Harzestern oder Asphalten.

Die Stoff- oder Papierbahnen werden in Tränkmaschinen imprägniert und in langen Trockenöfen bei etwa 100° Celsius getrocknet.

Dieser Vorgang wird einige Male wiederholt. Ähnlich verläuft die Herstellung der Öl-Lackschläuche (Abb. 20).

Die Hohlschläuche werden in der Regel auf glatte Stahlnadeln aufgezogen, in den Isolierlack getaucht und im Ofen getrocknet. Auch hierbei wird der Vorgang wiederholt.

Die Eigenschaften solcher Öl-Isolierlacke sollen etwa folgende sein:

1. hohe Elastizität,
2. hohe Durchschlagsfestigkeit,
3. hohe Alterungsbeständigkeit,
4. Widerstandsfähigkeit gegen Säuren, Alkalien, heißes Öl,
5. gute Gleitfähigkeit der Lackschicht.

20. Kriechstromsichere Isolierlacke[1])

Zur Verhinderung von sogenannten Kriechwegbildungen an der Isolation stromführender Teile werden Sonderlacke verwendet, die sich gegen die Bildung solcher Kriechwege besonders günstig verhalten.

Die Kriechwegfestigkeit steht im Zusammenhang mit der Schmelzbarkeit der Harze, die für die Herstellung derartiger Lacke verwendet werden.

In der Regel sind solche Harze als kriechwegfest anzusprechen, die schmelzbar und daher imstande sind, die bei der Verbrennung abgeschiedene Kohle ständig mit geschmolzenem Harz zu durchdringen.

Es erhellt hieraus, daß sogenannte härtbare Kunstharze, z. B. phenolische Harze und hieraus hergestellte Isolierlacke, nicht kriechstromfest sein können. Diese Harze gehen bekanntlich in den unschmelzbaren Zustand über und vermögen so die dargelegte wichtige Forderung

[1]) Siehe Silikonlacke S. 21.

nicht zu erfüllen, selbst dann nicht, wenn eine Vermischung mit schmelzbaren Harzen vorgenommen wird.

Als geeignete Grundstoffe für die Herstellung kriechstromsicherer Isolierlacke können die Anilinharze genannt werden. Auch gewisse

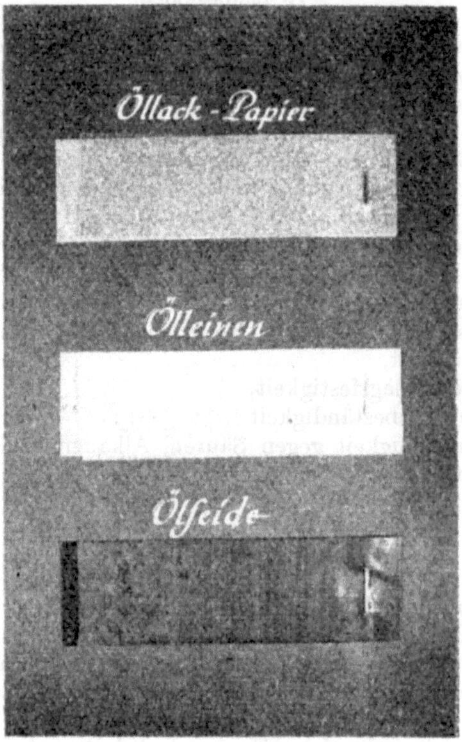

Abb. 22. Öllack-Papier, Ölleinen und Ölseide.

Alkydharze und Naturharze, z. B. Schellack, weisen in dieser Hinsicht günstige Eigenschaften auf. Dasselbe gilt von der Benzylzellulose.

Für die Feststellung der Kriechstromsicherheit sind in England, Amerika, Deutschland und in anderen Ländern entsprechende Prüfverfahren ausgebildet worden.

Die für den beschriebenen Zweck geeigneten Lacke sollen folgende Eigenschaften aufweisen:

1. hohe Kriechstromsicherheit,
2. geringe Quellbarkeit des Lackfilmes,
3. geringe Feuchtigkeitsaufnahme,
4. hoher Oberflächenwiderstand,
5. hohe mechanische Härte bei ausreichender Elastizität,
6. gutes Haftvermögen auf Metall, Textilien und Papier.

21. Drahtlacke

Für die Herstellung von Lackdrähten kommen sogenannte Einbrennlacke in Betracht, die in Lackiermaschinen bei Temperaturen von etwa 400° Celsius getrocknet (eingebrannt) werden.

Derartige Lacke können auf Öl-Asphaltbasis oder in der Kombination-Holzöl-, Natur- oder Kunstharz hergestellt werden. Die schwarzen Emaillelacke werden kaum noch angewandt. Vorwiegend kommen die an sich farbstoffreien, auf Ölbasis hergestellten Einbrennlacke zur Anwendung, die im getrockneten Zustand dem Drahtüberzug eine rottransparente Färbung verleihen.

In neuer Zeit stehen die auf synthetischer Rohstoffbasis hergestellten Drahtlacke im Vordergrund des Interesses. Sofern die aus Lackdraht hergestellten Wicklungen nicht mit ofentrocknenden Isolierlack imprägniert werden brauchen (in der Fernmeldetechnik), erfüllen normale Öl-Einbrennlacke die gestellten Forderungen.

Wesentlich schwieriger liegen die Verhältnisse, wenn die Lackdrähte zu Wicklungen verarbeitet werden, die aus notwendigen Gründen mit ofentrocknendem Isolierlack imprägniert werden müssen. Für diesen Zweck kommen erfahrungsgemäß nur solche Drahtlacke in Betracht, die sich hinsichtlich der rohstofflichen Zusammensetzung von den üblichen Isolierlacken grundsätzlich unterscheiden. Man spricht hier von imprägnierfesten Drahtlacken.

Alles Nähere hierüber enthält der Abschnitt „Lackdrähte" Seite 132.

Außer den sogenannten Einbrennlacken lassen sich für die Herstellung lackierter Drähte auch einige Kunstharzlacke bei Lufttrocknung verwenden.

Diese Lackdrähte sind an Stelle der Lackdrähte mit eingebrannten Lackschichten in solchen Fällen verwendbar, wo bezüglich der mechanischen Beanspruchung des Wickelmaterials keine hohen Anforderungen gestellt werden.

Das Aufbringen der Lackschicht geschieht hierbei im kontinuierlichen Durchlaufverfahren unter Verwendung von Gummitüllen als Lackabstreifer. Die lackierten Drähte werden durch erhitzte Röhren

(60—80° Celsius) geleitet und hierdurch die Trocknung der Lackschicht beschleunigt (Abb. 69).

Als geeignete Lacke lassen sich z. B. solche auf Vinylharzbasis verwenden.

22. Isolier-Klebelacke

Bei der Umbandelung einzelner Wicklungselemente (Anker-Formspulen, Stabspulen, Magnetspulen usw.) werden die Bandenden unter Verwendung geeigneter Isolier-Klebelacke befestigt.

Diese Isolierlacke sollen eine hohe Klebkraft aufweisen und in kurzer Zeit an der Luft trocknen. Sofern Lackdrahtspulen in Betracht stehen, soll das Lösungs-Verdünnungsmittel der Isolierlacke die Lackschicht der Drähte nicht anlösen.

Der getrocknete Klebelack soll sich bei der Imprägnierung umbandelter Wicklungen nicht auflösen bzw. seine Klebekraft verlieren.

Diesen Anforderungen entsprechen z. B. harzreiche Lacke, und zwar auch solche, die aus Kunstharzen hergestellt sind (Phenolharz-, Vinylharz-, Harnstoffharz-, Alkydharz- und Akrylderivate).

Für die Herstellung künstlicher Glimmergebilde wählt man bevorzugt synthetische Klebelacke auf der Basis Glyptalharz.

Die Eigenschaften der Klebelacke können wie folgt zusammengefaßt werden:

1. hohe Klebkraft,
2. kurzfristige Lufttrocknung,
3. Unlöslichkeit des getrockneten Klebelackes in heißem Imprägnierlack,
4. gutes Haftvermögen auf Gewebeband und Papier,
5. für Glimmergebilde: hohe Elastizität und Hitzebeständigkeit, Kriechstromsicherheit.

23. Plastische Isoliermassen

Zum Ausfüllen der Hohlräume innerhalb der Wickelköpfe und Nuten bei Wicklungen an elektrischen Maschinen, desgleichen auch bei Kollektoren, Schleifringköpfen und bei elektromagnetischen Apparaten (z. B. Magnetische Aufspannplatten, Schienenbremsen, Relais usw.) verwendet man vielfach außer Tränklacken auch plastische Isoliermassen.

Man unterscheidet im wesentlichen kalt- und warmplastische Isoliermassen:

a) **Kaltplastische Isoliermassen:**
   Unter der Bezeichnung „kaltplastische" Isoliermassen versteht man solche, die bei Raumwärme fließfähig sind und durch ein Trockenverfahren in einem festen Zustand überführt werden.

Diese Massen bestehen im Regelfalle aus einem Bindemittel und Festkörpern. Sie enthalten fast ausschließlich geringe Anteile an Lösungsmittel, die während der Trocknung zum Verdunsten gebracht werden.

Die kaltplastischen Isoliermassen mit Anteilen von Lösungsmitteln unterliegen während der Trocknung einem Volumenschwund.

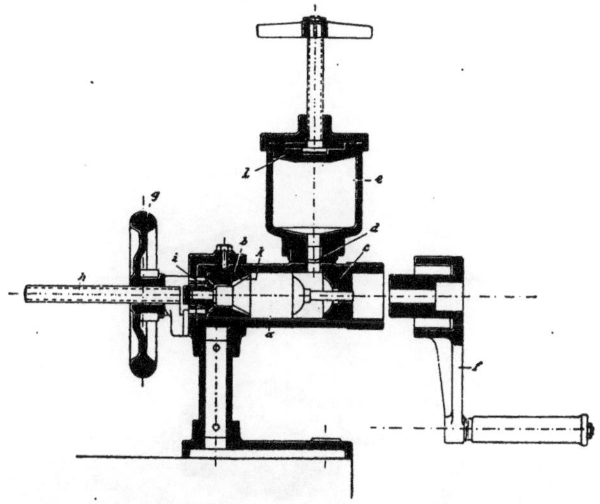

Abb. 23. Druckform für die Imprägnierung von Kleinanker unter Verwendung kaltplastischer Isoliermassen (DRGM.).

b) **Warmplastische Isoliermassen:**

Hierunter versteht man lösungsmittelfreie Festkörper mit isolierenden Eigenschaften, die durch Aufnahme von Wärme fließfähig werden und durch Abgabe der Wärmekalorien wieder erhärten.

Diese Isoliermassen unterliegen keinem Volumenschwund.

Sowohl die kaltplastischen als auch die warmplastischen Isoliermassen enthalten in der Regel wärmeleitende Zusätze, z. B. Silikate oder Metalloxyde.

Die kaltplastischen Massen besitzen den Vorteil, daß dieselben nach der Überführung in den festen Zustand, z. B. infolge der Betriebswärme nicht wieder erweichen. Dagegen besitzen dieselben den Nachteil, daß sie einem Volumenschwund unterliegen, d. h. während Trocknung kleine Hohlräume entstehen, die bekanntlich unerwünscht sind.

Der Vorteil der warmplastischen Isoliermassen liegt darin, daß sie keinem Volumenschwund unterliegen. Demgegenüber weisen dieselben den Nachteil auf, daß sie bei Eintritt der Betriebswärme wieder weich und fließfähig werden.

Die Fa. Schramm A. G., Lackfabrik Offenbach/Main bringt neuerdings eine warmplastische Compoundmasse unter der Bezeichnung Esagol-Garant 405913 (schwarz) auf den Markt, welche die Vorteile der kalt- und warmplastischen Massen in sich vereinigt. Die Masse

Abb. 24. Nach Abb. 23 imprägnierte Kleinanker.

wird durch Erwärmung fließfähig und erhärtet einerseits durch die Abgabe vorher aufgenommener Wärmekalorien und andererseits durch Polymerisation (chemische Verkettung). Sie unterliegt daher keinem Volumenschwund und wird bei späterer Erwärmung nicht wieder fließfähig.

Anwendungsgebiete

a) Unterdrückung sogenannter stiller Entladungen in den Wicklungen der Hochspannungsmaschinen.

b) Beschleunigte Abgabe der Wicklungsstromwärme an das Kühlmedium (Öl, Luft).
c) Erhöhung der mechanischen Festigkeit einzelner Wicklungselemente und Wicklungen (Kurzschlußfestigkeit).
d) Äußerer Schutz der Wicklungen gegen mechanische Beschädigungen, Feuchtigkeit, Gase, Laugendämpfe u. a. m.
e) Beseitigung von Unwuchten bei umlaufenden Wicklungskörpern (Abb. 23, 24, 25).

Abb. 25. 30-kW-Gleichstromanker, mit kaltplastischer Masse isoliert und anschließend mit Feuchtigkeits-Schutzlack behandelt.

Die Eigenschaften plastischer Isoliermassen können etwa wie folgt zusammengefaßt werden:

1. möglichst geringen, besser überhaupt keinen Volumenschwund,
2. gute Wärmeleitfähigkeit,
3. Nichtwiedererweichen bei Betriebswärme,
4. gute Haftfestigkeit auf Wicklungen und Eisen,
5. poren- und rißfreie Durchtrocknung (Erhärtung),
6. Wärmebeständigkeit nach Klasse B,
7. gutes Isoliervermögen,
8. Beständigkeit gegen Öl, Feuchtigkeit, chemische Einflüsse.

Auf dem Gebiete der Isoliermassen treten neuerdings die Kunststoffe in den Vordergrund. Die seit langer Zeit bekannten warmplastischen Compoundmassen enthalten als wesentliche Bestandteile Asphalte oder Bitumen. Die Nachteile dieser Massen wurden bereits erwähnt. Die bisher üblichen kaltplastischen Massen enthalten ausnahmslos Anteile von Lösungsmittel, die einen Volumenschwund bedingen.

Somit sind die Kunststoffe den bisher angewandten Naturstoffen gegenüber überlegen.

V. Abschnitt

Die praktische Anwendung der Isolierlacke bei der Imprägnierung von Wicklungen an elektrischen Maschinen

Allgemeines

Nach voraufgegangener sorgfältiger Auswahl der jeweils für den praktischen Fall in allen Teilen geeigneten Isolierlacke kommt es sehr darauf an, daß der ausgewählte Lack richtig angewandt wird. Nur bei strenger Einhaltung der unerläßlichen Bedingungen kann mit einem stets gleichmäßigen und vollwertigen Ergebnis gerechnet werden.

Der vom Hersteller angelieferte Isolierlack soll nur in gut verschlossenen Gefäßen, in trockenen, möglichst gleichmäßig und nicht zu hoch temperierten Räumen gelagert werden.

Nach langer Lagerung erfahren manche Isolierlacke eine Veränderung. Beispielsweise neigen schwarze Öl-Isolierlacke nach entsprechenden Zeiträumen, je nach Reifezustand, zum Eindicken. Diese Erscheinung beruht auf einer Quellung der Lackkörper und kann in der Regel durch Zusatz der vom Lieferanten vorgeschriebenen Verdünnungsmittel ohne Nachteil für die Verwendbarkeit des Lackes behoben werden.

In manchen Fällen beobachtet man auch, daß schwarze Isolierlacke nach wechselnder Temperatur und entsprechend langer Lagerung einen porigen Film ergeben. Diese Erscheinung wird durch eine Erhitzung des Lackes auf etwa 80—90° Celsius fast immer behoben.

Wird beim Öffnen des Lackgefäßes festgestellt, daß sich auf der Lackoberfläche eine Haut gebildet hat, dann muß diese Haut sorgfältig aus dem Lackbehälter entfernt werden.

Ganz allgemein ist zu empfehlen, den Isolierlack vom Lieferanten in Gebinden abzurufen, deren Inhalt in möglichst kurzer Zeit verbraucht werden kann. Findet die Entleerung der Gefäße abschnittweise, je nach Bedarf in längeren Zeiträumen statt, so muß damit gerechnet werden, daß die über dem Lackspiegel eingeschlossene Luft zum Eindicken des

Lackes führt. Gewöhnlich bildet sich auch in entsprechender Zeit auf der Oberfläche des Lackes eine Haut. Das Eindicken und die Hautbildung beruht auf einem chemischen Vorgang, der durch die Luft eingeleitet und aufrechterhalten wird (Oxydation).

Dieser Vorgang läßt sich aufhalten, wenn jedesmal nach Entnahme einer Lackmenge aus dem Behälter einige Tropfen des zugehörigen Verdünnungsmittels auf die Oberfläche des Lackes gegossen wird.

Ist das Eindicken des Lackrestes aber schon weit vorgeschritten dann kann nur empfohlen werden, diesen Lackrest von einer weiteren Verwendung auszuschließen. Die Gefahr, die in der Verwendung solcher Lackreste liegt, ist zu groß, als daß sich ein gewaltsamer Verdünnungsversuch lohnen würde.

Wird der Isolierlack nach Anlieferung in besonderen Imprägniergefäßen untergebracht, dann ist darauf zu achten, daß am Boden dieser Gefäße ein herausnehmbares Sieb angeordnet ist. Dieses Sieb ist in Abständen von etwa 4 Wochen aus dem Imprägnierbottich zu entfernen und mit Lacklösungsmittel zu säubern.

Sofern der Isolierlack bei der Anwendung wiederholt erwärmt wird, muß ebenfalls mit einem Eindicken gerechnet werden. Die weitere Verwendung solcher Lacke ist nur möglich, wenn reichlich frischer Lack gleicher Herkunft und Art zugesetzt wird.

Bei Tauchgefäßen mit großer Lackoberfläche ist während des Imprägniervorganges stets mit einem Verlust an Verdünnungsmittel zu rechnen.

Von grundsätzlicher Bedeutung für gleiche, vollwertige Ergebnisse ist die richtige Verdünnung des Isolierlackes.

Die Verdünnung des Isolierlackes

Bevor der Imprägnierlack zur Anwendung gelangt, muß die geeignete „Fließfähigkeit“ (Viskosität) mit Hilfe eines geeigneten Meßinstrumentes (Viskosimeter) festgestellt werden. Diese Prüfung ist grundsätzlich vor jeder Imprägnierung vorzunehmen.

Es ist erklärlich, daß bei sonst unveränderten Verhältnissen die Trocknung des Imprägnierlackes nur dann in dem gleichen Zeitraum möglich ist, wenn die Viskosität des Lackes gleich ist.

Andererseits leuchtet es auch ein, daß die restlose Durchdringung der Wicklung nur mit einem richtig eingestellten Isolierlack erreicht werden kann. Zu dickflüssig angewandte Isolierlacke trocknen in annehmbaren Trockenzeiten nicht. Der Zeitaufwand für die Trocknung zu dickflüssiger Isolierlacke kann das Vielfache der normalen Trockenzeiten betragen.

Das Meßgerät **„Viskosimeter“** besteht in der Regel aus einem zylindrischen Hohlkörper mit Handgriff. Am Boden des Meßgefäßes befindet sich eine Auslauföffnung und eine Marke. Man taucht das Meßgerät in das Lackband, füllt den Lackbehälter des Gefäßes mit Lack und stellt nach Herausnahme desselben aus dem Lackbottich mit Hilfe einer Stoppuhr die Zeit fest, in welcher sich das Meßgefäß bis zu der Kennmarke entleert.

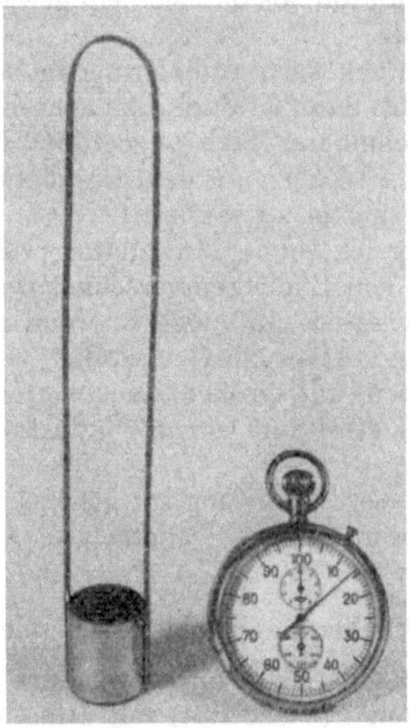

Abb. 26. Viskosimeter und Stoppuhr.

Die jeweils für eine bestimmte Lacktype günstige Viskosität kann entweder durch Anfrage beim Lacklieferanten oder besser, durch praktische Versuche ermittelt werden.

Bei der Imprägnierung von Wicklungen oder Spulen, die aus sehr dünnen Drähten und mit hoher Windungs- und Lagenzahl hergestellt sind, muß der Lack dünner eingestellt werden, als bei Wicklungen und Spulen, die aus wenigen Windungen dicken Drahtes gefertigt sind.

Es ist auch ein Unterschied, ob z. B. umsponnene bzw. mit Papier umwickelte oder Emaille-Lackdrähte für die Herstellung der Wicklungen verwendet werden.

Die restlose Durchdringung der als Lackträger dienenden Baumwolle, Seide oder des Papieres erfordert dünnflüssigere Imprägnierlacke und längere Zeit, als dies bei Emailledrahtwicklungen der Fall ist.

Die Verdünnung der Isolierlacke hat also in erster Linie den Zweck, das Eindringen der Lackkörper in das Innere der Wicklung in kurzer Zeit zu ermöglichen. Darüber hinaus hat die Verdünnung die Aufgabe, die Stärke des Lackfilmes so zu regulieren, daß eine restlose und möglichst kurzfristige Durchtrocknung der imprägnierten Werkstücke erzielt wird.

Der Zusatz der Verdünnungsmittel ist indessen begrenzt. Zu stark verdünnte Lacke ergeben eine körperarme und daher mangelhafte Imprägnierung. Überdies neigen solche Lacke zu sogenannten Ausfallerscheinungen, d. h. die Lackkörper trennen sich von dem Verdünnungsmittel und verursachen einen Bodensatz.

Das Verdünnungsmittel ist ein Mittel zum Zweck. Es muß nach erfolgter Durchtränkung der Wicklungen unter Aufwand von Zeit und Wärmekalorien aus den Wicklungen entfernt werden. Zu stark verdünnte Lacke ergeben daher nicht nur mangelhafte Imprägnierungen, sondern sie sind in der Verarbeitung auch unwirtschaftlich.

Unter Abschnitt II „Rohstoffe für die Herstellung von Isolierlacken" wurde dargelegt, wie verschiedenartig die Lacke zusammengesetzt sein können.

Entsprechend liegen die Verhältnisse bei den Verdünnungsmitteln. Es erhellt hieraus, daß nur solche Verdünnungsmittel jeweils für eine bestimmte Lacksorte angewandt werden dürfen, die von dem Hersteller als brauchbar angegeben sind.

Die Verdünnung eines Isolierlackes mit dem vorgeschriebenen Verdünnungsmittel soll etwa so vor sich gehen, daß zunächst nur wenig Verdünnung unter gleichzeitigem Umrühren des Lackes mit einem sauberen, trockenen Holzstab zugesetzt wird. Erst dann soll die erforderliche Menge Verdünnung in gleicher Weise zugesetzt werden. Inzwischen wird der jeweils erreichte Verdünnungsgrad mit Hilfe des Viskosimeters festgestellt.

Die Erhaltung einer bestimmten und gleichmäßigen Lackkonsistenz ist für den Wert der Imprägnierung — wie dargelegt — von ausschlaggebender Bedeutung. Je genauer und öfter der einmal als zweckmäßig erkannte Verdünnungsgrad kontrolliert und beibehalten wird, um so sicherer werden Mißerfolge vermieden.

Die Wahl der Imprägniermethode

Vor der Imprägnierung müssen die Werkstücke feuchtigkeitsfrei gemacht werden. Dies geschieht im Regelfall durch eine sogenannte Vortrocknung bei 90—100° Celsius, die je nach Größe der Werkstücke bis zu etwa 24 Stunden dauern kann.

Da das Eindringen des Imprägnierlackes in das Innere der Wicklung durch Wärme beschleunigt werden kann, so ist es üblich, die vorgetrockneten, noch heißen Werkstücke in den Imprägnierlack zu tauchen.

Es ist hierbei zu berücksichtigen, daß auch die Trocknung des Imprägnierlackes durch Hitze beschleunigt wird und daß der Isolierlack bei wiederholter Erwärmung durch die eingetauchten, erhitzten Wickelkörper zum Eindicken neigt.

Daher erscheint es empfehlenswert, die vorgetrockneten Werkstücke vor dem Tauchen auf etwa 50—60° Celsius abkühlen zu lassen.

Das Imprägnieren der **erhitzten** Werkstücke ist jedoch nur bei Wicklungen aus umsponnenem oder mit Papier umwickeltem Dynamodraht vorbehaltlos zu empfehlen.

Handelt es sich um Wicklungen oder Spulen aus **Lackdraht**, so ist dringend anzuraten, die aus der Vortrocknung kommenden Werkstücke erst auf Raumtemperatur abkühlen zu lassen.

Die Begründung hierfür liegt in der Tatsache, daß die Lackschicht nicht imprägnierfester Emailledrähte durch den erhitzten Isolierlack an- oder sogar aufgelöst werden kann (siehe Emaille-Lackdrähte S. 168).

In den vorstehenden Darlegungen wurde davon ausgegangen, daß die Imprägnierung der Werkstücke im Tauchverfahren durchgeführt wurde.

Abb. 27 u. 50 zeigt demgegenüber ein Imprägnierverfahren, welches sich in Instandsetzungswerkstätten sehr gut bewährt hat.

Die aus der Vortrocknung kommenden, noch warmen Werkstücke werden in ein mit gelochtem Boden versehenes Gefäß gelegt und eine Zeitlang mit Isolierlack übergossen. Der Isolierlack befindet sich in einem gut verschlossenen, möglichst im Kellergeschoß angeordneten Gefäß und wird durch eine Handflügel- oder elektrisch angetriebene Kreiselpumpe hochgepumpt.

Der Rücklauf des Isolierlackes erfolgt durch Gefälle. Am oberen Teil des Lackgefäßes befindet sich ein Behälter mit dem Verdünnungsmittel, welches durch Öffnen eines Absperrhahnes nach Bedarf dem Isolierlack zugesetzt werden kann. Die Beimischung des Verdünnungsmittels erfolgt im Umlaufmischverfahren.

Diese Einrichtung ist in einer größeren Instandsetzungswerkstatt seit mehr als 20 Jahren in Betrieb und hat sich bei grundsätzlicher Verwendung eines ofentrocknenden, schwarzen Isolierlackes ausgezeichnet bewährt.

Vakuum-Imprägnierung

Das Eindringen des Imprägnierlackes in das Innere der Wicklungen kann bekanntlich auch durch Vakuum beschleunigt werden. Derartige Imprägniereinrichtungen besitzen u. a. den Vorzug, daß die in den Werkstücken enthaltene Feuchtigkeit vor der Imprägnierung durch Hitze und Vakuum kurzfristig restlos entzogen werden kann. Desgleichen kann nach erfolgter Imprägnierung auch das Lackverdünnungsmittel beschleunigt aus den Werkstücken entfernt werden.

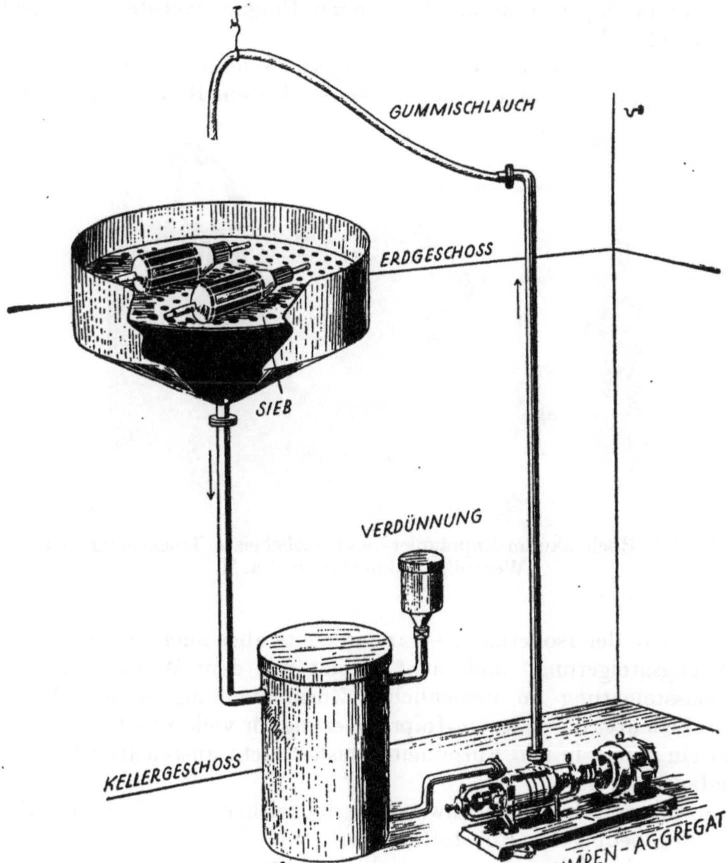

Abb. 27. Beispiel einer Imprägniereinrichtung[1]).

Das Vakuum-Imprägnierverfahren im neuzeitlichen Elektromaschinenbau

Im Rahmen der Bestrebungen, die Ausrüstung der Elektromaschinenbaubetriebe dem derzeitigen Rohstoffumbruch sowie dem neuesten Stand der Technik und der Erfahrungen anzugleichen, haben

[1]) Siehe auch Abb. 49 u. 50.

die Vakuum-Imprägnieranlagen in jüngster Zeit in den Kreisen der Elektromaschinenbauer erhöhte Beachtung und Bedeutung gefunden.

Fortlaufende Anfragen, die dem Verfasser zugehen, lassen es ratsam erscheinen, die mit der Anschaffung und Anwendung von Vakuum-Imprägnieranlagen zusammenhängenden Fragen nachstehend ausführlich zu behandeln.

Die Imprägnierung und Trocknung von Wicklungen an elektrischen Maschinen umfaßt Fragen, die einerseits mit dem Rohstoffumbruch auf

Abb. 28. Hochvakuum-Imprägnier- und gasbeheizte Trockeneinrichtung. Werkbild Mako-Frankfurt a. M.

dem Gebiete der Isolierlacke — andererseits aber auch mit dem Begriff „Leistungssteigerung“ und nicht zuletzt mit dem Wunsch nach Produktionssteigerung im ursächlichen Zusammenhang stehen. Darüber hinaus bedeutet die Vakuum-Imprägnierung für viele Elektromaschinenbauer ein neues, in den Einzelheiten bisher nicht ausreichend bekanntes Arbeitsverfahren.

Soweit es sich um die Anwendung neuzeitlicher, vielfach auch durch den kriegsbedingten Rohstoffumbruch auf den Markt gekommener Isolierlacke handelt, ist es verständlich, daß in den Verbraucherkreisen vorübergehende Anwendungsschwierigkeiten in Erscheinung treten können. Auf der Suche nach einem Ausweg aus solchen zeitbedingten Schwierigkeiten entsteht oft der Wunsch nach einer Vakuum-Imprägnieranlage. In derartigen Fällen treten vereinzelt Enttäuschungen ein, weil die Ursache der Schwierigkeiten billigerweise nicht durch das Vakuum-Imprägnierverfahren beseitigt werden konnte.

Von diesen Ausnahmefällen abgesehen, bietet das Vakuum-Imprägnierverfahren dem Elektromaschinenbauer erhebliche Vorteile, wenn der Anschaffung eine sorgfältige Überprüfung und Beachtung aller einschlägigen Fachfragen vorausgegangen ist und die Anwendung des Verfahrens fach- und sachgemäß erfolgt.

I. Es herrscht zunächst keine einheitliche und sachliche Auffassung über den Begriff Vakuum-Imprägnier- und Trockenanlage.

Auf die Belange des Elektromaschinenbaues bezogen, liegt der eigentliche Sinn und Zweck einer solchen Anlage in den Möglichkeiten:

a) mit Hilfe eines Vakuums die Feuchtigkeit aus den Wicklungskörpern schnell und möglichst restlos zu entfernen;
b) die Wicklungen möglichst vollkommen mit einem hochwertigen Tränkisolierlack zu durchdringen;

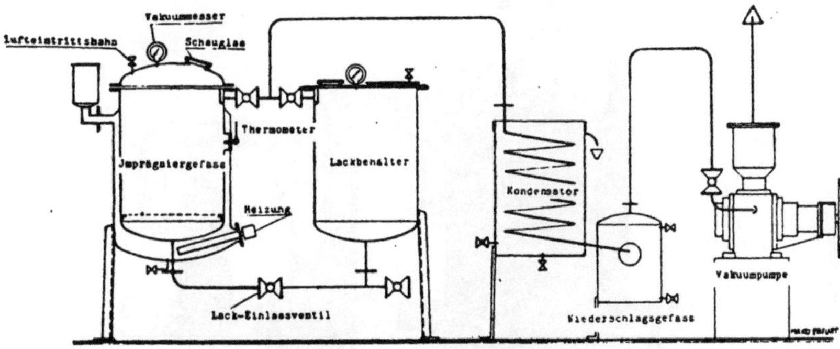

Abb. 29. Prinzipdarstellung einer Vakuum-Imprägnier- und Trockenanlage.

c) nach erfolgter Durchtränkung die flüchtigen Stoffe des Tränklackes schnell und möglichst restlos aus den Wicklungen wieder zu entfernen.

Diese drei Vorgänge umfassen den Begriff Vakuumvortrocknung und Vakuumimprägnierung, d. h. die Trocknung unter Vakuum bezieht sich ausschließlich auf die Vortrocknung (Entziehung der Feuchtigkeit unter Wärme und Vakuum). Für die Trocknung der in Isolierlack getränkter Wicklungskörper kommt nur Luftsauerstoff und Wärme in Betracht — also kein Vakuum.

d) Ist der Imprägnierkessel der Vakuumanlage mit einer Heizung versehen, dann spricht man von einer Vakuumimprägnier- und Trockenanlage.

Der ursprüngliche Zweck, den Imprägnierkessel mit einer Heizung zu versehen war, der, die Trocknung gleichzeitig unter Vakuum und Wärme durchführen zu können. Diese Anlagen waren aber nicht für den Elektromaschinenbau, sondern für Zwecke bestimmt, wo es sich fast ausschließlich um die Entziehung von wäßriger Feuchtigkeit (z. B. aus Holz, Stein, Mineralien, Papier usw.) handelte.

II. In Unkenntnis der physikalischen und chemischen Vorgänge bei der Trocknung von Öl-Isolierlacken wurde vielfach das Vakuumtrockenverfahren auch bei frisch imprägnierten Wicklungen im Elektromaschinenbau angewandt. Es ist nicht verwunderlich, daß hierbei hinsichtlich der Trockenzeiten und der nicht erzielten Tiefentrocknung schwere Enttäuschungen hingenommen werden mußten. Die Ursache hierfür liegt jedoch nicht in der Vakuumanlage, sondern darin, daß Ölisolierlacke in einem luftverdünnten Raum überhaupt nicht trocknen können. Es fehlt hier das für die Filmbildung und Trocknung wichtigste Element, nämlich der Sauerstoff.

Abb. 30. Hochvakuum-Imprägnier- und elektrisch beheizte Trockeneinrichtung. Werkbild Mako-Frankfurt a. M.

Andererseits hat in jüngster Zeit die Erkenntnis Platz gegriffen, daß z. B. härtbare Kunstharzisolierlacke für die Trocknung keiner Sauerstoffzufuhr bedürfen. Im Hinblick auf die chemischen Vorgänge bei der Trocknung härtbarer Kunstharzisolierlacke wäre es jedoch irrig, anzunehmen, daß die Trocknung solcher Lacke unter Vakuum geschehen könne, bzw. daß diese Trockenmethode hier Vorteile biete. Das ist nicht der Fall. Indessen bieten die härtbaren Kunstharzlacke hinsichtlich des zeitlichen Verlaufes und der angestrebten Tiefentrocknung große Vorteile.

III. Außer den gütemäßigen Vorteilen, die eine Vakuum-Imprägnieranlage dem Elektromaschinenbauer gemäß Ziff. 1a—c bietet, ist der geringere Zeitaufwand für den Imprägnier- und Trockenvorgang von wirtschaftlicher Bedeutung. Der Faktor „Zeit" steht bei der Reihenherstellung elektrischer Maschinen vielfach sogar im Vordergrund des Interesses, z. B. in den Fällen, wo die Fertigung am laufenden Band erfolgt. Hier kann die Abkürzung des Imprägnier- und Trockenverfahrens um 1—2h schon einen erheblichen Einfluß auf die Steigerung der Kapazität haben, und hier tritt auch wieder der härtbare Kunstharzlack vorteilhaft in Erscheinung.

IV. Bei Lackdrahtwicklungen spielen alle die Möglichkeiten eine wichtige Rolle, die eine Herabsetzung der Ausfallquote bieten.

Erfahrungsgemäß entfallen etwa 95% der Ausfälle auf Anlösungs-

Abb. 31. Vakuum-Imprägnierkessel mit elektrischer Heizung. Werkbild Mako-Frankfurt a. M.

schäden, die durch die anlösende Wirkung der Tränklacke hervorgerufen werden. Alle zur Zeit auf dem Markt befindlichen Lackdrähte erfahren in erhitztem Tränklack eine mehr oder weniger starke Quellung und Erweichung der Lackschicht, die durch die Lösungs- und Verdünnungsmittel im Zusammenhang mit deren zeitlichen Einwirkung hervorgerufen wird.

Es ist daher erklärlich, daß eine unter Vakuum beschleunigt durchgeführte Entziehung der flüchtigen Isolierlackstoffe aus den Wicklungen die Gefahr der Anlösungsrückschläge herabsetzt.

V. Nach diesen allgemeinen Hinweisen wird nachstehend auf nähere Einzelheiten eingegangen, die bei der Auswahl und Anwendung von Vakuum-Imprägnieranlagen von Bedeutung sind. Es wird hierbei ein Beispiel über den Ablauf eines Vakuum-Imprägniervorganges im Elektromaschinenbau vorangestellt, und in bezifferten Anmerkungen zu den einzelnen Phasen des Verfahrens Erklärungen gegeben.

Grundsätzlich ist vor Anschaffung einer Vakuum-Imprägnieranlage eine eingehende Fühlungnahme zwischen dem Hersteller der Anlage, dem Isolierlacklieferanten und dem Besteller dringend anzuraten. Es kommt hierbei darauf an, das spezielle Fachwissen und Können des Vakuumfachmannes mit den Fachkenntnissen und Erfahrungen des Isolierlackspezialisten vereinigt zum Nutzen und Wohle des Dritten, nämlich des Elektromaschinenbauers zum Einsatz zu bringen.

Der Ablauf einer Vakuumimprägnierung

1. Werkstücke sorgfältig in den Imprägnierbehälter einordnen.
2. Imprägnierbehälter schließen. Dichtungsschrauben anziehen.
3. Bei heizbaren Imprägnierbehältern die Heizung einschalten.
4. Vakuumpumpe in Betrieb setzen und Imprägnierbehälter evakuieren. Feuchtigkeit entziehen und vortrocknen.
5. Nach beendigter Vortrocknung (Ziff. 3—4) die Vortrockentemperatur auf etwa 40° Celsius herabsetzen. Dann das Ventil zwischen Vakuumpumpe und Imprägnierkessel schließen. Vakuumpumpe stillsetzen.
6. Das Ventil zwischen dem Tränklackbehälter und dem Imprägnierkessel ganz allmählich (Schaumbildung verhüten!) öffnen und den Tränklack in das Imprägniergefäß einsaugen. — Durch einen Blick in das Schauglas überzeugen, daß der Tränklack sämtliche Werkstücke im Imprägnierkessel überdeckt. Ventil zwischen Tränklackkessel und Imprägnierbehälter schließen.
7. Imprägniervorgang bei Lackdrahtwicklungen nur wenige Minuten, bei Wicklungen aus umsponnenen Drähten auf etwa 10—15 Minuten, notfalls länger ausdehnen.
8. Durch Öffnen des am Imprägnierkessel angeordneten Lufteintritthahnes das Vakuum auf Null herabsetzen. Den normalen Luftdruck einige Minuten auf den Lackspiegel wirken lassen.
9. Das zwischen Tränklackbehälter und Imprägnierkessel angeordnete Ventil öffnen. Tränklack in den Tränklackbehälter (notfalls durch Luftdruck) zurückfließen lassen. Abwarten, bis der überflüssige Lack aus den Wicklungskörpern abgetropft und aus dem Imprägnierbehälter auch diese Lackreste entfernt sind.
10. Ventil zwischen Tränklack- und Imprägnierkessel schließen. Lufteintrittshahn am oberen Teil des Imprägnierbehälters schließen.
11. Vakuumpumpe in Betrieb setzen, Heizung einschalten, Lösungs- und Verdünnungsmittel aus den Wicklungen und dem Imprägnierbehälter saugen. Vorgang so lange ausdehnen, bis im Niederschlagsgefäß sich kein Niederschlag mehr bildet.

12. Lufteintrittshahn am oberen Teil des Imprägnierkessels öffnen, Frischluft in den Imprägnierbehälter fördern. Tiefentrocknung der Werkstücke durchführen.

Wichtige Anmerkungen zu Ziff. 1—12

Zu Ziffer 1:

a) Die Werkstücke werden zweckmäßig auf Horden etagenweise so neben- und übereinander angeordnet, daß der Nutzraum des Imprägnierkessels bestmöglichst ausgenutzt, und die Beschickung sowie die Entleerung desselben bei geringstem Arbeitszeitaufwand und ohne eventuelle Beschädigung der Wicklungen möglich ist.

b) Die geeignete, konstruktive Auslegung der Beschickungshorden (oder Beschickungswagen) ist für den wirtschaftlichen und störungslosen Verlauf des Imprägnier- und Trockenvorganges sehr wichtig. Es ist besonders darauf zu achten, daß der überschüssige Tränklack nach Beendigung des Imprägniervorganges (Abtropfen) sich nicht an irgendeiner Stelle ansammelt und hier als Lackpfütze in dem Imprägnierkessel verbleibt. Bei Verwendung von Beschickungswagen oder Behältern muß der Boden trichterförmig ausgebildet und mit einem Ablaßhahn versehen sein.

c) Verbleiben in dem Imprägnierkessel flüssige Lackrückstände, dann kann der Trockenvorgang ernsthaft gestört werden.

Zu Ziffer 2:

Bei guter Auflage der Dichtungsflächen und einwandfreier Beschaffenheit des Dichtungswerkstoffes genügt ein geringes Anziehen der Dichtungsschrauben. Es ist aber darauf zu achten, daß die außerdem in Frage kommenden Teile der Anlage (z. B. Ventile, Hähne, Rohrleitungen, Flanschen usw.) stets gut abgedichtet sind. Man erkennt dies daran, daß bei stillgesetzter Vakuumpumpe das im Imprägnierkessel erreichte Vakuum längere Zeit konstant bleibt.

Zu Ziffer 3:

a) Ist der Imprägnierkessel gleichzeitig für die Trocknung ausgelegt, also mit einer elektrischen Heizung versehen, dann muß dieselbe so angeordnet sein, daß die entflammbaren, flüchtigen Bestandteile des Tränklackes nicht unmittelbar mit dem Heizdraht der Heizelemente in Berührung kommen, und auch keine unzulässigen Temperaturen an dem Schutzmantel der Heizelemente entstehen können. (Vorschrift der Gewerbepolizei für Lacktrockenanlagen, Trockenöfen usw.)

b) Die Einstell-, Regelbarkeit und Begrenzung der Temperaturhöhe muß durch Einordnung einer entsprechenden, möglichst selbsttätig arbeitenden Apparatur gewährleistet sein.

c) Bei Verwendung härtbarer Kunstharzlacke ist das Einhalten der vom Isolierlacklieferanten vorgeschriebenen Nenntrockentemperatur und Trockenzeit von ausschlaggebender Bedeutung für den vollen

Erfolg. Die sogenannte Härtetemperatur muß am Werkstück oder in unmittelbarer Nähe der Werkstücke gemessen werden.

d) Da außerdem nur durch die zuverlässige Temperaturmessung am Werkstück die kürzeste und günstigste Trockenzeit für den Gesamtverlauf der Trocknung festgestellt werden kann, so empfiehlt sich hier die Temperaturmessung nach dem Widerstandsverfahren (siehe VDE. 0530 XII/37 REM § 34, Berechnung der Wicklungswärme aus der Widerstandszunahme). Eine derartige Meßeinrichtung kann ohne Schwierigkeiten und ohne wesentliche Kosten in jede Trockenanlage eingebaut werden. Sie besteht im wesentlichen aus der wärmebeständig isolierten Meßleitung und einem Ohmmesser, dessen Skala zweckmäßig in Celsiusgrade geeicht ist.

e) Bei der Vortrocknung (Entziehung der Feuchtigkeit) genügt für normale Fälle eine Temperatur von 70—80° Celsius.

f) Die Herabsetzung dieser Temperatur vor dem Einlassen des Tränklackes in den Imprägnierkessel, ist mit Rücksicht auf die Erhaltung der Lackgütewerte, bei Lackdrahtwicklung aber auch wegen der Anlösegefahr, wichtig.

g) Bei Anwendung härtbarer Kunstharzisolierlacke ist darauf zu achten, daß die Rohrleitungen und Ventile zwischen dem Tränklackbehälter und Imprägnierkessel keine Temperaturen annehmen, die eine Aushärtung zurückgebliebener Lackreste zur Folge haben können. Es kann sonst der Fall eintreten, daß sich die Ventile festsetzen und unbrauchbar werden.

h) Im übrigen ist grundsätzlich zu beachten, daß ausgehärtete Kunstharzlacke in keinem Lösungsmittel löslich sind.

i) Da Isolierlacke ausnahmslos als schlechte Wärmeleiter anzusehen sind, so ist es ratsam, die Heizelemente in dem Imprägnierkessel so anzuordnen, daß diese während des Imprägniervorganges nicht unmittelbar mit dem Tränklack in Berührung kommen. Durch Bildung einer starken Lackhaut auf den Heizkörpern wird der Wirkungsgrad der Heizung unter Umständen erheblich herabgesetzt bzw. die Nenntemperatur im Trockenraum nicht mehr erreicht.

k) Die an den Beschickungshorden und sonstigen Teilen innerhalb des Imprägnierkessels in den unlöslichen (C) Zustand übergegangenen, härtbaren Kunstharzlacke werden — sofern hierzu aus irgendeinem Grunde Veranlassung besteht — zweckmäßig mit einer Flamme (Lötlampe, Schweißbrenner) oder durch anderweitiges Erhitzen (Verkohlen) entfernt. Andere Möglichkeiten bestehen nicht.

Öllackhäute können in aggressiven Lösemitteln (z. B. Benzol, Aceton) oder in Kalilauge aufgeweicht und anschließend mittels Spachtel und dergleichen von Eisenteilen entfernt werden.

Zu Ziffer 4:

a) Das Inbetriebsetzen und Warten der Vakuumpumpen soll stets nach Anleitung des Lieferanten erfolgen. Die Vakuumpumpen sind in ihrer konstruktiven Auslegung, sowie in der Funktion sehr verschieden und bedürfen je für sich einer besonderen Behandlung. (Bedienungsvorschrift gegebenenfalls vom Lieferanten anfordern.)

b) Für die im Elektromaschinenbau normalerweise vorliegenden Fälle, genügt erfahrungsgemäß ein Vakuum von etwa 50—65 cm[1]). In schwierigen Fällen ein solches von etwa 70 cm und in Ausnahmefällen (z. B. lagenweise, auf Isolierkörper mit Papierdurchschuß hergestellte Wicklungen) das praktisch erreichbare Höchstvakuum.

c) Bei der sogenannten Vortrocknung handelt es sich bekanntlich um die Entziehung der Feuchtigkeit aus den Wicklungskörpern. Da Wasser bei geringerem Luftdruck als etwa 736 mm schon weit unterhalb von 100° Celsius beschleunigt siedet, so genügt während der Vortrocknung eine Temperatur von etwa 60—70° Celsius. Die Vortrocknung kann als beendet gelten, wenn im Niederschlagsgefäß keine Wassertropfen mehr abgeschieden werden.

Zu Ziffer 5:

Betrifft Herabsetzung der Vortrockentemperatur von etwa 60 bis 70° Celsius auf etwa 30—40° Celsius, siehe Anmerkung zu Ziffer 3.

Zu Ziffer 6:

a) Das Einlassen des Tränklackes in den Imprägnierbehälter ist ganz besonders bei Lacken mit leichflüchtigen Lösungs- und Verdünnungsmitteln (z. B. alkoholhaltige Kunstharzlacke und Zelluloselacke) vielfach von einer unerwünschten Schaumbildung begleitet. Die Schaumbildung ist um so lebhafter, je schneller das Lackeinlaßventil geöffnet wird. Mit der allmählichen Füllung des Imprägnierbehälters nimmt der Grad der Schaumbildung ab und verschwindet bei ausreichender Füllung gänzlich. Diese ist erreicht, wenn die im Imprägnierkessel eingeordneten Werkstücke mit Tränklack gut überdeckt sind.

b) Bei dem Einsaugevorgang muß das Ventil zwischen Vakuumpumpe und Imprägnierkessel geschlossen, und die Pumpe außer Betrieb sein. Bleibt die Pumpe in Betrieb und das Ventil geöffnet, dann werden aus dem in den Imprägnierbehälter einströmenden Tränklack unnötig erhebliche Mengen Lösungs- und Verdünnungsmittel abgesaugt, und in der Regel auch im Abscheidegefäß niedergeschlagen. Da die abgeschiedenen Lösungs- und Verdünnungsmittel nicht ohne vorherige Aufbereitung wieder als Isolierlackverdünnungsmittel verwendet werden können, so ist dieser Hinweis wichtig.

[1]) Bezogen auf Röhrenfedervakuummeter mit cm-Einteilung.

c) Bei Anwendung von ölgefüllten Kreiselvakuumpumpen gelangen die Lacklösungs- und Verdünnungsmittel in das Innere der Vakuumpumpe und vermischen sich mit dem Öl, wenn die Pumpe während des Lackeinlasses in Betrieb und das Absperrventil zwischen Pumpe und Imprägnierkessel offen bleibt. Das Öl wird hierdurch flüchtig und entweicht z. T. aus der Vakuumpumpe. Hierdurch kann die Vakuumleistung der Pumpe herabgesetzt werden.

d) In gegebenen Fällen kann man den Tränklackbehälter so anordnen, daß der Lack durch natürliches Gefälle in den Imprägnierbehälter fließt. Das Entfernen des Tränklackes aus dem Imprägnierbehälter muß dann durch Anwendung von Druck geschehen.

Zu Ziffer 7:

a) Da bei Lackdrahtwicklungen keine aufsaugfähigen Umspinnstoffe innerhalb der Wicklung vorhanden sind, und der größte Teil der Wicklungen an elektrischen Maschinen im sogenannten Träufelverfahren hergestellt werden, so verbleiben innerhalb der Wicklungen (z. B. in den Nuten des aktiven Eisens) reichlich freie Räume, in welche der Tränklack sehr leicht und schnell eindringen kann. Es genügt für solche Fälle ein relativ geringes Vakuum und eine kurze Imprägnierzeit (3 bis 5 Minuten), um diese Art Wicklungen mit Tränklack auszufüllen.

a) Die Tränkzeit soll auch schon deswegen auf ein Minimum beschränkt werden, weil bei den derzeit üblichen Lackdrähten in der Regel bei längerer Einwirkung mit einer Anlösung der Drahtschicht und mit Anlösungsrückschlägen gerechnet werden muß.

b) Bei Wicklungen aus umsponnenen Drähten fällt die Anlösungsgefahr fort. Hier sind auch innerhalb der einzelnen Wicklungselemente Umspinnstoffe vorhanden, deren Durchtränkung eine längere Zeit erfordert.

Zu Ziffer 8:

Nach dem Tränkvorgang gemäß Ziffer 7 soll das Vakuum zum Zweck des Druckausgleiches und zusätzlicher Durchtränkung auf Null herabgesetzt werden.

b) In manchen Fällen wendet man nach Ablauf des Vorganges gemäß Ziffer 8 noch zusätzlich das Druckverfahren an. — Bei Lackdrahtwicklungen an elektrischen Maschinen ist die Anwendung des Druckverfahrens nicht nur überflüssig, sondern das Verfahren birgt auch die Gefahr, daß Druckschäden (Windungs- und Lagenschluß) innerhalb der Wicklungen entstehen.

In besonders gelagerten Fällen kann man aber das Druckverfahren aussichtsreich anwenden. Es empfiehlt sich dann, mit Stickstoffgas zu arbeiten, weil bei Anwendung von Preßluft immerhin eine gewisse Explosionsgefahr besteht.

Zu Ziffer 9:

Siehe Anmerkung zu Ziffer 1, Absatz c.

Zu Ziffer 11:

a) Das Absaugen der Tränklacklösungs- und Verdünnungsmittel beschleunigt naturgemäß den Trockenvorgang und ermöglicht die Rückgewinnung eines Teiles der flüchtigen Lackbestandteile.

b) Bei Lackdrahtwicklungen ist das beschleunigte Entfernen der flüchtigen Lackbestandteile deswegen besonders wichtig, weil diese eine Quellung und Erweichung der Drahtschicht verursachen. Die Anlösungsgefahr und damit die Gefahr der Rückschläge infolge Anlösungsschäden kann durch diesen Vorgang erheblich herabgesetzt werden.

Zu Ziffer 12:

a) Bei Anwendung von Öllacken ist eine Trocknung unter Vakuum deswegen nicht durchführbar, weil diese Lacke nur unter Zuführung einer ausreichenden Sauerstoffmenge trocknen können. Eine Filmbildung, ganz besonders aber eine Tiefentrocknung, ist bei Öllacken nur durch Sauerstoffzufuhr erreichbar.

b) Bei härtbaren Kunstharzisolierlacken ist eine Trocknung (Aushärtung) unter Vakuum nicht empfehlenswert, weil hierbei eine nachteilige Porenbildung in dem Lackfilm entstehen kann. Andererseits ist die Trocknung der härtbaren Kunstharzlacke nicht von der Sauerstoffzufuhr abhängig. Die Trocknung (Härtung) dieser Lacke erfolgt lediglich durch den Einfluß von Wärme.

c) Gemäß Anmerkung zu Ziffer 12, Absatz a und b hat die Trocknung unter Vakuum für den Elektromaschinenbau keine Bedeutung, wenn es sich um die Trocknung der in Isolierlack getränkten Wicklungen und Wicklungskörper handelt.

Bei bereits ordnungsmäßig in Isolierlack imprägnierten und getrockneten Wicklungskörpern kann das Trocknen unter Vakuum in Betracht kommen, wenn es sich um eine nachträgliche Entziehung von Feuchtigkeit handelt, z. B. dann, wenn eine Wicklung durch Hochwasser oder dergleichen feucht geworden ist.

d) Bei der Zuführung von Frischluft während der Trocknung (siehe Absatz a, ist die Anwendung eines Ansaugfilters mit eingebauter Heizpatrone empfehlenswert.

Die Trockenluft soll möglichst staubfrei, feuchtigkeitsfrei und angewärmt in den Imprägnierkessel gelangen.

Der mengenmäßige Bedarf an Frischluft ist bei fetten Öllacken recht erheblich. Es wird sich in gegebenen Fällen empfehlen, die erforderliche Frischluftmenge durch Inbetriebsetzen der Vakuumpumpe (Einsaugen) oder durch Anbau eines Druckventilators mit Regulierschieber (Einblasen) in den Trockenraum sicherzustellen.

Die Trocknung der imprägnierten Werkstücke

Die Trocknung der mit Isolierlack imprägnierten Wicklungen ist nicht mit einer normalen Oberflächentrocknung zu vergleichen, vielmehr handelt es sich hier um eine sogenannte **Tiefentrocknung.**

Damit können Erfahrungen und Grundsätze, die z. B. für die Trocknung lackierter Metallteile Gültigkeit haben, für die hier vorliegende Tiefentrocknung nicht als Vergleich angeführt werden. Trockenöfen, die sich für die Trocknung lackierter Metallteile gut bewährt haben, können sich für die Trocknung imprägnierter Wicklungen als völlig ungeeignet erweisen.

Abb. 32. Elektr. beheizter Trockenschrank. Werkbild Göhring & Hebenstreit-Dresden.

Die idealste Trocknung imprägnierter Wickelkörper ist zweifellos diejenige, die sich von innen nach außen vollzieht.

Als Beweis hierfür sei erwähnt, daß ein lackiertes Stahlrohr, welches in einem normalen Trockenofen zur Trocknung der Lackschicht eine Zeit von etwa $1^3/_4$ Stunden bei 180° Celsius benötigt, bei einer Trocknung von innen nach außen nur etwa 6—8 Minuten Trockenzeit erfordert. Verfasser führte diese Trocknung in einem Mittelfrequenz-Kraftlinienfeld aus. Durch das Wechselfeld von etwa 500 Hertz wurde das Stahlrohr in wenigen Sekunden auf etwa 360° Celsius erhitzt. Die unmittelbar an der Außenfläche des Stahlrohres liegende Lackschicht wurde also zuerst erhitzt. Die Lösungsmittel des Lackes konnten ungehindert durch die äußere, noch weiche Lackschicht entweichen. (Näheres hierüber S. 125.)

Umgekehrt vollzieht sich die Trocknung der imprägnierten Wicklungen. Hier bildet sich normalerweise durch die erhitzte Luft im Trockenofen zuerst an den Außenflächen des Werkstückes ein dünner aber dichter Film. Je schneller diese Filmbildung vor sich geht, um so

Abb. 33. Micafolium-Umwalzmaschine zum Aufplätten in Isolierlack getränkter Stoffe. Werkbild Micafil A.-G., Zürich-Altstetten.

Abb. 34. Spulenpresse. Werkbild Micafil A.-G., Zürich-Altstetten.

schwieriger gestaltet sich die Durchtrocknung in den tieferen Wicklungslagen.

Der äußere Lackfilm erschwert das Entweichen der in den tieferen Wicklungslagen eingeschlossenen Verdünnungsmittel und gleichzeitig das Eindringen von Sauerstoff. Hierdurch wird die restlose Durchtrocknung in den tieferen Wicklungslagen erschwert oder sogar verhindert.

Bekanntlich zerfällt die Trocknung der auf Ölbasis hergestellten Isolierlacke in einen physikalischen (Verdunstung der Lösungs- und Verdünnungsmittel) und einen chemischen Vorgang (Oxydation der noch weichen Lackmasse zu einem mechanisch festen, elastischen Film).

Die Kenntnis des letzteren Vorganges ist für den Isolierlackverbraucher von größter Wichtigkeit. Es erhellt hieraus, daß während der Trocknung der in Öl-Isolierlack imprägnierten Wickelkörper ständig Frischluft (möglichst gefiltert und vorgewärmt) in den Nutzraum des Ofens eingeführt und die verbrauchte Luft abgeführt werden muß.

Der Frischluftbedarf ist sehr erheblich. Man kann für die Trocknung von 1 kg Öl-Isolierlack mit einem Frischluftbedarf von etwa 1000—1500 Liter rechnen. Diese Berechnung enthält eine etwa zehnfache Sicherheit gegenüber der physikalisch möglichen Sauerstoffaufnahme des Leinöles, weil bei der in Frage stehenden Tiefentrocknung nur ein Teil der zugeführten Frischluft wirksam sein kann.

Da die Luft im Nutzraum des Trockenschrankes ganz besonders im ersten Abschnitt der Trocknung sofort bei Eintritt mit Lösungsmitteldünsten angereichert wird, so kann die vorstehende Angabe nur als Anhalt dienen.

Im Gegensatz zu den auf Ölbasis hergestellten Isolierlacken trocknen härtbare Kunstharzlacke unter ganz anderen Verhältnissen und Bedingungen.

Die Trocknung bzw. Härtung solcher Isolierlacke vollzieht sich in einem chemischen Vorgang, den der Chemiker mit Kondensation (im Gegensatz zu der Oxydation bei Öllacken) bezeichnet.

Nach Verdunsten der Lacklösungs- und Verdünnungsmittel wird der **Kondensationsvorgang lediglich durch Wärme eingeleitet und beendet.**

Die Zuführung von Sauerstoff ist hier nicht unbedingt notwendig. Der Kondensationsvorgang zerfällt in drei Abschnitte. Im ersten Abschnitt verdunsten die Lacklösungs- und Verdünnungsmittel (A-Zustand). Im zweiten Abschnitt tritt der B-Zustand ein (die Lackmasse wird plastisch) und anschließend werden die Lackkörper in den unlöslichen (C-)Zustand überführt.

Der Zeitabschnitt, in welchem sich dieser Härtevorgang vollzieht, ist verhältnismäßig kurz.

Die Temperaturwerte, die zur Erreichung des C-Zustandes, also zur Aushärtung des Lackes erforderlich sind, werden jeweils vom Lackhersteller angegeben und **müssen eingehalten werden.**

In der Regel beträgt z. B. die erforderliche Härtetemperatur bei Isolierlacken auf der Basis härtbarer phenolischer Harze 120—130° Celsius oder 170—180° Celsius.

Die jeweils vorgeschriebene Temperatur muß am Werkstück selbst oder in unmittelbarer Nähe desselben gemessen und kontrolliert werden. Ist der Wärmemesser beispielsweise in der Tür des Trockenofens angeordnet, dann liegt die Möglichkeit vor, daß zwischen der Tür und dem imprägnierten Werkstück ein Wärmegefälle besteht. In solchen Fällen bietet der am Wärmemesser abgelesene Temperaturwert keinen sicheren

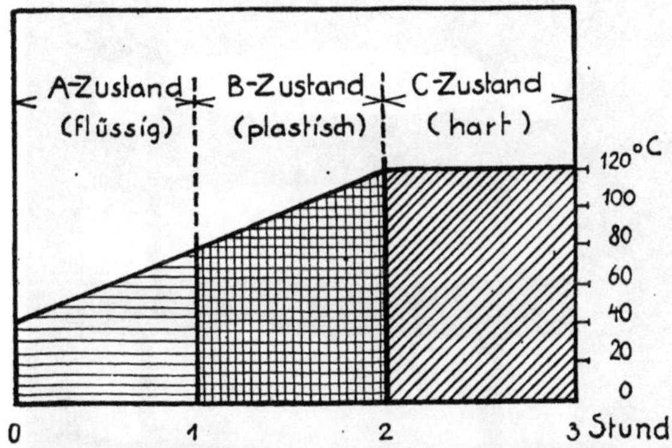

Abb. 35. **Graphische Darstellung des Härtevorganges bei einem phenolischen, härtbaren Kunstharz-Isolierlack für eine Härtetemperatur von 120° Celsius.**

Anhalt dafür, daß die angezeigte Temperatur auch am Werkstück selbst vorhanden ist. Hierauf kommt es aber an.

Trockenöfen, die wärmetechnisch nicht einwandfrei gebaut oder nicht mit richtig angeordneten und genau anzeigenden, möglichst selbsttätig regulierbaren Wärmefühler und Wärmemesser ausgerüstet sind, bieten keine Gewähr für die aussichtsreiche Verwendung von härtbaren Kunstharzlacken.

Wird bei solchen Lacken der C-Zustand nicht völlig erreicht, dann können auch nicht die höchsten Gütewerte erzielt werden.

Bei den bisher üblichen, auf Ölbasis hergestellten Isolierlacken betragen die Trockentemperaturen etwa 80—100° Celsius. Für diese Temperaturen sind auch gewöhnlich die Trockenöfen eingerichtet.

Es ist nach den vorstehenden Ausführungen erklärlich, daß derartige Trockenöfen für die Anwendung härtbarer Kunstharzlacke nicht in allen Fällen geeignet sind. Sofern die übrigen Voraussetzungen bei solchen Öfen erfüllt sind, läßt sich vielfach die Differenztemperatur zwischen der bisher erreichbaren und 120—130° Celsius durch Einbau eines indirekt heizbaren, elektrischen Zusatzheizkörpers erzielen.

Aus naheliegenden Gründen kommen die bei 180° Celsius härtbaren Kunstharzlacke für die Imprägnierung von Wicklungen aus Emaillelack-, Baumwolle-, Seide- und Papierisolation versehenen Drähten nicht in Betracht. Diese Lacke können nur für die Imprägnierung von asbest-

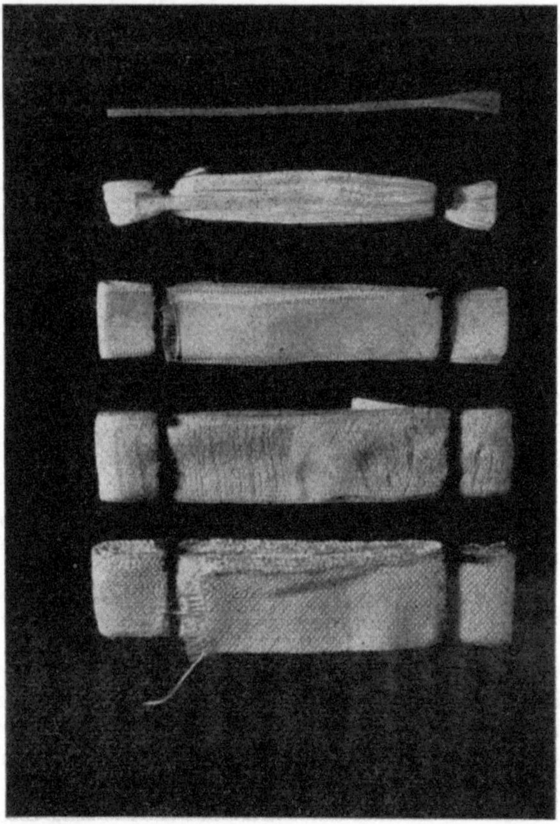

Abb. 36. Hochhitzebeständige Isolierschläuche und Isolierbänder aus Glasgespinst.

isolierten Drähten und solchen mit **Glasgespinst**-Isolation angewandt werden.

Praktische Bedeutung haben daher in erster Linie diejenigen härtbaren Kunstharzlacke, die bei etwa 120—130° Celsius gehärtet werden.

Aber auch bei diesen Härte- bzw. Trockentemperaturen sind einzelne Teile der Wicklungsisolation, z. B. die oft als Schutz der Schaltdrähte verwendeten Öllackschläuche, gefährdet.

Es ist daher empfehlenswert, an Stelle der Öllackschläuche solche aus Buna oder besser aus Asbest oder Glasgespinst hergestellte Hohlschläuche zu verwenden, oder die Schutzschläuche erst nach der Imprägnierung und Trocknung anzubringen.

An Stelle der Öllack-Hohlschläuche werden neuerdings auch solche aus Mischpolymerisaten angeboten. Dieses Material weist neben vielen vorzüglichen Eigenschaften vielfach den Nachteil auf, daß es nur bis etwa 85° Celsius wärmebeständig ist. Es eignet sich daher auch für die Fälle nicht vorbehaltlos, wo ofentrocknende Öl-Isolierlacke für die Imprägnierung verwendet werden.

Die Trockenzeiten und die Trockentemperaturen

Über die Trockenzeiten der ofentrocknenden Isolierlacke wurden bereits im Abschnitt IV „Die Auswahl der Isolierlacke" wichtige Angaben gemacht (siehe S. 32).

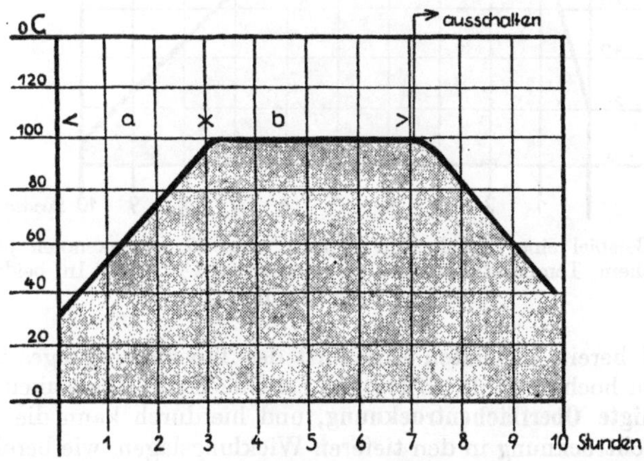

Abb. 37. Beispiel einer Trockenkurve für einen Trockenofen ohne automatischen Temperatur-Regler.

Bei der Festlegung der Trockenzeiten muß grundsätzlich davon ausgegangen werden, daß es sich bei der Trocknung imprägnierter Wicklungskörper um eine zeitgebundene **Tiefentrocknung** handelt.

Es ist daher bei den gegebenen Verhältnissen unmöglich, im voraus für einen bestimmten Isolierlack eine für alle Fälle zutreffende Trockenzeit anzugeben. Hier spielen praktische Versuche und Erfahrungen eine ausschlaggebende Rolle. An Hand der empirisch ermittelten Trockenzeiten sind Rückschlüsse von einem auf den anderen Fall und damit zuverlässige Schätzungen möglich. Man muß schon die Art und Größe der imprägnierten Werkstücke, die Drahtstärke und Windungszahl der Wicklung, die Art und Viskosität des Imprägnierlackes, die Trockentemperatur und ganz besonders die Konstruktion des Trockenofens genau kennen, wenn man für einen gegebenen Fall durch Schätzung die voraussichtliche Trockenzeit einigermaßen zutreffend im voraus bestimmen will.

Selbst unter diesen Voraussetzungen kommt es noch sehr darauf an, **wie** getrocknet, d. h. nach welcher Temperaturkurve die Trocknung durchgeführt wird.

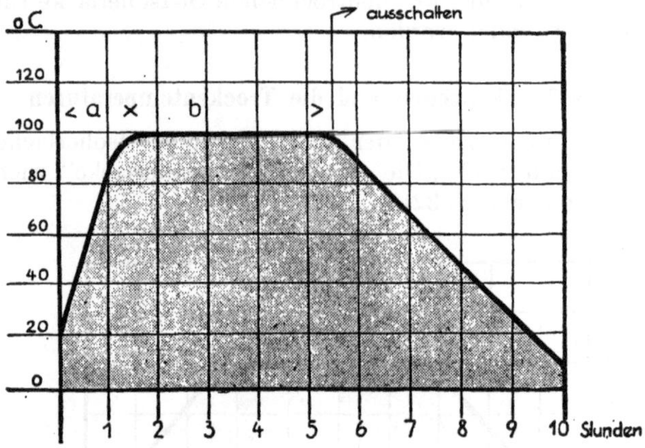

Abb. 38. Beispiel einer Trockenkurve nach Abb. 37. Trockenofen jedoch mit automatischem Temperatur-Regler. Zeitersparnis 1½ Std. In beiden Fällen niedrige Anfangstemperatur.

Wird bereits im ersten Abschnitt des Trockenvorganges die Temperatur zu hoch gewählt, so besteht bei Öllack die Möglichkeit für eine **beschleunigte Oberflächentrocknung,** und hierdurch kann die erforderliche Durchtrocknung in den tieferen Wicklungslagen, wie bereits näher dargelegt, erheblich verzögert werden.

Die Trocknung der in Öl-Isolierlack imprägnierten Wicklungskörper soll möglichst bei mäßiger Temperatur (etwa 40—60° Celsius) eingeleitet werden.

Da die meisten Lösungs- und Verdünnungsmittel der üblichen Öl-Isolierlacke schon bei Raumtemperatur vergasen, so erhellt daraus, daß im ersten Abschnitt der Trocknung, nämlich während der Entfernung der Lösungs- und Verdünnungsmittel aus den imprägnierten Wickelkörpern, eine Temperatur von 40—60° Celsius völlig ausreichend ist.

Damit die Dünste der Lösungs- und Verdünnungsmittel schnellstens aus dem Trockenraum abgeführt werden, ist eine ausreichende Luftbewegung (Luftzufuhr und -abfuhr) unbedingt erforderlich.

Geschieht die Trocknung in einer Vakuum-Imprägnieranlage, dann kann im Niederschlagsgefäß genau festgestellt werden, wann die Lösungs- und Verdünnungsmittel aus den imprägnierten Wickelkörpern abgesaugt sind.

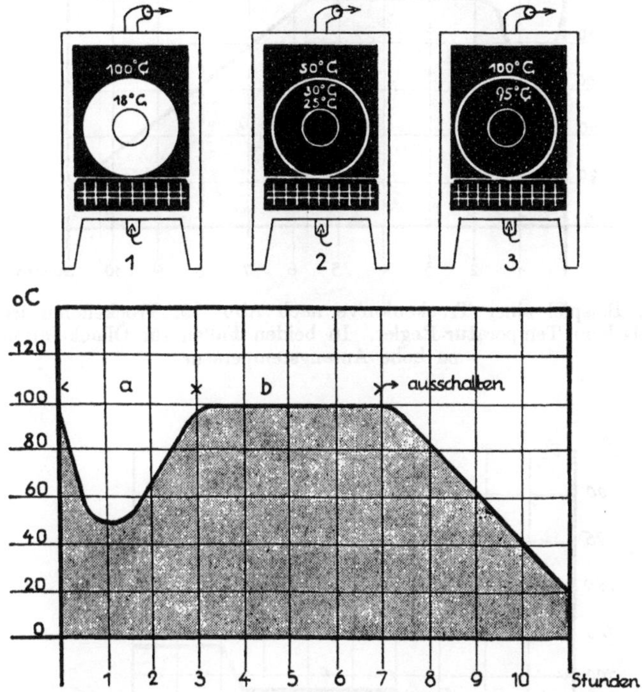

Abb. 39. Graphische Darstellung des Erwärmungsvorganges, wenn ein imprägnierter Wicklungskörper von Raumtemperatur in einen auf 100° Celsius erhitzten Trockenofen eingebracht wird. Das Beispiel zeigt, daß die Trocknung an der Oberfläche des imprägnierten Werkstückes zum Nachteil der angestrebten Tiefentrocknung beginnt. Trockenofen ohne automatischen Temperatur-Regler.

Bezogen auf normale Trockenöfen muß man sich hierbei schon auf Schätzungen verlassen.

Wird angenommen, daß die Lösungs- und Verdünnungsmittel verdunstet sind, so erfolgt die allmähliche Steigerung der Trockentemperatur bis auf den Nennwert, der für Öl-Isolierlacke etwa 80—90° Celsius beträgt.

Im letzten Abschnitt des Trockenvorganges ist es empfehlenswert, die Temperatur bei der Trocknung von Öl-Isolierlacken auf 100—120° Celsius zu steigern. Die Trockenzeiten können hierdurch vielfach abgekürzt und die Durchtrocknung in den tieferen Wicklungslagen mit

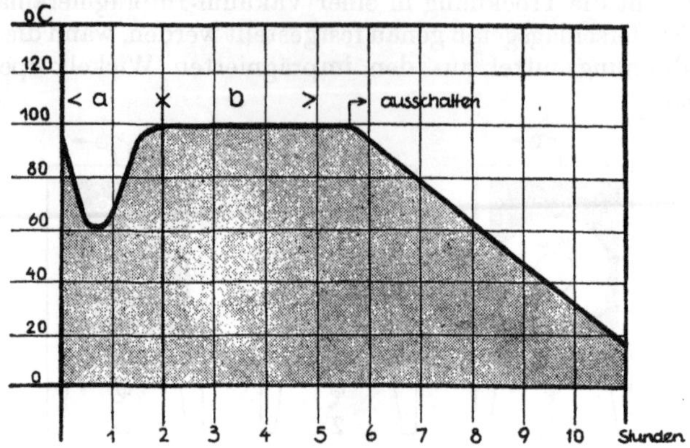

Abb. 40. Beispiel einer Trockenkurve nach Abb. 39, Trockenofen jedoch mit automatischem Temperatur-Regler. In beiden Fällen für Öllack-Imprägnierung zu hohe Anfangstemperatur.

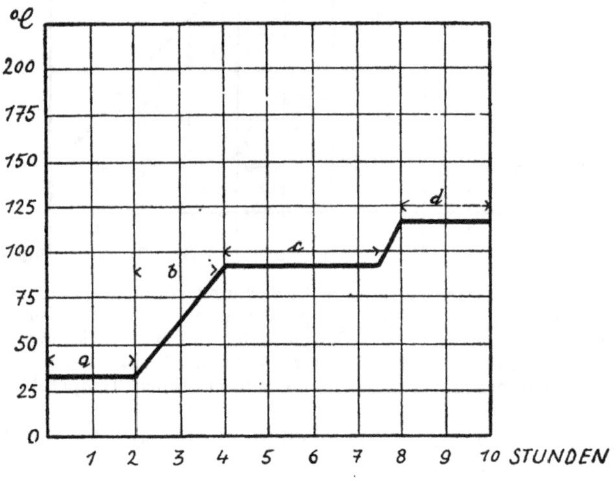

Abb. 41. Beispiel einer Temperatur- und Zeitkurve für die Trocknung in Öl-Isolierlack getränkter Wicklungen aus umsponnenen Drähten.

a = im Abschnitt a findet bei etwa 30—40° Celsius die Verdunstung des Lack-Lösungs- und Verdünnungsmittels statt (viel Frischluft zuführen).

b = hierauf wird die Temperatur allmählich (in 2 Std.) auf etwa 90° Celsius erhöht (Frischluftzufuhr kann etwas gedrosselt werden).

c = die Temperatur von etwa 90° Celsius wird 3½ Std. beibehalten und alsdann schnell auf 120° Celsius erhöht.

d = im Zeitabschnitt d wird die Trocknung bei etwa 120° Celsius abgeschlossen.

größerer Sicherheit erreicht werden. Dies trifft ganz besonders bei der Trocknung imprägnierter Lackdrahtwicklungen zu.

In den weitaus meisten Fällen ist die Trocknung der in Öl-Isolierlack imprägnierten Wickelkörper hiermit noch nicht ganz abgeschlossen. Die endgültige Erhärtung des äußeren Lackfilmes und insbesondere die restlose Durchtrocknung in den tieferen Wicklungslagen ist, wie bereits

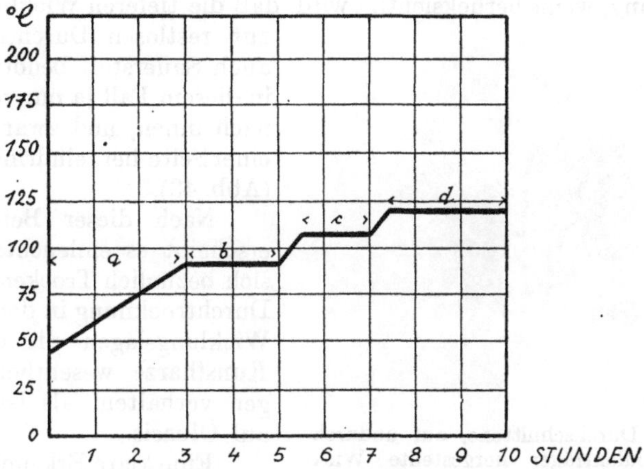

Abb. 42. Beispiel einer Temperatur- und Zeitkurve für die Trocknung in Öl-Isolierlack getränkter Wicklungen aus Lackdraht. Entgegen Abb. 41 steigt die Anfangstemperatur sofort allmählich an, damit die erhitzten Lösungs- und Verdünnungsmittel nicht unnötig lange auf die Lackschicht der Drähte einwirken. In beiden Fällen wird eine möglichst vollkommene Tiefentrocknung erreicht.

erwähnt, eine zeitgebundene Angelegenheit und kann erst nach mehreren Tagen, oft sogar erst nach Wochen und Monaten, nach entsprechender Lagerung der Wickelkörper in trockener Raumluft, als abgeschlossen gelten.

Erst nach diesem endgültigen Abschluß des Trockenvorganges weisen die Imprägnierungen die höchst erreichbaren Gütewerte auf. Diese Feststellung ist ganz besonders auch für die Beurteilung der Gütewerte spezieller Schutz- und Überzugslacke wichtig.

Nach den vorstehenden Darlegungen ist es erklärlich, daß Wicklungen, die hinsichtlich Aufbau, Drahtstärke und Windungszahl als besonders schwierig oder ungünstig zu bezeichnen sind, nach der Imprägnierung in Öl-Isolierlack oft unendlich lange Trockenzeiten erfordern.

Als Beispiel sei hier die Imprägnierung und Trocknung von Auto-Zündspulen erwähnt. Die aus vielen Tausenden Windungen dünnsten Drahtes hergestellten Hochvoltwicklungen werden zusammen mit der Niedervoltwicklung vielfach auf einem Isolierpreßkörper angeordnet.

Die Wicklungen sind in solchen Fällen von drei Seiten luftdicht eingeschlossen.

Die in den tieferen Wicklungslagen eingeschlossenen Lösungs- und Verdünnungsmittel können in solchen Fällen also nur nach einer Seite entweichen, und diese Seite ist vielfach noch durch mehrere Lagen Jakonettband abgedeckt. Noch deutlicher treten die Schwierigkeiten in Erscheinung, wenn berücksichtigt wird, daß die tieferen Wicklungslagen zur restlosen Durchtrocknung auch Sauerstoff benötigen, der in diesem Fall ja nur von außen nach innen, und zwar nur von einer Seite her, eindringen kann (Abb. 43).

Abb. 43. Durchschnittene, auf undurchlässige Spulenträger hergestellte Wicklungen. Die Lösungs- und Verdünnungsmittel können bei solchen Wicklungselementen nur nach einer Seite entweichen. Bei Öllack-Imprägnierung schwierige und zeitraubende, vielfach nur unvollkommene Tiefentrocknung.

Nach dieser Betrachtung erscheint es einleuchtend, daß sich bezüglich Trockenzeit und Durchtrocknung in den tieferen Wicklungslagen die **härtbaren Kunstharze** wesentlich günstiger verhalten, als Isolierlacke auf Ölbasis.

Eine klare Erkenntnis hierüber erhält man, wenn man ein Reagenzglas mit einem bei 120° Celsius härtbaren Kunstharzlack und ein anderes mit ofentrocknendem Öl-Isolierlack etwa zur Hälfte füllt und beide Behälter in einen allmählich auf 120° Celsius erhitzten Trockenofen stellt (Abb. 44).

Nach entsprechender Zeit kann festgestellt werden, daß der Kunstharzlack nach Abgabe der flüchtigen Bestandteile (Lösungsmittel) zu einer harten Harzmasse erstarrt ist. Der Öl-Isolierlack ist in der gleichen Zeit lediglich in einen zähflüssigen Zustand übergegangen (Abb. 45).

Interessant ist nun, daß das erhärtete Kunstharz weder durch anschließende Erhitzung noch durch Zusatz irgendwelcher Lösungsmittel verflüssigt werden kann. Es ist in den unlöslichen Zustand übergegangen.

Setzt man indessen dem unter gleichen Bedingungen behandelten Öl-Isolierlack ein kräftig wirkendes Lösungsmittel, z. B. Benzol zu, so läßt sich feststellen, daß der eingedickte Öl-Isolierlack bei mäßiger Erwärmung das Verdünnungsmittel annimmt und allmählich in einen dem ursprünglichen ähnlichen Zustand übergeht. Der Zeitraum, in welchem die Erhärtung des Kunstharzlackes erfolgte, gestattet eine

Beurteilung solcher Lacke bezüglich Trockenzeit und Durchtrocknung in den tieferen Wicklungslagen.

Überträgt man das Beispiel in die Praxis und bezieht den gleichen Vorgang auf die Imprägnierung und Trocknung von zwei Auto-Zündspulen, so würden sich dieselben Verhältnisse ergeben.

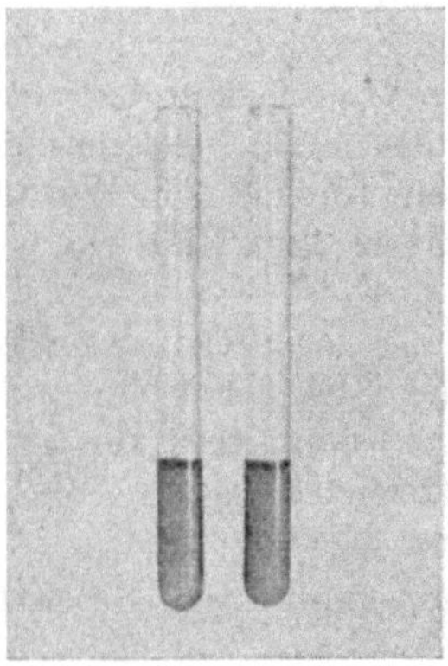

Abb. 44.

Abb. 45.

Abb. 44. Reagenzgläser, angefüllt mit Öl- bzw. Kunstharz-Isolierlack, vor der Versuchstrocknung.

Abb. 45. Die Reagenzgläser nach Abb. 41 wurden 10 Stunden bei 120° Celsius im Trockenofen erhitzt. Der Öllack (links) ist lediglich eingedickt, der härtbare Kunstharzlack ist zu einer harten Masse erstarrt (C-Zustand) und unlöslich geworden. Vergleich der Tiefentrocknung.

Bei gleicher Trockenzeit und Temperatur wird die in härtbarem Kunstharzlack imprägnierte Spule in allen Wicklungslagen restlos durchgetrocknet sein, während die in Öl-Isolierlack imprägnierte Spule in den tieferen Wicklungslagen noch feucht ist.

Auf umlaufende Wicklungskörper bezogen ergibt sich die Feststellung, daß die Gefahr des Ausschleuderns noch weicher Isolierlackreste bei der Verwendung von Öllacken sehr groß, bei härtbaren Kunstharzlacken nahezu ausgeschlossen ist. Voraussetzung ist natürlich, daß die für den härtbaren Kunstharzlack vorgeschriebene Trockentemperatur auch wirklich in allen Teilen des Werkstückes erreicht und die Härtezeit ebenfalls eingehalten wurde. Unter diesen Voraussetzungen ist auch die Gefahr der Bildung von Windungs- und Lagenschlüssen bei Verwendung von härtbaren Kunstharzlacken erheblich geringer als bei Öl-Isolierlacken.

Für den Kunstharzlack spricht weiter die hohe Backfähigkeit und die Beständigkeit gegen Süß-, Salz-, Kondenswasser, Benzin, Benzol, Säure, Laugen, Öl und Gase, die diesen Lacken den Öl-Isolierlacken gegenüber eine beachtliche Überlegenheit verleihen.

Zusammenfassung der physikalischen und chemischen Vorgänge bei der Trocknung härtbarer Kunstharzlacke

Unter den Isolierlacken, die für die fach- und sachgemäße Imprägnierung von Wicklungen an elektrischen Maschinen, Transformatoren und Starkstrom-Apparaten zur Anwendung gelangen, nehmen die härtbaren Kunstharz-Isolierlacke eine besondere Stellung ein.

Der grundsätzliche und wesentliche Unterschied zwischen den nicht härtbaren und den härtbaren Kunstharz-Tränklacken besteht darin, daß der Film eines richtig ausgehärteten Kunstharzlackes seine chemische und mechanische Struktur weder unter dem Einfluß von Wärme, noch durch chemische oder physikalische Einflüsse und Einwirkungen verändert.

Überträgt man diese beachtlichen Eigenschaften der härtbaren Kunstharz-Isolierlacke auf die Belange des Elektromaschinen-, Transformatoren und Starkstrom-Apparatebaues, dann tritt die große Bedeutung dieser Isolierlacke deutlich in Erscheinung.

Diese Eigenschaften wirken sich etwa wie folgt aus:

a) auf die Unveränderlichkeit der kurzschlußfesten Beschaffenheit imprägnierter Wicklungen,
b) auf die Unveränderlichkeit der dynamischen Auswuchtung umlaufender Wicklungskörper,
c) auf die Beständigkeit der Wicklungen gegen Wasser, Öl, Laugen, Chemikalien, Gase, Dämpfe, tropische und subtropische Einflüsse.

Die Bedeutung der Kurzschlußfestigkeit

Es ist bekannt, daß ein spiralförmig gewickelter Leiter in Eigenbewegung gerät, wenn derselbe von elektrischen Strom durchflossen wird. Es treten dynamische Kräfte auf, die je nach Größe der Stromstöße sehr erheblich sein können.

Starke Stromstöße in Wicklungen können sowohl die ursprüngliche Form als auch die örtliche Lage der Wicklungselemente verändern und Zerstörungen von erheblichen Ausmaßen hervorrufen. Je häufiger und spontaner die Stromstoßintervalle in den Wicklungen auftreten, und je höher die Stromdifferenzwerte sind, je gefährdeter sind die Wicklungen.

Es ist daher erklärlich, daß die Betriebstüchtigkeit und Lebensdauer einer Wicklung im hohen Maße von dem Grade und von der Unveränderlichkeit der Kurzschlußfestigkeit abhängig ist, welche die Wicklungen seitens des Herstellers durch eine entsprechende Imprägnierung erhalten.

Der Gütewert „Kurzschlußfestigkeit“ spielt bei allen elektrischen Maschinen, Transformatoren und Apparate eine wichtige Rolle; ganz besonders aber bei:

a) Netz-Transformatoren mit hohen Belastungsschwankungen, stoßweise belasteten (Schweiß- und Anlauf-) Transformatoren, magnetische Kupplungen, Magnet-Aufspannplatten und solche Wicklungen, die ohne Vorstufe vollbelastet ein- und ausgeschaltet werden.
b) Drehstrom-Käfigläufermotoren (Einstab- und Mehrnutmotoren) mit hoher Schalthäufigkeit und solchen, die häufigen Drehrichtungswechseln oder Strombremsungen unterworfen sind.
c) Erregerwicklungen für Starkstrom-Schaltorgane (Schutzschalter, Max. Auslöser u. a.).

Die Bedeutung der chemischen Beständigkeit

Infolge ihrer hohen und universellen chemischen Beständigkeit eignen sich härtbare Kunstharz-Tränklacke u. a. auch für elektrische Maschinen, Transformatoren und Apparate in:

chemischen Fabriken, Hüttenbetriebe, Kokereien, Nebenproduktengewinnungsanlagen, Kalibergwerken, Walzwerke- und Hochofenbetriebe, Molkereien, Straßen- und Grubenbahnen, Teuf- und Pumpenanlagen, explosionsgefährdete Betriebe, Kraftstoffabriken, Tankanlagen, Laboratorien, Wäschereien, Gerbereien, Textilbetriebe, Fleischereien, Seefahrzeuge, Fischereibetriebe, Konservenfabriken u. a. m.

Ganz besonders geeignet sind diese Lacke für elektrische Maschinen aller Art, die in tropischen oder subtropischen Gebieten Aufstellung finden sollen.

Der Härtungsvorgang

In der großen und fast täglich an Umfang zunehmenden Familie der Kunstharze gibt es viele Typen mit härtbaren Eigenschaften, die gemäß ihres unterschiedlichen chemischen Aufbaues auch unterschiedliche Eigenschaften und Gütewerte aufweisen. In den charakteristischen Eigenschaften sind sich die härtbaren Kunstharze jedoch gleich bzw. sehr ähnlich, besonders hinsichtlich der Härtbarkeit und der sich hieraus ergebenden, vorstehend bereits erwähnten Gütewerte.

Entscheidend wichtig für die aussichtsreiche Anwendung härtbarer Kunstharz-Isolierlacke ist die Kenntnis über den Ablauf des Trockenvorganges, der hier zutreffender mit Härtevorgang bezeichnet werden kann.

Die früher allgemein üblichen und auch heute noch angewandten, auf der Basis trocknender (pflanzlicher) Öle und Naturharze (bzw. nicht härtbarer Kunstharze) hergestellten Tränklacke trocknen bekanntlich in einem physikalischen und einem chemischen Vorgang, und zwar:

a) Verdunsten der flüchtigen Lackbestandteile (physikalischer Vorgang),

b) Filmbildung durch Zutritt von Sauerstoff und Wärme (chemischer Vorgang = Oxydation).

Für die eigentliche Filmbildung spielt hier also der Luftsauerstoff eine wichtige Rolle. Es muß daher während des Trockenvorganges bei diesen Lacken reichliche Mengen Frischluft in den Nutzraum des Trockenofens eingeführt und die verbrauchte Luft kontinuierlich abgeführt werden.

Die härtbaren Kunstharz-Isolierlacke trocknen (härten) ebenfalls in zwei Abschnitten, und zwar:

a) Verdunsten der flüchtigen Lackbestandteile (physikalischer Vorgang),

b) Filmbildung durch Zutritt von Wärme (chemischer Vorgang = Kondensation).

Für die Filmbildung spielt bei diesen Lacken weniger der Sauerstoff als die Wärme eine Rolle. Natürlich muß auch bei Anwendung härtbarer Kunstharz-Tränklacke der Nutzraum des Trockenofens kontinuierlich mit Frischluft beschickt werden, jedoch nicht zum Zwecke der Filmbildung (wie bei Öllacken), sondern hauptsächlich wegen der Abführung der Lösungsmitteldünste aus dem Ofen-Nutzraum.

Es ist für den Isolierlackverbraucher wichtig zu wissen, daß der eigentliche Härtevorgang bei härtbaren Kunstharzlacken um so kurzfristiger abläuft, je höher die Härtetemperaturen im Ofen-Nutzraum gewählt werden.

Bringt man beispielsweise einen in härtbarem Kunstharzlack getränkten Wicklungskörper in einen Trockenofen, der bereits auf 120° Celsius erhitzt ist, dann kann schon nach wenigen Minuten an der Oberfläche des Wicklungskörpers eine spontane Filmbildung einsetzen (vorzeitige, durchaus unerwünschte Oberflächentrocknung).

Bei Öllacken besteht diese Möglichkeit nicht bzw. nicht annähernd in dem Maße, wie dies bei härtbaren Kunstharzlacken der Fall ist. Aus diesem Grunde ist bei der Anwendung von Öllacken die Gefahr der vorzeitigen Oberflächentrocknung nicht annähernd so groß, wie bei härtbaren Kunstharzlacken.

Es ist in Fachkreisen allgemein bekannt, daß eine vorzeitige Oberflächentrocknung den ordnungsmäßigen Verlauf einer Tiefentrocknung — um solche handelt es sich ausschließlich im Elektromaschinen-, Transformatoren- und Apparatebau — gefährden kann. Die Gefahr besteht darin, daß die Oberfläche des Wicklungskörpers vorzeitig mit einem dünnen, aber dichten Lackfilm überzogen wird, der das Entweichen der in den tiefergelegenen Wicklungslagen vorhandenen Lack-Lösungsmittel erschwert, oder sogar verhindert. Bei der anschließenden Abkühlung der Wicklungskörper (nach dem Trockenvorgang) können die eingeschlossenen Lösungsmitteldünste zu einer gefährlichen Kondensatbildung und somit zu Wicklungsdurchschlägen führen.

Aus dieser Feststellung geht hervor, daß eine vorzeitige Oberflächentrocknung unter allen Umständen vermieden werden muß. Es muß also mit großer Sorgfalt darauf geachtet werden, daß das Zeitmaß und die Temperatur bei der Vortrocknung (Verdunsten der flüchtigen Lackbestandteile im ersten Abschnitt der Trocknung) in jedem Einzelfalle zweckdienlich gewählt werden.

Die Temperatur bei der Vortrocknung

Unter der Bezeichnung „Vortrocknung“ ist im Ablauf des Trockenvorganges die Zeitspanne gemeint, in welcher die flüchtigen Lackbestandteile zum Verdunsten gebracht werden.

Die Temperatur, die während dieser Zeit im Nutzraum des Trockenofens auf die imprägnierten Wicklungskörper einwirkt, muß unter der Härte-Temperatur des zur Anwendung kommenden Kunstharzlackes liegen, damit eine vorzeitige Oberflächentrocknung nicht eintreten kann.

Andrerseits muß die Temperatur so hoch gewählt werden, daß die flüchtigen Lackbestandteile in einer angemessenen Zeit möglichst restlos zum Verdunsten gebracht werden können.

Die Höhe der Temperatur kann je nach der Kunstharztype verschieden sein. Sie ist zweckmäßig beim Lacklieferanten zu erfragen.

Bei einem auf der Basis Phenol/Formaldehyd-Harz hergestellten härtbaren Kunstharzlack mit einer Nenn-Härtetemperatur von 120/130° Celsius liegt die Grenze der Vortrockentemperatur bei etwa 60° Celsius. Bei etwa 70° Celsius setzt bereits der beschleunigte Härtevorgang ein.

Es gibt auch härtbare Kunstharze, die bereits weit unter 60° Celsius härten, wenn der Härtevorgang zeitlich entsprechend lange (u. U. Tage, Wochen oder Monate) ausgedehnt wird. Diese Sorten sollen aus der Betrachtung ausgeschaltet werden, da sie keine Bedeutung haben. Während die zulässige Vortrockentemperatur beim Lacklieferanten erfragt werden kann, ist es Aufgabe des Verbrauchers, die jeweils ausreichende Zeitspanne für die Vortrocknung festzulegen.

Dieser Zeitwert richtet sich im wesentlichen nach der vom Lacklieferanten angegebenen Vortrockentemperatur, nach der Größe (Massegewicht) der Werkstücke, nach der Windungszahl und nach dem Drahtdurchmesser des Wickeldrahtes, sowie nach der Beschickungsdichte im Ofen-Nutzraum. Darüber hinaus hat das Volumen des kontinuierlich in den Ofen-Nutzraum eingeführten Frischluftstromes und die Temperatur der Frischluft einen gewissen Einfluß auf die erforderliche Vortrockenzeit.

Die Vortrockenzeit muß seitens des Verbrauchers unter Berücksichtigung dieser Faktoren in jedem Einzelfalle bestmöglichst „abgeschätzt“ werden, weil es dem Lacklieferanten aus naheliegenden Gründen gar nicht möglich ist, konkrete Zahlen hierfür anzugeben.

Die Trockenkurve

Man kann unter Berücksichtigung aller Einwirkungsfaktoren den Verlauf des gesamten Trockenvorganges bei härtbaren Kunstharz-Isolierlacken in Abhängigkeit von Zeit und Temperatur graphisch dar-

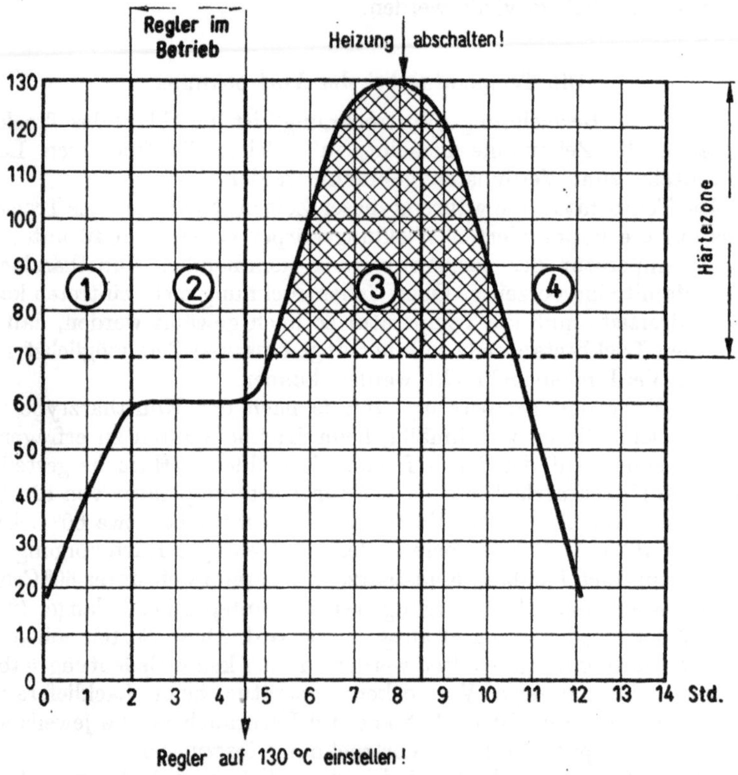

Abb. 46. Trockenkurve (Härtekurve) für einen härtbaren Kunstharz-Tränklack auf des Basis Phenol/Formaldehyd-Harz mit einer Nenn-Härtetemperatur von 120/130° Celsius.

Abschnitt 1	=	Anheizzeit bis 60° Celsius = 2 Stunden
„ 2	=	Verdunsten der flüchtigen Lackbestandteile = etwa 2,5 Stunden
„ 3	=	Aushärtungsvorgang = etwa 4 Stunden
„ 4	=	Abkühlungsvorgang = etwa 3 Stunden.

stellen. Bezogen auf einen härtbaren, auf der Basis Phenol/Formaldehyd-Harz hergestellten Tränklack mit einer Härte-Nenntemperatur von 120/130° Celsius würde sich etwa folgende Kurve ergeben:

Die Darstellung Abb. 46 bezieht sich auf einen wärmetechnisch richtig konstruierten Trockenofen (doppelwandig mit Wärmeschutzisolation) mit einstellbarer Temperatur-Regeleinrichtung, zweckentsprechender Belüftungseinrichtung (ausreichender Ansaugquerschnitt, verstellbare Luft-Ein- und Austrittsklappen, Staubfilter in der Ansaugöffnung und möglichst Einordnung einer Heizpatrone in dem Ansaugstutzen — feuchtigkeitsfreie und staubfreie Frischluftzuführung), Ofen-Nutzraum von etwa $^3/_4$ m^3 und normaler Beschickungsdichte, Beschickungsgut = Kleinanker bis etwa 2 kg Massegewicht.

Die im Tauchverfahren (ohne Vakuum) getränkten Wicklungskörper werden — den Kollektor nach oben weisend — zum Abtropfen beiseite gestellt und anschließend auf Horden angeordnet in den Nutzraum des Trockenofens eingebracht.

Der Trockenvorgang wird bei etwa Raumtemperatur (18—20° Celsius) — Luftklappen weit geöffnet — eingeleitet. Der Temperatur-Regler ist auf 60° Celsius eingestellt.

Abb. 47.

Fallbügel - Programmregler Werkb. Hartmann & Braun, Frankfurt/Main

Es wurde angenommen, daß nach einer Zeit von etwa $1^1/_2$ bis 2 Stunden die Temperatur im Nutzraum des Ofens etwa 60° Celsius erreicht und es wurde weiter angenommen (geschätzt), daß die Wicklungskörper von diesem Zeitpunkt ab gerechnet in etwa 2,5 Stunden durch und durch die Temperatur von etwa 60° Celsius angenommen haben.

Die Verdunstung der flüchtigen Lackbestandteile beginnt praktisch bereits nach der Herausnahme der Wicklungskörper aus dem Imprägniergerät. Es darf daher angenommen werden, daß nach Ablauf der Abschnitte 1 und 2 der weitaus größte Teil der Lösungs- und Verdünnungsmittel aus dem imprägnierten Wicklungskörpern entwichen ist.

Der Abschnitt 3 beginnt nunmehr mit der Einstellung des Temperatur-Reglers auf 120—130° Celsius (Luftklappen können auf etwa $^2/_3$, also um $^1/_3$ gedrosselt werden). Es wurde gemäß Abb. 46 angenommen, daß die Wicklungskörper nach einer weiteren Zeitspanne von etwa 2 Stunden die Temperatur von 130° Celsius in allen Teilen erreicht haben. Die gesamte Zeitspanne für Abschnitt 3 ist mit 4 Stunden fixiert.

Hierauf wird die Heizung abgeschaltet und das Beschickungsgut im Nutzraum des Trockenofens (bei weit geöffneten Luftklappen) der Abkühlung überlassen. Der Trockenraum bleibt hierbei geschlossen, damit die Abkühlung ganz allmählich erfolgt und hierdurch spontane Schrumpfungsvorgänge an den Wicklungskörpern vermieden werden.

Der zeitliche Ablauf des Trockenvorganges gemäß Abb. 46 soll lediglich die prinzipiellen Vorgänge erläutern. Der wirkliche, gesamte Zeitaufwand für den Trockenvorgang kann je nach den vorliegenden Verhältnissen nennenswert abgekürzt werden. In den besonders günstig gelagerten Fällen, wo es sich stets um die Trocknung des gleichen Beschickungsgutes handelt (Neufabrikation-Serienherstellung gleicher Typen), wird man die günstigsten Zeitverhältnisse und Temperaturen empirisch ermitteln und die Duplizierbarkeit des Trockenvorganges durch Anwendung der Programm-Regelung sicherstellen.

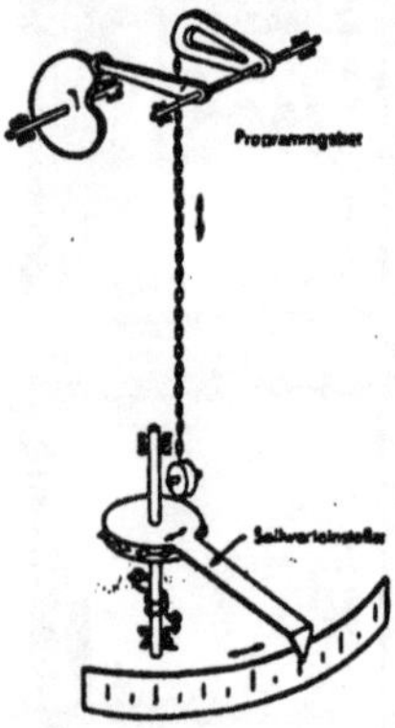

Abb. 48. Prinzip des Programmreglers

Die Prinzipdarstellung des Trockenvorganges nach Abb. 46 läßt u. a. erkennen, daß die trägheitslose Temperatursteuerung der Trockenkurve von großer Bedeutung für das stets gleichbleibende Güteergebnis und für den möglichst wirtschaftlichen Ablauf des Trockenvorganges ist. Elektrische Heizkörper mit großen Abstrahlungsflächen und geringer Wärmeträgheit ermöglichen kurze Anheizzeiten und spontane Temperaturerhöhungen sowie sichere Temperaturführung (Duplizierbarkeit) im Ablauf des gesamten Trockenvorganges.

Aus diesen Darlegungen geht zweifelsfrei hervor, daß die Trocknung der in härtbaren Kunstharz-Tränklacken imprägnierten Wicklungskörper nach wohlerwogenen Grundsätzen und Richtlinien erfolgen muß, wenn Rückschläge vermieden und andrerseits die höchsterreichbaren Gütewerte erzielt werden sollen. Es ist Allgemeinwissen aller Fachleute des Elektromaschinenbaues, daß die Isolier-Tränklacke sowohl qualitativ als auch hinsichtlich des Verhaltens bei der Tiefentrocknung sehr unterschiedlich sind und daher nicht einfach Tränklacke = Tränklacke gesetzt und behandelt werden können. Demgegenüber bestehen in Fachkreisen jedoch noch erhebliche Unklarheiten über den Härtevorgang bei Kunstharzlacken, über die konstruktive Auslegung und Temperatursteuerung der Trockenöfen und über die Art der Trockenkurve in Abhängigkeit von Temperatur und Zeit.

Die neuzeitlichen, härtbaren Kunstharz-Isolierlacke bedeuten zweifellos einen erheblichen Fortschritt in der Wickeltechnik. Um der dargebotenen Vorteile teilhaftig zu werden, müssen allerdings gewisse Voraussetzungen erfüllt sein, die vorstehend im einzelnen erwähnt wurden.

Um irrtümlichen Auslegungen des Begriffes „härtbar" vorzubeugen, sei erwähnt, daß sich diese Bezeichnung lediglich auf die besondere, chemische Reaktion bezieht, in deren Ablauf die eigentliche Filmbildung vor sich geht. Mit der mechanischen Härte des Lackfilmes oder mit der Elastizität desselben steht die Bezeichnung „härtbar" nur in einem untergeordneten Zusammenhang. Allerdings kann man dem Lackfilm eine hohe mechanische Festigkeit und Härte verleihen. Es liegt indessen in der Hand des Lackchemikers, die rohstoffliche und rezeptliche Zusammensetzung der Kunstharzlacke mit härtbaren Eigenschaften so zu wählen, daß allen Anforderungen hinsichtlich Biegsamkeit des Lackfilmes (Elastizität) entsprochen werden kann.

Zusammengefaßt können härtbare Kunstharz-Isolierlacke etwa wie folgt gekennzeichnet werden:

I. Vorteile gegenüber Öllacke

1. Hohe Backfestigkeit und Haftvermögen auf Metall und Textilien, daher hohe Kurzschlußfestigkeit der Wicklungen.
2. Nichtwiedererweichen des Lackes (Lacknester) selbst bei hoher Betriebswärme der Wicklungen = keine Ausschleudergefahr und keine Veränderungen des ausgewuchteten Zustandes bei umlaufenden Wicklungskörpern (sehr wichtig bei Anker mit hohen Drehzahlen und Umfangsgeschwindigkeiten).
3. Hohe und universelle Beständigkeit gegen chemische, atmosphärische, tropische und subtropische Einwirkungen.
4. Restlose Durchtrocknung in den tieferen Wicklungslagen und im Tropfen bei relativ kurzen Trockenzeiten.

II. Voraussetzungen für die aussichtsreiche Anwendung

1. Zweckdienliche Konstruktion des Trockenofens.
2. Einstellbare Temperatur-Regeleinrichtung am Trockenofen.
3. Zweckdienliche Trockenkurve. Vermeidung von vorzeitiger Oberflächentrocknung.
4. Einhaltung der jeweils vom Lacklieferanten vorgeschriebenen Härtetemperatur — am Werkstück gemessen.
5. Nur vorgeschriebene Verdünnungsmittel verwenden.

Welche Einrichtungen sind für den aussichtsreichen Einsatz der Silikon-Isolierlacke im Elektromaschinen-, Transformatoren- und Starkstromapparatebau erforderlich?

Die seit dem Jahre 1950 auch für die europäischen Isolierlackhersteller zugänglichen, aus den USA eingeführten Silikone und die hieraus hergestellten Silikon-Isolierlacke erfordern ihrem neuartigen, chemischen Aufbau entsprechend eine besondere Anwendungsmethode.

Es wird daher eine bevorzugte Aufgabe der Isolierlackhersteller sein, den jeweils ausgearbeiteten und auf den Markt gebrachten Silikonlacktypen eine ausführlich gehaltene Anwendungsvorschrift für den Verbraucher beizufügen.

Bezogen auf den USA-Silikonlack Typ DC 996 der Fa. Dow Corning Corp., können die nachstehenden Ausführungen als Anhalt dienen.

Für diejenigen Isolierlackverbraucher, die an dem praktischen Einsatz der Silikonlacke interessiert sind, erscheint es wichtig zu erfahren, welche Einrichtungen für den aussichtsreichen Einsatz derselben erforderlich sind. In vielen Fällen werden die vorhandenen Einrichtungen nicht ausreichen. Es wird vielmehr notwendig sein, entweder die fehlenden Einrichtungen neu anzuschaffen oder die vorhandenen umzubauen bzw. zu ergänzen. Das kann in den Elektromaschinenbauerbetrieben im Regelfalle mit eigenen Arbeitskräften geschehen.

Diesem Zwecke sollen die nachstehenden Darlegungen in erster Linie dienen.

Gleichzeitig soll aber auch die Verbraucherschaft vor unzulänglichen Einführungsversuchen gewarnt und es soll aufgezeigt werden, daß jeder Versuch mit unzulänglichen Mitteln, Einrichtungen und speziellen Kenntnissen von vornherein die Gefahr eines Fehlschlages enthält.

I. Die tägliche Einstellung der Silikon-Tränklacke auf eine bestimmte Viskosität

a) Nach den Erfahrungen, die seit den Jahren 1946/47 in den USA mit Silikon-Tränklacken gemacht wurden, ist es notwendig, die vom Isolierlackhersteller für die jeweilige Lacktype angegebene Viskosität dauernd auf dem Normwert zu halten.

   Diese Forderung setzt das Vorhandensein eines Lack-Mischgerätes voraus, mit dessen Hilfe die zur Einstellung der Viskosität notwendigen Verdünnungsmittel in vollkommener Weise mit dem Tränklack verbunden werden können.

b) Die Erfahrung hat weiter gezeigt, daß Silikonlacke nur in geschweißten Behältern (nicht in gelöteten) aufbewahrt (versandt und gelagert) werden können.

c) Die Silikonlacke sind relativ teuer, und deshalb ist jeder Lackverlust durch entsprechende Vorbeugungsmaßnahmen zu vermeiden.

d) Aus gleichem Grunde sind auch Lösungsmittelverluste zu vermeiden. Die Silikonlacke sind so aufzubewahren, daß eine unbeschränkte Lagerfähigkeit derselben gewährleistet ist und eine Entzündung der Lackdünste vermieden wird.

Imprägniergeräte, Imprägnieranlagen

Diese Bedingungen können beispielsweise durch das in der Abb. 49 dargestellte Imprägniergerät erfüllt werden. Das Gerät besitzt u. a. ein Lack-Umlaufaggregat, bestehend aus einer Pumpe und einem Antriebsmotor.

Dieses Aggregat ist durch Stahlrohre und zwischengebaute Ventile mit einem geschweißten Lackbehälter verbunden, der wiederum mit den übrigen Konstruktionsteilen des Gerätes zweckdienlich vereinigt ist.

Abb. 49. Imprägniergerät nach Raskop (geschlossen).

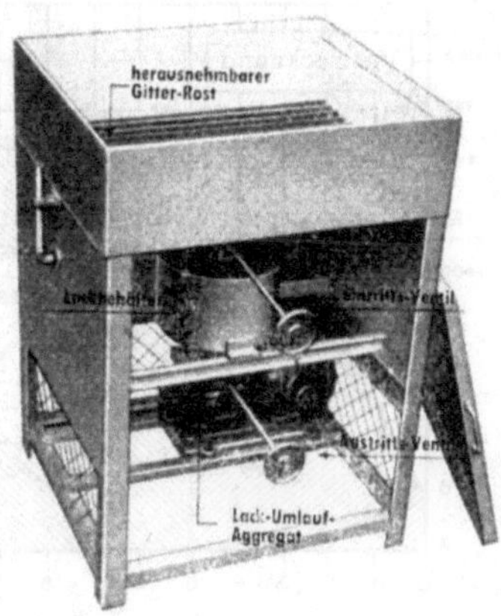

Abb. 50, Imprägniergerät nach Raskop (geöffnet).

Abb. 26 zeigt einen Viskositätsmesser (Auslaufbecher) und eine Stoppuhr, mit deren Hilfe die Standardviskosität gemessen werden kann. Diese oder andere Viskosimeter werden von den Isolierlackherstellern geliefert bzw. auf Anfrage werden Bezugsquellen nachgewiesen.

Die Silikon-Isolierlacke halten nur dann, was sie versprechen, wenn dieselben seitens der Verbraucher gepflegt, sachgemäß behandelt und nach Vorschrift zum praktischen Einsatz gebracht werden.

II. Der Imprägniervorgang

Die Durchdringung der Wicklungselemente und Wicklungen mit Silikon-Tränklacken geschieht in der bisher allgemein üblichen Art, und zwar nach erfolgter Vortrocknung (Entzug der Feuchtigkeit) durch Übergießen, Tauchen oder unter Vakuum in einem Vakuum-Imprägniergerät.

Im Rahmen des Feuchtigkeitsentzuges können Temperaturen bis zu 200° Celsius angewandt werden. Nach Beendigung dieses Vorganges läßt man die Werkstücke auf etwa 75° Celsius abkühlen. Bei dieser Temperatur erfolgt dann die Durchtränkung.

Temperaturen, Trockenzeiten und Temperaturführung für die Trocknung der Silikon-Tränklacke im Elektromaschinenbau

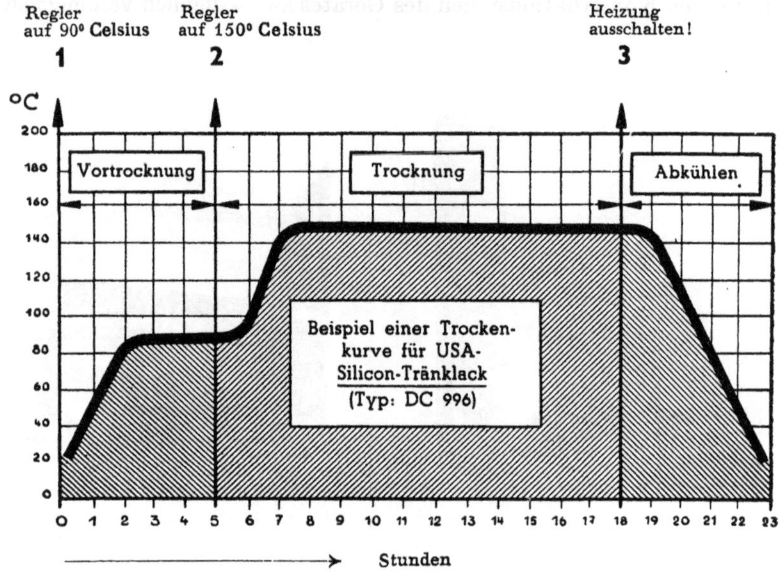

Abb. 51. Graphische Darstellung des Verfassers nach Prospektangaben der USA-Silikonharz-Lieferantin

Anmerkungen:

1. Der Abschnitt — 1 — (die Vortrocknung = Verdunsten der Lösungs- und Verdünnungsmittel) kann zur Regelung der Filmstärke mehrmals wiederholt werden (mehrmalige Tauchung und Vertrocknung).
2. Die Vortrocknung erfolgt bei Temperaturen zwischen 70 und 90° Celsius über einen Zeitraum von etwa 4—5 Stunden.
3. Nach der Vertrocknung wird der Temperaturregler auf 150° Celsius eingestellt und die eigentliche Trocknung (Härtung) über einen Zeitraum von etwa 12 Stunden durchgeführt. Bezogen auf die jeweilige Größe der Werkstücke muß die wirkliche Trockenzeit empirisch (durch Versuche) ermittelt werden.
4. Während der Vertrocknung muß der Nutzraum des Trockenofens eine reichliche Frischluftzufuhr erhalten. Die Lösungsmitteldünste müssen beschleunigt aus dem Nutzraum des Trockenofens nach außen befördert werden.
5. Während der Trocknung (Abschnitt — 2 —) kann die Belüftung des Ofen-Nutzraumes etwas herabgesetzt werden, indessen muß bis zur Beendigung der Trocknung eine kontinuierliche Belüftung des Ofen-Nutzraumes aufrecht erhalten werden.

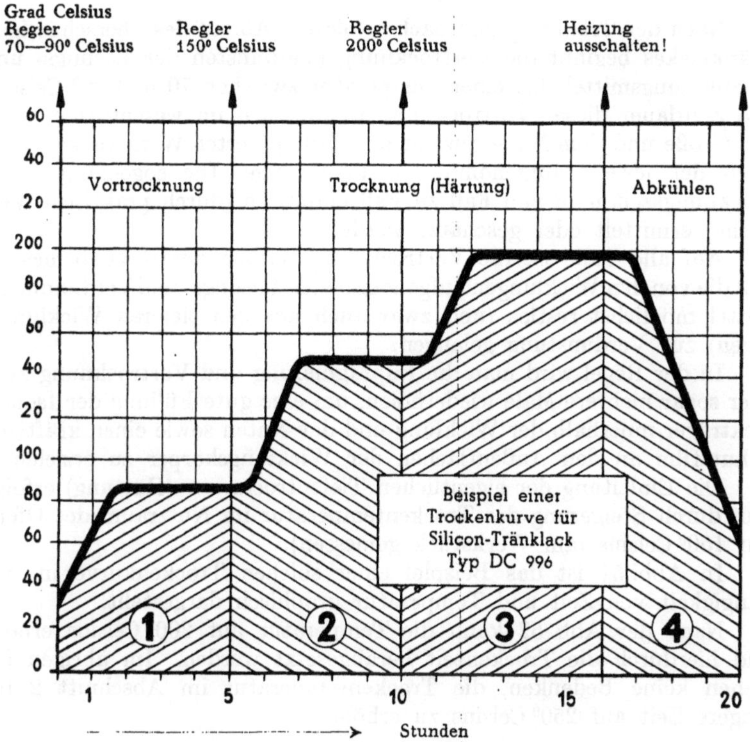

Abb. 52 Graphische Darstellung des Verfassers nach Prospektangaben der USA-Silikonharz-Lieferantin

Die eigentliche Trocknung kann in Abschnitte 2 und 3 zerlegt werden, indem die Temperatur (am Werkstück gemessene) nach etwa 4 Stunden von 150 auf 200° Celsius erhöht und diese Temperatur etwa 4 Stunden beibehalten wird.
Die Trockenzeit kann hierdurch verkürzt werden.

Anmerkungen:

1. Im Abschnitt — 1 — ist eine lebhafte Belüftung des Ofen-Nutzraumes (weitgeöffnete Luftklappen) erforderlich. Die sich entwickelnden Lösungsmitteldünste müssen beschleunigt nach außen abgeführt werden.
2. Bei Beginn des Abschnittes — 3 — können die Luftklappen am Nutzraum des Trockenofens zur Verhinderung unnötiger Wärmeverluste um 30—40 % des effektiven Ansaugequerschnittes geschlossen werden.
3. Über den gesamten Bereich des Abschnittes 4 sind die Luftklappen gemäß Angaben für Abschnitt — 1 — weit zu öffnen.
4. Die Erhöhung der Trockentemperatur im Abschnitt — 3 — auf 200° Celsius oder noch höher (bis etwa 250° Celsius) ist für die Oberflächengüte des Silikonlackes vorteilhaft.

III. Trocknung der Silikon-Tränklacke

Nach der Tränkung und nach erfolgtem Ablauf des überschüssigen Tränklackes beginnt die Vortrocknung (Verdunsten der Lösungs- und Verdünnungsmittel) bei einer Temperatur zwischen 70 und 90° Celsius. Die Zeitdauer dieser Vortrocknung richtet sich im wesentlichen nach der Größe und dem Massegewicht der imprägnierten Werkstücke, sowie nach der jeweils aufgenommenen Lackmenge. Die sogenannte Vortrocknungszeit muß von Fall zu Fall empirisch (durch praktische Versuche) ermittelt oder geschätzt werden.

Auf alle Fälle ist die Vortrocknung zeitlich derart zu bemessen, daß die von den Wicklungen aufgenommenen Lösungs- und Verdünnungsmittel möglichst restlos (und zwar auch aus den tieferen Wicklungslagen) zur Verdunstung gelangen.

In der Regel wird man die Imprägnierung und Vortrocknung zwei oder sogar mehrere Male wiederholen, um eine gute Füllung der Isolierlackträger innerhalb der Wicklung und der Nuten sowie einen kräftigen Schutzfilm an den Außenflächen der Wicklungskörper zu erzielen.

Die Einleitung der eigentlichen Tiefentrocknung (Härtung) erfolgt nun durch Steigerung der Trockentemperatur im Nutzraum des Ofens auf 150° Celsius (am Werkstück gemessen).

In Abb. 51 ist das Beispiel einer solchen Trockenkurve in Abhängigkeit von Zeit und Temperatur graphisch dargestellt.

Nach der Abb. 52 kann die Temperatur auf 200° Celsius erhöht und hierdurch die Trockenzeit herabgesetzt werden. Im übrigen bestehen keine Bedenken, die Trockentemperatur im Abschnitt 2 für längere Zeit auf 250° Celsius zu erhöhen.

IV. Die Auslegung des Trockenofens

Die Anwendung dieser Trockentemperaturen setzt das Vorhandensein eines Trockenofens voraus, der zumindest auf 150° Celsius (am Werkstück gemessen) temperiert werden kann.

Der Trockenofen muß überdies eine einstellbare Temperatur-Meß- und Regelanlage (Fallbügel-Regler) sowie eine regelbare Belüftung des Ofennutzraumes besitzen (siehe auch S. 234), um die Temperaturführung gemäß Abb. 52 sicherstellen zu können.

Die wirklichen Trockenzeiten müssen von Fall zu Fall empirisch ermittelt werden.

V. Anorganische Isolierstoffe

Es ist selbstverständlich, daß bei den genannten Trockentemperaturen der gesamte Aufbau der Wicklungsisolation mit anorganischen Isolierstoffen durchgeführt werden muß, weil organische Isolierstoffe (Baumwolle, Zellwolle, Seide, Papier usw.) diese Temperaturen nicht aushalten.

Für den Aufbau hochhitzebeständiger Wicklungen kommen in erster Linie glasseideisolierte Leiterwerkstoffe, in Silikonlack getränkte Glasgewebe und Glimmer in Betracht, wenn die hohe thermische Beständigkeit der Silikonlacke voll ausgenutzt werden soll.

Es können aber auch Fälle vorkommen, wo die wasserabweisende Eigenschaft der Silikonlacke im Vordergrunde der Interessen steht und die thermische Beständigkeit nur eine zweitrangige Bedeutung hat (z. B. bei Motoren, die betrieblich in sehr hohem Maße der Feuchtigkeit, Säure- oder Laugendämpfen ausgesetzt sind).

In solchen Fällen können die Wicklungen auch organische Isolierstoffe enthalten. Sie entsprechen dann der Werkstoffklasse A oder B.

Des allgemeinen Interesses halber sei erwähnt, daß in den USA für Silikon-Isolierlacke in Verbindung mit organischen Isolierstoffen (Glasgewebe, Asbest, Glimmer) eine Sonderwerkstoffklasse „H" eingeführt worden ist.

VI. Vorbehandlung glasseideisolierter Leiterwerkstoffe

Bekanntlich werden die glasseideumsponnenen Drähte bereits im vorimprägnierten Zustande von den Draht- und Kabelwerken angeliefert. Zur Zeit werden für diese Zwecke Sonder-Tränklacke auf organischer Rohstoffbasis verwendet, und es ist daher notwendig, vorher festzustellen, ob sich diese organischen Tränklacke mit den Silikon-Tränklacken vertragen.

Wird auf eine maximale thermische Ausnutzung der Silikon-Tränklacke Wert gelegt, dann müssen die glasseideisolierten Leiterwerkstoffe ebenfalls von den Draht- und Kabelwerken mit Silikonlack behandelt werden.

VII. Vorbehandlung der Glasgewebe

Dasselbe bezieht sich auf vorimprägnierte Glasgewebe, die für den Aufbau der Wicklungsisolation zur Verwendung gelangen.

Für diese Zwecke kommt der Silikonharz Typ XR—340 in Betracht, während für die Vorimprägnierung der glasseideumsponnenen Leiterwerkstoffe der Typ DC—996 verwendet werden kann.

Zusammengefaßt sei festgestellt, daß für den aussichtsreichen Einsatz der Silikon-Tränklacke im Elektromaschinen-, Transformatoren- und Starkstromapparatebau eine ganze Anzahl wichtiger Voraussetzungen zu erfüllen sind, die im einzelnen vorstehend aufgezeigt wurden.

Es wird die Aufgabe der interessierten Verbraucherschaft sein, die vorhandenen Imprägnier- und Trockeneinrichtungen sorgfältig zu überprüfen und gegebenenfalls alles Erforderliche zu veranlassen, was zur Sicherstellung eines vollen Erfolges notwendig ist.

Nach den USA-Prüfvorschriften (A. S. T. M. D. 115 Short Time-Test 2 inch electrodes 0,05 mm Film) beträgt die Durchschlagsfestigkeit des Silikonlackes Typ DC—996 (trocken) = 40—60 kV/mm, nach Wasserlagerung = 20—40 kV/mm.

Die Wasseraufnahme beträgt nach 24 Stunden weniger als 0,1%, nach 7 Tagen weniger als 0,15%.

Die Wärmebeständigkeit beträgt 250° Celsius über 100 Stunden. Dauerbelastungen von 175° Celsius und kurzzeitige Spitzenbelastungen von 250° Celsius sind möglich.

Temperaturen von 150—250° Celsius mindern den Isolationswiderstand kaum, auch nicht in feuchten Räumen.

Nach der USA-Isolierklasse H ist für Silikonmotoren bei einer Betriebstemperatur von 210° Celsius eine 10jährige Lebensdauer vorgeschrieben.

Für den deutschen Elektromaschinen-, Transformatoren- und Starkstromapparatebau kommt es nunmehr darauf an, an Hand sorgfältig vorbereiteter Versuche ein klares Bild über den Einsatzwert der Silikonlacke zu erhalten.

VI. Abschnitt

Trockenschränke und Anlagen für die Trocknung imprägnierter Wicklungen

Nach den neuesten, gewerbepolizeilichen Vorschriften müssen Trockeneinrichtungen, in welchen imprägnierte Wicklungen getrocknet werden sollen,

a) indirekt beheizt werden und

b) einen besonderen Kamin für die beschleunigte Fortleitung der Lösungsmitteldünste

aufweisen.

Durch diese Verordnung soll einerseits die Explosionsgefahr der Lösungsmitteldünste beseitigt, andererseits aber auch der Eintritt der Lösungsmitteldünste in die Werkräume verhindert werden.

Hinsichtlich dieser durchaus berechtigten Vorschrift entsprechen zur Zeit nur verhältnismäßig wenige Trockenanlagen den Anforderungen.

Über die bauliche Ausführung der Trockenschränke und sonstigen Anlagen, insbesondere über die Wärmeisolation, Luftzufuhr und -abfuhr, Temperatur-Regel- und Meßeinrichtung, sind — ganz allgemein gesehen — erhebliche Verbesserungen anzustreben.

Auch in der kleinsten Werkstatt, wo Instandsetzungen und Neuwicklungen an elektrischen Maschinen handwerklich ausgeführt werden, ist das Vorhandensein einer in allen Teilen einwandfreien Trockenanlage eine unerläßliche Bedingung.

Vom Standpunkt der Wirtschaftlichkeit aus betrachtet sollen Trockenschränke für Ankerwickeleien stets mit einer starken Schicht aus wärmeisolierenden Stoffen (z. B. Asbestmehl, Kieselgur, Kork, Sterchamol, Glaswolle usw.) umgeben sein. Die Abstrahlungsverluste werden hierdurch auf ein Minimum gehalten.

Über die Art der Heizung, ob Steinkohle, Braunkohle, Grudekoks, Heißwasser, Dampf, Gas, Rohöl oder Elektrizität vorzuziehen ist, lassen sich keine für alle Fälle zutreffenden Angaben machen.

Wenn von den relativen Heizkosten abgesehen wird, so ist die elektrische Heizung allen anderen Heizungsarten als überlegen zu bezeichnen. Die Möglichkeiten bezüglich genauer Temperaturmessung und -regelung, Anheizzeit, Explosionssicherheit usw. sind bei der elektrischen Heizung in vollkommener Weise gegeben.

Bei wärmetechnisch richtiger Ausführung der Trockenschränke und bei zweckdienlicher Heizungsart sind die elektrisch beheizten Anlagen auch immer als wirtschaftlich anzusprechen, wenn der Stromtarif für solche Zwecke vom EW. zeitgemäß aufgestellt ist.

Abb. 53. Elektrisch beheizter Trockenofen mit Luftumwälzung. Werkbild Göhring & Hebenstreit, Dresden.

Elektrisch beheizte Trockenschränke

In der Abb. 54 ist ein vom Verfasser entworfener Trockenschrank mit elektrischer Oberflächenheizung dargestellt.

Des allgemeinen Interesses halber soll dieser elektrische Trockenschrank nachstehend näher beschrieben werden.

Der Nutzraum des Trockenschrankes beträgt 40 · 40 · 40 cm, lichte Höhe etwa 48—50 cm. Um die Strahlungsverluste so niedrig wie möglich zu halten, ist der Schrank doppelwandig hergestellt. Zwischen der

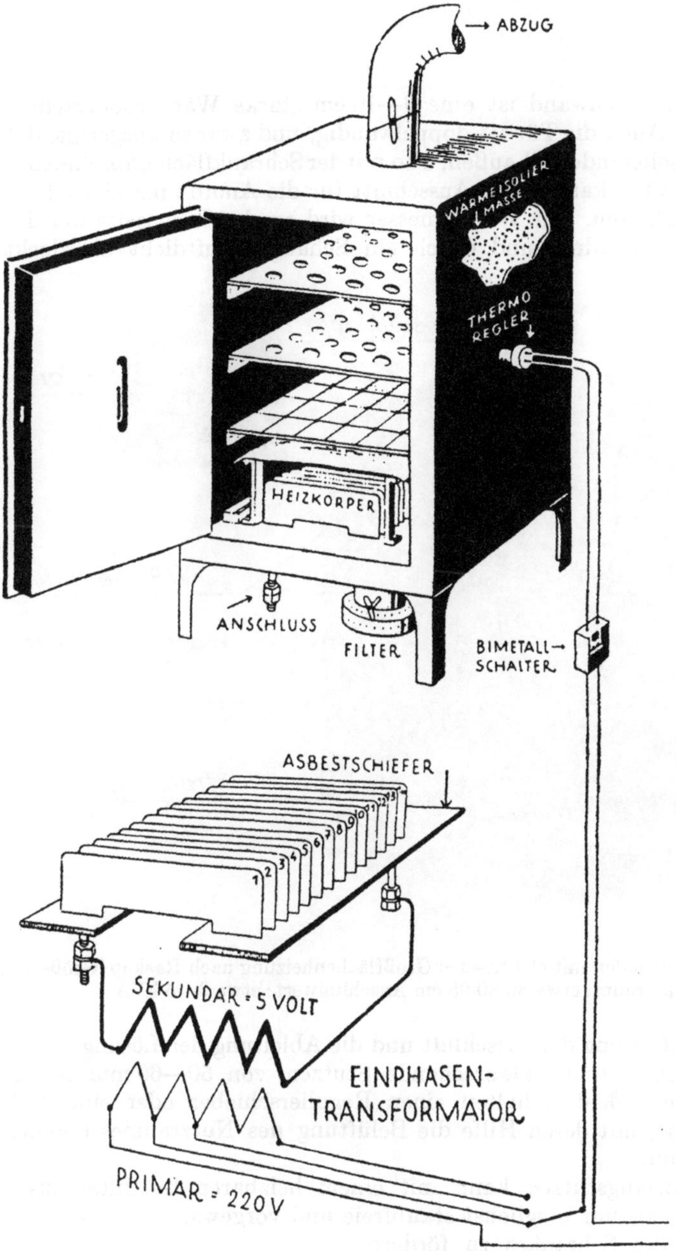

Abb. 54. Trockenofen mit elektrischer Oberflächen-Heizung nach der Idee des Verfassers.

Außen- und Innenwand ist eine 8—10 cm starke Wärmeisolierschicht angeordnet. Auch die Tür ist doppelwandig, und zwar so ausgelegt, daß der wärmeisolierende Teil außen, also mit der Schrankfläche, abschneidet.

Die Ofentür kann einen Ausschnitt für die Anordnung eines Thermometers erhalten. Der Wärmemesser wird an der Innenseite der Tür freiliegend angeordnet und durch ein Schauglas luftdicht überdeckt.

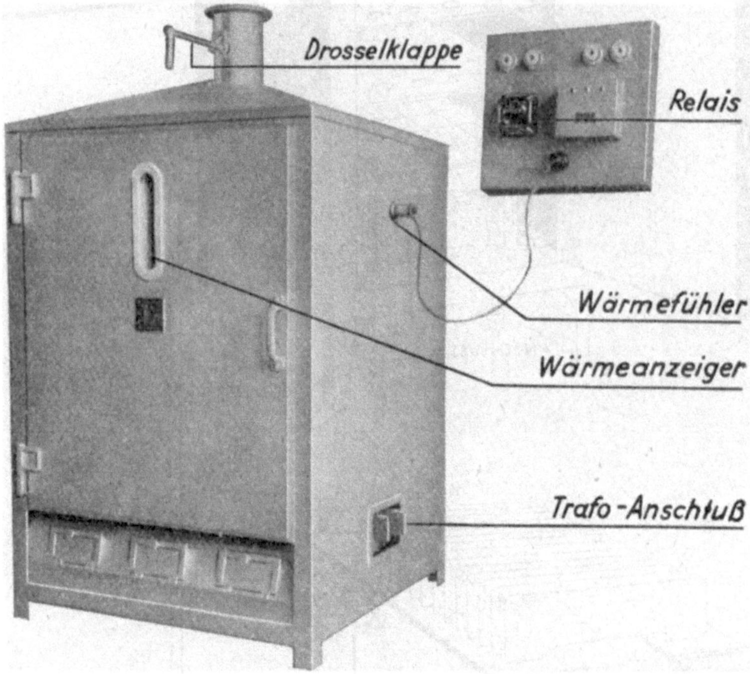

Abb. 55. Trockenofen mit elektrischer Großflächenheizung nach Raskop (Größe II), Nutzraum: etwa 80·80·95 cm Anschlußwert: etwa 3—5 kVA.

Die Zuführung der Frischluft und die Ableitung der Lösungsmitteldünste erfolgt durch entsprechende Stutzen von 50—60 mm lichten Durchmesser. Beide erhalten einen Regulierschieber oder eine drehbare Klappe, mit deren Hilfe die Belüftung des Nutzraumes reguliert werden kann.

Der Ansaugstutzen kann mit einem heizbaren Luftfilter ausgerüstet werden, um möglichst staubfreie und vorgewärmte Luft in den Nutzraum des Schrankes zu fördern.

Die Beschickungslast wird von U-Eisen aufgenommen, die rechts und links neben dem Heizkörper angeordnet werden. Die inneren Seitenwände können Winkeleisenleisten erhalten, auf welchen Roste

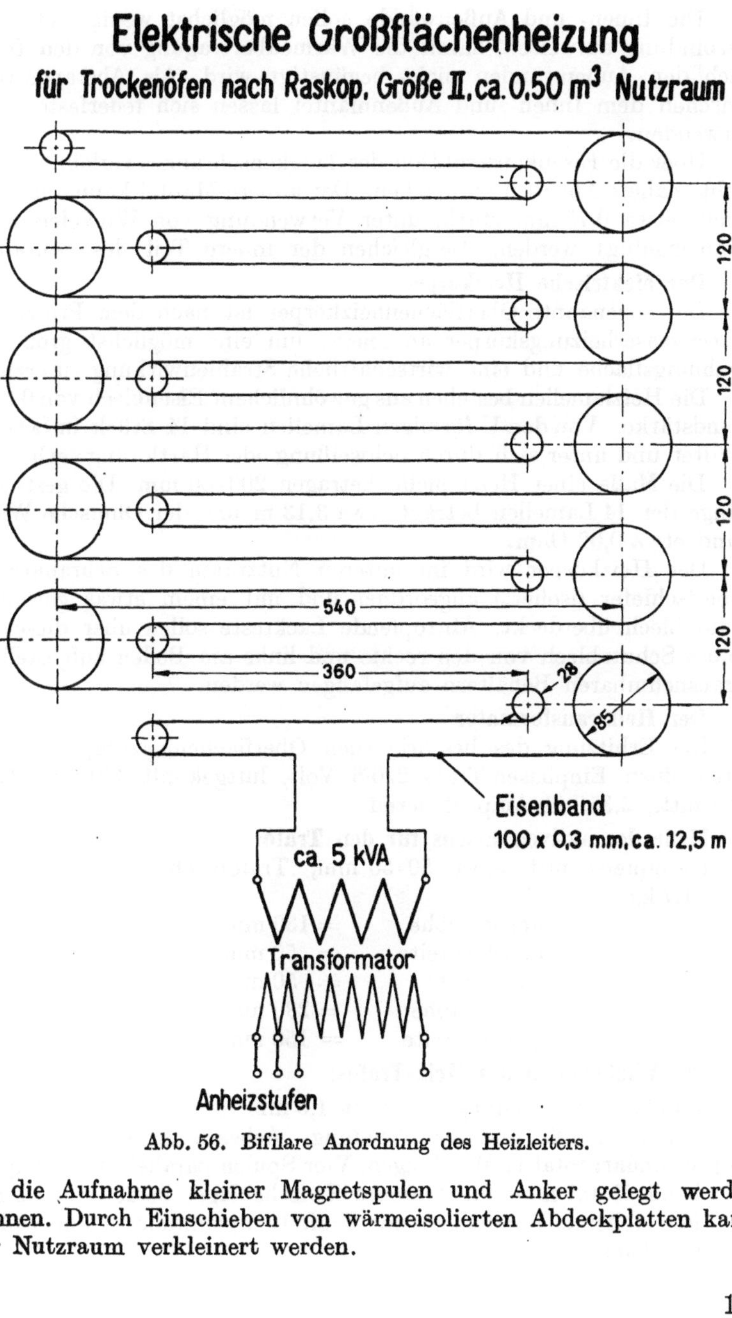

Abb. 56. Bifilare Anordnung des Heizleiters.

für die Aufnahme kleiner Magnetspulen und Anker gelegt werden können. Durch Einschieben von wärmeisolierten Abdeckplatten kann der Nutzraum verkleinert werden.

Die Innen- und Außenwände sollen möglichst wenig metallische Verbindung aufweisen, damit die Wärmeübertragung von den Innen- nach den Außenwänden nicht begünstigt wird. Als Abstandsstücke zwischen dem Innen- und Außenmantel lassen sich feuerfeste Steine verwenden.

Über die Eisenkonstruktion des Trockenschrankes verlohnt es sich nicht, nähere Angaben zu machen. Der äußere Mantel kann aus Eisenblech, etwa 0,75 mm stark, unter Verwendung von Winkeleisen zusammengefügt werden. Desgleichen der innere Teil des Schrankes.

Der elektrische Heizkörper

Der sogenannte Oberflächenheizkörper ist nach dem Prinzip der Warmwasserheizungskörper ausgelegt, um eine möglichst große Abstrahlungsfläche und eine wirtschaftliche Strahlenwirkung zu erzielen.

Die Heizlamellen bestehen aus gewöhnlichem Eisenblech von 0,3 mm Wandstärke. Von den U-förmigen Lamellen sind 14 Stück in Serie geschaltet und unter sich durch Schweißung oder Hartlötung verbunden.

Die Maße einer Heizlamelle betragen 200 • 60 mm. Die gestreckte Länge der 14 Lamellen beträgt etwa 3,13 m und der Ohmsche Widerstand etwa 0,02 Ohm.

Der Heizkörper wird im unteren Nutzraum des Schrankes auf Asbestschiefer (isoliert) angeordnet und mit einem etwas gewölbten Schutzblech überdeckt. Abtropfende Lackreste sollen über dieses gewölbte Schutzblech von den rechts und links am Boden aufgestellten, herausnehmbaren Behältern aufgefangen werden.

Der Heiztransformator

Die Erhitzung des beschriebenen Oberflächenheizkörpers erfolgt durch einen Einphasen-Trafo 220/5 Volt, luftgekühlt 450/1000 Watt intermitt., 2,35/144 Amp. dauernd.

Maße des aktiven Eisens für den Trafo:

Kernquerschnitt etwa 50 • 50 mm, Trafoblech mit Wattverlust etwa 1,7 kg.

Fensterhöhe	=	130 mm
Fensterbreite	=	50 mm
Packbreite	=	50 mm
ganze Höhe	=	230 mm
ganze Breite	=	150 mm.

Die Wickeldaten des Heiz-Trafos:

a) **primär:** 450 Windungen, Draht 1,3 mm ⊖ mit Anzapfungen an der 427., 405. und 360. Windung. Asbestdraht oder 2 • Bw.

b) **sekundär:** total 11 Windungen. Vier Spulen parallel, Blankkupferband 25 • 0,7 mm mit 1/10 mm Zwischenlage, beiderseits 1,5 mm überstehend. Windungen mit Trafo-Compoundmasse kurzschlußfest backen.

An Stelle des Trafos und des beschriebenen Heizkörpers lassen sich auch listenmäßige, von den Spezialfirmen hergestellte, indirekt beheizte Rillenheizkörper verwenden. Diese Möglichkeit gestattet die Verwendung eines solchen Trockenschrankes auch in solchen Fällen, wo nur Gleichstrom zur Verfügung steht.

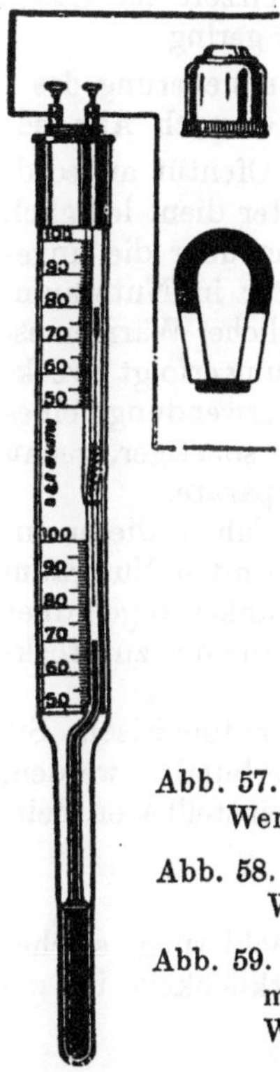

Abb. 57.

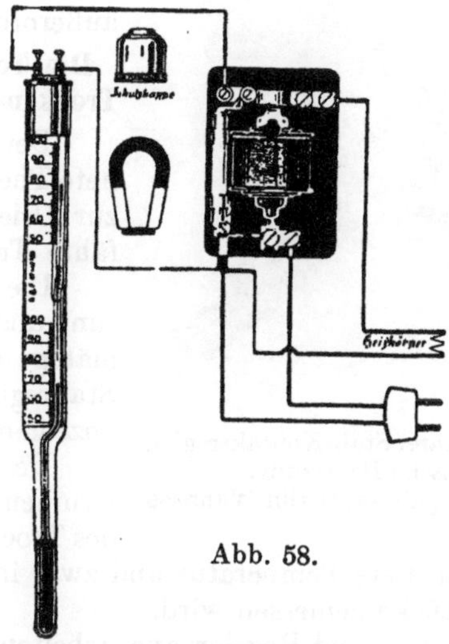

Abb. 58.

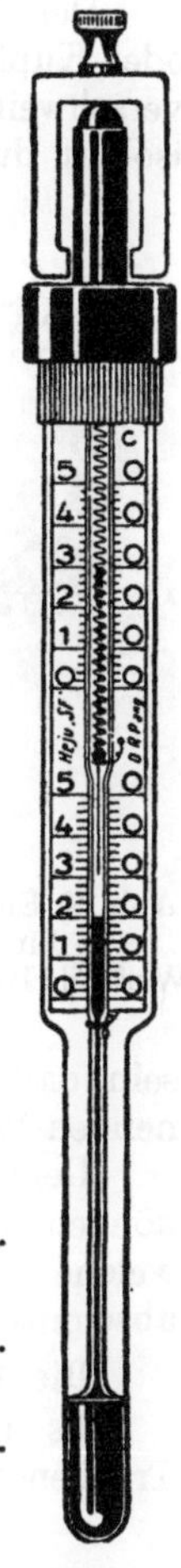

Abb. 59.

Abb. 57. Vartex-Kontakt-Thermometer mit Gleitmagnet. Werkbild Hermann Juchheim-Ilmenau i. Thür.

Abb. 58. Einstellbarer Temperaturregler mit Schaltrelais. Werkbild H. Juchheim, Ilmenau i. Thür.

Abb. 59. Verstellbares Kontakt-Thermometer mit Drehmagnet- und Spiralfeder-Feineinstellung. Werkbild H. Juchheim, Ilmenau i. Thür.

Der mit 5 Volt beheizte Lamellenheizkörper hat aber diesen Heizkörpern gegenüber den Vorteil, daß im Ofenraum nur eine Spannung von 5 Volt vorhanden ist.

Der Heiz-Trafo läßt sich hinter oder unter dem Trockenschrank anordnen.

Das Anheizen des Trockenschrankes nach Abb. 54:

Das Anheizen kann an der 4. Stufe (360. Windung primär) erfolgen. Hierzu verwendet man zweckmäßig einen Stufenschalter, mit dessen Hilfe die Anzapfungen des Trafos geschaltet werden können.

Der Anschluß des Heizkörpers an den Trafo kann mittels Eisen- oder Kupferbolzen geschehen, die mit dem Heizelement kontaktsicher verschweißt oder hart gelötet werden. Diese Anschlußbolzen werden isoliert durch die Ofenwandung geführt.

Der Heizkörper hat eine Abstrahlungsfläche von etwa 376 cm². Die Anheizzeit ist daher außerordentlich gering.

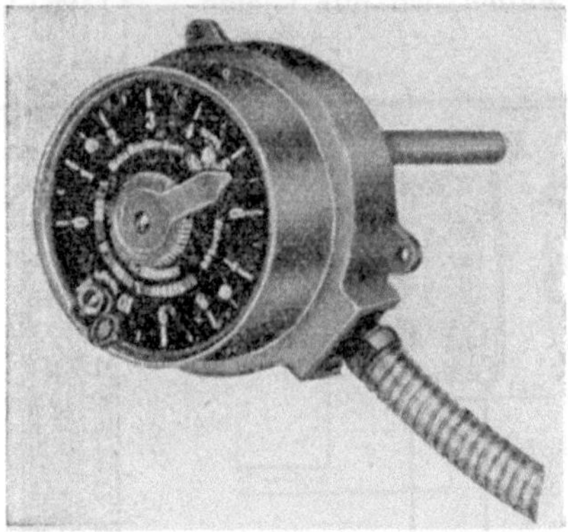

Abb. 60. Einstellbarer Stab-Kontaktregler für elektrische Beheizung. Werkbild Birka Regulator, Berlin-Wannsee.

Die Temperatursteuerung des Trockenschrankes nach Abb. 54:

Der an der Ofentür angeordnete Thermometer dient lediglich zur Orientierung über die ungefähre Temperatur im Nutzraum.

Die eigentliche Wärmemessung und Regelung erfolgt zweckmäßig unter Verwendung eines Stabreglers oder sonstiger, genau anzeigender Apparate.

Der Wärmefühler dieser Instrumente soll so in dem Nutzraum des Trockenschrankes angeordnet sein, daß die mittlere Temperatur und zwar in der Nähe der zu trocknenden Werkstücke gemessen wird.

Derartige Meß- und Regelorgane arbeiten völlig automatisch. Sie können auch mit einer einstellbaren Kontaktuhr verbunden werden, welche die Heizung nach einem bestimmten, vorher einstellbaren Zeitabschnitt abschaltet.

Die Lackierung der Trockenschränke

Es mag pedantisch erscheinen, wenn die Lackierung solcher Trockenschränke besonders erwähnt wird. In Wirklichkeit ist die

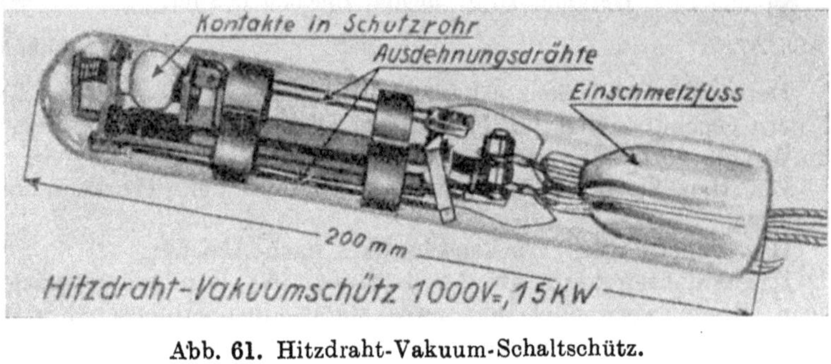

Abb. 61. Hitzdraht-Vakuum-Schaltschütz. Werkbild Birka Regulator, Berlin-Wannsee.

Lackierung im Hinblick auf die angestrebte Wirtschaftlichkeit aber wichtiger als vielfach selbst in Fachkreisen angenommen wird.

Nach dem physikalischen Grundsatz, daß dunkel gefärbte Flächen die Wärmestrahlen schnell aufsaugen und wieder abgeben, helle Flächen aber die Wärmestrahlen zurückwerfen, sollen die Innen- und Außenwände der Trockenschränke hell, der Heizkörper aber schwarz lackiert werden.

Der Anstrich solcher Trockenschränke erfolgt daher zweckmäßig mit einer wärmebeständigen Aluminiumfarbe, während der Heizkörper mit einem hitzebeständigen, schwarzen Lack überzogen werden soll.

Die Innenwände des Trockennutzraumes kann man auch mit Aluminiumfolien bekleben. Diese Folien lassen sich mit Lacklösungsmitteln leicht säubern.

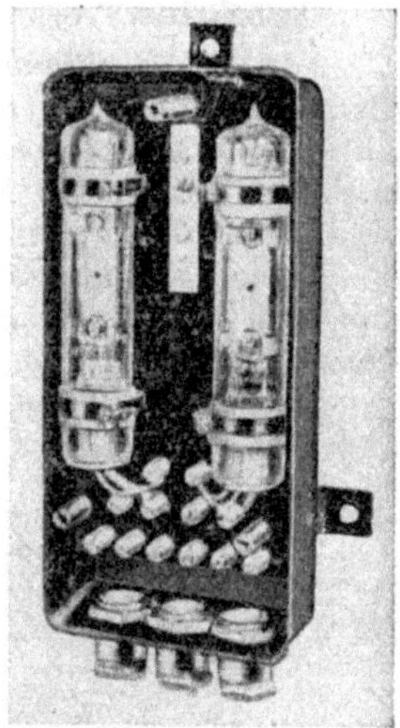

Abb. 62.
Vakuum-Schaltschütze.
Werkbild Birka Regulator,
Berlin-Wannsee.

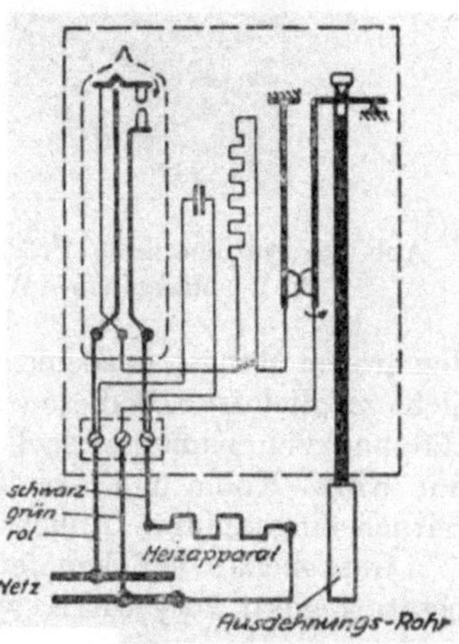

Abb. 63. Schaltbild nach Abb. 64
mit Ausdehnungs-Stabregler.
Werkbild Birka Regulator,
Berlin-Wannsee.

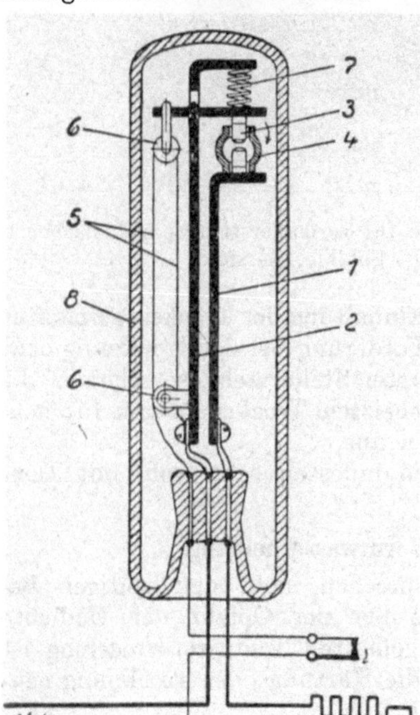

Abb. 64. Schaltbild für den Hitzdraht-
Vakuumschütz nach Abb. 61.
Werkbild Birka Regulator, Berlin-
Wannsee.

Gasbeheizte Trockenschränke

Für die Trocknung imprägnierter Werkstücke kommen nur indirekt beheizte Anlagen in Betracht. Derartige Trockenschränke und Anlagen müssen so gebaut sein, daß Gase oder Verbrennungsrückstände hiervon nicht in den Nutzraum gelangen können. Diese Forderung wird nicht nur wegen der Explosionsgefahr gestellt, vielmehr darf die Trockenluft mit Rücksicht auf eine gute und kurzfristige Trocknung der Öl-Isolierlacke nicht mit Verbrennungsrückständen der Gasflamme durchsetzt sein.

Dasselbe trifft auch auf Trockenanlagen zu, die mit Koks, Kohle und Grudekoks beheizt werden. Diese Heizungsarten besitzen überdies

Abb. 65. Automatische Trockenanlage für Serienherstellung elektrischer Maschinen. Werkbild B. Schilde, Hersfeld.

den großen Mangel, daß eine genaue Einhaltung der Trockentemperatur nicht möglich ist. Da diese wichtige Forderung bei der Trocknung bzw. Härtung von Kunstharzlacken an erster Stelle steht, so scheiden die mit Koks, Kohle und Grudekoks geheizten Trockenanlagen für neuzeitlich eingerichtete Ankerwickeleien aus.

Gasbeheizte Trockenöfen können indessen sehr wohl mit Temperaturreglern ausgerüstet werden.

Trockenöfen mit Dampf- und Warmwasserheizung

Auch diese Heizungsarten entsprechen nicht den heutigen Belangen im Elektromaschinenbau. Außer der Gefahr der Undichte an den Heizelementen und der mangelhaften Temperaturregelung ist es die Temperaturhöhe, welche für die Härtung oder Trocknung neuzeitlicher Isolierlacke nicht ausreicht.

Härtbare Kunstharzlacke erfordern z. B. Trockentemperaturen von 120 bis etwa 200° Celsius, und zwar müssen diese Temperaturen jeweils genau gesteuert werden.

Diese Voraussetzungen können mit Dampf oder Warmwasser beheizte Trockenanlagen nicht erfüllen. Damit dürfte den elektrisch oder gasbeheizten Trockenanlagen der Vorzug zu geben sein.

Mittelfrequenz-Trockenanlagen

Es wurde bereits erwähnt, daß für die Trocknung imprägnierter Wicklungskörper diejenige von innen nach außen am günstigsten ist. Imprägnierte Wicklungskörper lassen sich nach diesem Prinzip trocknen, wenn man dieselben einem Mittelfrequenz-Kraftlinienfeld aussetzt.

Die praktische Anwendung dieses Trockenverfahrens ist von verschiedenen Voraussetzungen abhängig, die im Elektromaschinenbau, wo es sich um die Trocknung einzelner, eisenloser Spulen sowie kleiner und großer Wicklungskörper handelt, nicht immer gegeben sind.

Schickt man durch eine aus isoliertem Kupfer- oder Aluminiumdraht hergestellte Spule einen Wechselstrom von etwa 300—500 Hertz, so entsteht in der lichten Öffnung dieser Spule ein Wechselstrom-Kraftlinienfeld. Bringt man nun z. B. einen gewickelten Anker in dieses Kraftlinienfeld, so erhitzt sich der Eisenkörper des Ankers von innen heraus je nach Höhe der Frequenz sehr schnell. Die in dem Eisenkörper erzeugte Wärme überträgt sich auf die Wicklung, und hierdurch erfolgt die Trocknung.

Das Verfahren läßt sich noch besser und vor allen Dingen vielseitiger zum Trocknen lackierter Eisenteile anwenden. Man kann hierbei mehrere Spulen in einer Ebene nebeneinander anordnen und die zu trocknenden Metallteile auf einem laufenden Band durch das Wechselstrom-Kraftlinienfeld befördern.

Das Verfahren ist gegenüber der üblichen Trockenmethode außerordentlich wirtschaftlich, da fast alle in den lackierten Eisenteilen erzeugten Wärmekalorien für die Trocknung der aufgebrachten Lackschicht ausgenutzt werden.

Trocknung infolge elektrischen Stromdurchganges

Bei dem vorstehend kurz beschriebenen Mittelfrequenzverfahren erfolgt die Erwärmung der lackierten Metallteile nicht durch Stromdurchgang, sondern durch Ummagnetisierung der Eisenmoleküle.

Man kann bekanntlich auch elektrischen Strom durch Metall senden und hierdurch das Metall erhitzen. Dieses Verfahren wird z. B. für die Trocknung lackierter Eisenbänder angewandt.

In der gleichen Weise kann auch die Trocknung imprägnierter Wicklungen vorgenommen werden.

Legt man z. B. einen imprägnierten Gleichstromanker auf einen mit Wechselstrom gespeisten, U-förmigen Magnetkern, so fließt in der

Abb. 66. Laufendes Band mit anschließender automatischer Trockenanlage für Serienherstellung elektrischer Maschinen. Werkbild BBC, Saarbrücken.

Ankerwicklung ein Strom, wenn man die Kollektorlamellen mit einem blanken Kupferdraht überbrückt. Die Größe des hierdurch in der Ankerwicklung fließenden Stromes kann durch Spannungsregelung in der Erregerspule des Magneten reguliert werden.

Man kann natürlich auch Gleichstrom durch Wicklungen senden und hierdurch das gleiche Ergebnis erzielen.

Diese Trocknungsverfahren bereiten aber hinsichtlich der genauen Temperaturregelung Schwierigkeiten. Sie kommen daher nur in Betracht, wo bezüglich Höhe und Gleichmäßigkeit der Trockentemperaturen keine hohen Anforderungen gestellt werden.

In einzelnen Fällen bestehen immerhin aussichtsreiche Anwendungsmöglichkeiten[1]).

Trockenanlagen mit Luftumwälzung

Für die wirtschaftliche Trocknung lackierter Metallteile stellen die Spezialfabriken Industrieöfen her, in welchen die im Nutzraum befind-

Abb. 67. Hocheffekt-Trockenschrank mit Luftumwälzung. Werkbild B. Schilde, Hersfeld.

liche Trockenluft durch Umwälzung bewegt und hierdurch die Trockentemperatur in allen Teilen des Nutzraumes auf einen Einheitswert gebracht wird.

Diese Luftumwälzungsöfen bewähren sich für die Trocknung lackierter Eisen- und Metallteile ausgezeichnet. Es handelt sich aber hier stets um sogenannte Oberflächentrocknungen, d. h. um die Trocknung dünner Lackaufträge.

Die Annahme, daß sich solche Trockenanlagen auch vorbehaltlos für die Trocknung imprägnierter Wickelkörper eignen, ist nicht zutreffend. Hier handelt es sich vergleichsweise um weitaus größere Lackmengen, die tief in die Wicklungen eingedrungen sind, und um Lackansammlungen, die nur unter ganz bestimmten Voraussetzungen durchgetrocknet werden können.

Bezogen auf die Anwendung von Öl-Isolierlacken muß die Frischluftzuführung bei Luftumwälzungs-Trockenanlagen ganz erheblich

---

[1]) In der Fachzeitschrift EMA — Die elektrische Maschine Heft 6/1951 ist ein Spezialtransformator beschrieben.

größer sein, als dies beim Trocknen lackierter Eisenteile (Oberflächentrocknung) der Fall ist.

Wird auf diese Forderung ausreichend Rücksicht genommen, dann können auch Trockenanlagen mit Luftumwälzung erfolgreich in der Ankerwickelei verwendet werden. In der Praxis kommen derartige Anlagen im Regelfall nur da in Betracht, wo es sich um die kontinuierliche Trocknung großer Mengen imprägnierter Wickelkörper handelt (siehe Abb. 65).

Zusammengefaßt kann festgestellt werden, daß die aussichtsreiche Anwendung der Isolierlacke im Elektromaschinenbau von einer beachtlichen Anzahl wichtiger Faktoren abhängt, die etwa wie folgt aufgezeigt werden können:

1. richtige Auswahl der Isolierlacke,
2. richtige Verdünnung mit dem zugehörigen Verdünnungsmittel,
3. planmäßige Kontrolle der Viskosität der Lacke mit Hilfe geeigneter Meßinstrumente,
4. zweckentsprechende Bauart der Trockenanlagen,
5. genaue Temperaturmessung und -steuerung,
6. zweckentsprechende Ausgestaltung der Temperaturkurve, nach welcher getrocknet wird,
7. Einhaltung einer ausreichenden Trockenzeit bei richtiger Temperatur,
8. bei Öl-Isolierlacken ausreichende Frischluftzuführung und Abführung der Lösungsmitteldünste.

Das Infrarot-Trockenverfahren

Der erfolgreiche Einsatz des Infrarot-Trockenverfahrens für die Oberflächentrocknung lackierter Metallteile berechtigt zu der Frage, ob dieses Verfahren auch für

Tiefentrocknungen

in Isolierlack getränkter Wicklungskörper nennenswerte Vorteile biete.

Bei der Beantwortung dieser Frage muß zunächst davon ausgegangen werden, daß zwischen einer Oberflächentrocknung lackierter Metallteile und einer Tiefentrocknung imprägnierter Wicklungskörper ein grundsätzlicher Unterschied besteht, der im einzelnen etwa wie folgt aufgezeigt werden kann:

1. Bei der Trocknung lackierter Metallteile handelt es sich stets um einen sehr dünnen Lackauftrag. Je kurzfristiger sich die Filmbildung im Ablauf der Trocknung vollzieht, je vorteilhafter wirkt sich dies in der Regel auf den Fertigungsvorgang aus.

Die Voraussetzungen für eine Schnelltrocknung sind hier in jeder Hinsicht gegeben. Soweit es sich um die rohstoffliche und rezeptliche Zusammensetzung des Lackes handelt, können die Voraussetzungen leicht erfüllt werden.

2. Bei der Tiefentrocknung imprägnierter Wicklungskörper liegen die Verhältnisse wesentlich komplizierter.

Mit Rücksicht auf die Notwendigkeit, die flüchtigen Bestandteile des Tränklackes — ganz besonders aus den tiefergelegenen Schichten der Wicklung — im Ablauf des Trockenvorganges möglichst restlos zu entfernen, ist eine beschleunigte (vorzeitige!) Oberflächentrocknung nicht nur im höchsten Maße unerwünscht, sondern sogar sehr gefährlich. Besonders trifft dies bei Lackdrahtwicklungen (Anlösungsgefahr) zu.

Es ist weiter zu berücksichtigen, daß die Eigenschaften und Gütewerte der Tränklacke nicht mit denjenigen der speziellen Überzugslacke verglichen werden können.

An anderer Stelle wurde bereits erwähnt, daß bei Öl-Tränklacken (natürliche Rohstoffbasis) die Trockeneigenschaften vielfach im umgekehrten Verhältnis zu den Gütewerten der Lacke stehen. Je schneller diese Lacke trocknen, je geringer sind im Regelfalle deren Gütewerte (Elastizität, Alterungsbeständigkeit usw.).

3. Von entscheidender Bedeutung ist jedoch die Tatsache, daß bei der Filmbildung im Ablauf des Trockenvorganges nicht nur die Wärme, sondern eine Anzahl weiterer Faktoren[1]) eine Rolle spielen.

Einer der wichtigsten Faktoren ist die Art der Temperaturführung (Temperaturkurve), wie aus den Darlegungen S. 93 und Abb. 37—42 hervorgeht.

Je größer das Temperaturgefälle zwischen Heizquelle und Werkstück, je schwieriger ist die Einhaltung einer vom Lackhersteller vorgeschriebenen (optimalen) Trockenkurve. — Dasselbe bezieht sich auf die Wärmeträgheit des Heizelementes.

4. Bei der Trocknung imprägnierter Wicklungskörper kommt es auch darauf an, ob es sich um kernlose Spulen oder um eine Kombination von Spulen und Eisen, d. h. um komplette Wicklungskörper handelt (z. B. bewickelte Ständer und Läufer).

Im ersteren Falle spielen die Formen, Gewichte und die Lagenbzw. Windungszahlen (Wickelhöhe), im zweiten Falle die Ballastgewichte des aktiven und passiven Eisens eine wichtige Rolle bei der Tiefentrocknung. Eine fach- und sachgemäße Tiefentrocknung verlangt, daß auch die Ballastgewichte der Wicklungskörper auf die Nenn-Trockentemperatur des Tränklackes aufgeheizt werden. In der Abb. 39 sind diese Vorgänge graphisch dargestellt.

---

[1]) Siehe Abb. 100, S. 183.

5. Mit der Verdunstung der flüchtigen Lackbestandteile (physikalischer Vorgang) durch Anwendung von Wärme ist der Trockenvorgang bei einer Tiefentrocknung nicht beendet, sondern nur eingeleitet.

Öl-Tränklacke bedürfen beispielsweise für die Filmbildung einer kontinuierlichen Luftsauerstoffzufuhr für den zweiten Abschnitt der Trocknung, nämlich für die Oxydation (chemischer Vorgang) der Lackkörper.

Der Luftsauerstoff muß hierbei auch in die tiefergelegenen Wicklungslagen eindringen und das ist nur dann möglich, wenn eine (vorzeitige) Oberflächentrocknung verhindert wird. Die Eindringtiefe kann bis zu 10 cm und mehr betragen.

Hierbei ist zu berücksichtigen, daß es sich bei der Oxydation um einen zeitgebundenen Vorgang handelt, der nicht ohne weiteres zeitlich auf den Ablauf des physikalischen Vorganges (Verdunsten der Lösungs- und Verdünnungsmittel) abgestimmt werden kann.

Ähnlich liegen die Verhältnisse bei den Tränklacken, die im Ablauf der Trocknung Polymerisations- oder Kondensationsvorgängen unterliegen.

Aus diesen Betrachtungen ist klar ersichtlich, daß je nach der rohstofflichen und rezeptlichen Zusammensetzung der Tränklacke eine beliebige Verkürzung des Trockenvorganges nicht möglich ist.

Es ist auch keineswegs gleichgültig, bei welchen Temperaturen (am Werkstück gemessen!) die Trocknung eingeleitet, aufrechterhalten und abgeschlossen wird[1]). Im Endeffekt kommt es nicht allein auf die Trocknung überhaupt, sondern vielmehr auf die Qualität des Lackfilmes an, der sich entsprechend der gewählten Trockenkurve jeweils ergibt. Die Qualitätsunterschiede können erheblich sein.

Die Erwärmung eines Körpers, d. h. die Zuführung der Wärme kann bekanntlich:

a) auf dem Wege der Wärmeleitung (Molekularbewegung),
b) auf dem Wege der Konvektion (Luftumlauf),
c) auf dem Wege der Strahlung

geschehen.

Bei den unter a—c genannten Verfahren ist die Infrarotstrahlung mehr oder weniger beteiligt, d. h. die Infrarotstrahlen spielen bei allen Trockenverfahren eine gewisse Rolle.

Das spezielle Infrarot-Trockenverfahren geht davon aus, die einzelnen Strahlkörper räumlich so anzuordnen, daß eine bestmögliche Energieübertragung auf das Werkstück erzielt wird.

In den USA wird beispielsweise die Infrarot-Trocknung erfolgreich im Automobilbau angewandt. Es handelt sich hier um die Trocknung spritzlackierter Automobile in einem mit Fließband versehenen Kammer-

[1]) Siehe Abb. 100, S. 183.

ofen, dessen Wände mit Infrarotstrahler bestückt sind. Die Strahlkörper sind so angeordnet, daß die unebenen Flächen der Automobile möglichst gleichmäßig von den Wärmestrahlen beeinflußt werden.

Die verwendeten Spritzlacke sind Speziallacke, die in ihrer rohstofflichen und rezeptlichen Zusammensetzung auf diesen speziellen Trockenvorgang abgestimmt sind. Desgleichen ist das Zeitmaß der Trocknung (die Durchschleusung der Automobile durch die Trockenkammer) genau festfgelegt.

Es ist daher zu beachten, daß es sich in dem geschilderten Falle um eine typische Oberflächentrocknung lackierter Metallteile von bestimmter, stets gleichmäßiger Form und außerdem um ausgewählte Spezial-Spritzlacke handelt.

Die ausgezeichneten Ergebnisse dieses Beispieles können jedoch nicht vorbehaltlos auf die Tiefentrocknung imprägnierter Wicklungskörper übertragen werden.

Wenn es sich beispielsweise um die Trocknung imprägnierter, kernloser Spulen von gleicher Form, Größe und Gewicht handelt, dann lassen sich in manchen Fällen die Voraussetzungen für den Einsatz des Infrarot-Trockenverfahrens schaffen. Wechselt jedoch die Form, die Größe und das Gewicht der imprägnierten Wicklungskörper — das ist im Elektromaschinen-, Transformatoren- und Starkstromapparatebau, besonders aber in den Instandsetzungswerkstätten elektrischer Maschinen der Regelfall —, dann bietet das Infrarot-Trockenverfahren keine nennenswerten Vorteile.

Bezogen auf härtbare Kunstharz-Tränklacke muß die Trocknung nach Maßgabe einer bestimmten Trockenkurve in Abhängigkeit von Zeit und Temperatur erfolgen und für diese Fälle ist beispielsweise ein programmgesteuerter Trockenofen, etwa gemäß Abb. 48 u. 55, vorteilhafter als das Infrarot-Trockenverfahren.

Soll beispielsweise im Rahmen einer Fließbandfertigung von Wicklungskörpern der Imprägnier- und Trockenvorgang aus wichtigen Gründen verkürzt werden, dann dürfte es zweckmäßig sein, zunächst einmal die Möglichkeiten auszuschöpfen, die in der rohstofflichen und rezeptlichen Zusammensetzung der Tränklacke dargeboten werden.

Von diesen Möglichkeiten wird nach Ansicht des Verfassers noch viel zu wenig Gebrauch gemacht.

Sind z. B. in einem gegebenen Fall die Voraussetzungen für die Auswechslung eines Öl-Tränklackes gegen einen Kunstharz-Tränklack mit härtbaren Eigenschaften gegeben, dann kann durch diese Maßnahme allein die Trockenzeit nennenswert herabgesetzt werden.

---

[1]) Ausführliche Einzelheiten über die Infrarottrocknung:
Dipl.-Ing. G. Holtmann, Fachzeitschrift EMA - Die elektrische Maschine, Hefte 7 und 8 / 1950. Verlag H. Cram, Berlin W 35, Genthiner Str. 13.

VII. Abschnitt

Einbrennlacke und ihre praktische Anwendung bei der Herstellung von Lackdrähten

Geschichtliches

Die Herstellung der Lackdrähte ist auf die Erkenntnis begründet, daß die als Lackträger dienenden Umspinnungen der Dynamodrähte (Seide, Kunstseide, Baumwolle, Papier usw.) einen verhältnismäßig großen toten Wickelraum einnehmen. Überdies stellen die mit Isolierlack durchtränkten Umhüllungen der üblichen Dynamodrähte einen schlechten Wärmeleiter dar und verhindern so die erwünschte, beschleunigte Wärmeabgabe der Wicklungsstromwärme an die Kühlluft.

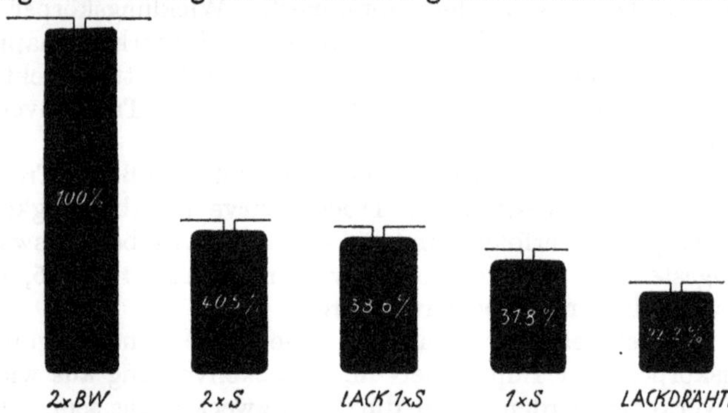

Abb. 68. Graphische Darstellung über die Einsparung von aktivem Wickelraum bei Verwendung von Lackdrähten, gegenüber umsponnenen Drähten.

In der Abb. 68 ist die Raumbeanspruchung einer mit Dynamodraht 2•Bw. umsponnenen und aus Lackdraht gleichen Querschnittes und gleicher Windungszahl hergestellten Wicklung dargestellt.

Bei gleichem Wickelraum erfordern vergleichsweise:

Drähte 2•Bw.	=	100,0%
Drähte 2•S.	=	40,5%
Drähte Lack 1•S.	=	38,6%
Drähte 1•S.	=	31,8%
Lackdrähte	=	22,2%

Der Gedanke, an Stelle der Umspinnung bzw. Umwicklung aus Seide, Kunstseide, Baumwolle, Zellwolle, Papier usw. eine lack- oder firnisartige Schicht treten zu lassen, nahm um das Jahr 1900 zuerst im überseeischen Ausland feste Gestalt an. Im deutschen Reichsgebiet wurden etwa 5 Jahre später die ersten Lackdrähte hergestellt.

Die hierbei verwendeten Einbrennlacke waren im wesentlichen aus trocknenden (pflanzlichen) Ölen und Naturharzen bzw. Asphalten beispielsweise etwa wie folgt zusammengesetzt:

60,5% Holzöl,
18,3% rohes Leinöl,
21,2% Kopalharz (mit Kalk neutralisiert).

Diese Masse wurde etwa $1^1/_4$ Stunde auf 270° Celsius erhitzt, dann auf etwa 160° Celsius abgekühlt und anschließend mit einem Gemisch von 10% Benzin und 90% Solventnaphta verdünnt.

Nach diesem Rezept ergibt sich ein farbloser, durchscheinender Einbrennlack. Die hiermit hergestellten Drähte weisen eine von der Kupferfarbe des Drahtes herrührende rötliche Färbung auf (rottransparent). Anfänglich enthielten die Lackrezepte vielfach auch Asphalt. Einbrennlacke auf der Rohstoffgrundlage pflanzlicher Öle und Asphalte verleihen den Lackdrähten einen schwarzen Farbton. Wegen nicht ausreichender Ölbeständigkeit haben diese Lacke sehr bald ihre Bedeutung verloren. Auch die im Jahre 1906 mit Zelluloseazetat hergestellten Kupferdraht-Isolationen konnten sich nicht durchsetzen.

Jahrzehnte hindurch standen die Einbrennlacke auf der Rohstoffgrundlage pflanzlicher Öle und Naturharze im Vordergrunde des Interesses. Im Verlauf der Entwicklung von Kunstharzen wurden auch Öl-Einbrennlacke mit Anteilen von Kunstharzen hergestellt. In den letzten Jahren war man infolge der Knappheit an pflanzlichen Ölen gezwungen, vorübergehend sogenannte ölarme Drahtlacke zu verwenden. Gleichzeitig wurden umfangreiche Versuche mit vollkommen ölfreien, synthetischen Drahtlacken durchgeführt, die sich z. Zt. überall eingeführt haben und sich ausgezeichnet bewähren.

Klassifizierung der Lackdrähte

Ursprünglich waren die Lackdrähte für die Schwachstromindustrie (Fernmeldetechnik) bestimmt. Die außerordentlich geringe Isolationszunahme, die hohe elektrische Durchschlagsfestigkeit und die vorzügliche Wärmeabgabe dieser Drähte gegenüber der mit Textilien und Papier isolierten Dynamodrähte veranlaßten den Elektromaschinen-, Transformatoren- und Apparatebau (Starkstromtechnik) schon sehr bald, den Lackdraht auch für die Herstellung von Kleinankerwicklungen, Klein-Transformatorenwicklungen und Erregerspulen zu verwenden. Der mengenmäßige Bedarf an Lackdrähten für diesen Sektor in der Elektrotechnik blieb jedoch gegenüber des großen Bedarfes der Schwachstromindustrie weit zurück. Fast 80% der gesamten Lackdrahtherstellung im Reichsgebiet wurde von der Schwachstromindustrie aufgenommen und hieraus erklärt sich wohl die Tatsache, daß die Gütewertforderungen, die seitens der Elektromaschinen- und Transformatorenbauer an Lackdrähte gestellt wurden, lange Jahre hindurch keine Berücksichtigung finden konnten. Erst in jüngster Zeit hat sich hier eine Wandlung vollzogen.

Unter Berücksichtigung der von der Verbraucherschaft an Lackdrähte gestellten Gütewertforderungen lassen sich die Lackdrähte in folgende Klassen einteilen:

Klasse I. **Lackdrähte für die Schwachstrom- und Hochfrequenztechnik** (Telegraph, Telephon, Rundfunk, Bildfunk, Kabel usw.).

Klasse II. **Lackdrähte für die Starkstrom-Elektrotechnik** (Elektromaschinen-, Transformatoren- und Apparatebau).

Die Herstellung der Lackdrähte

Bei einem Rückblick auf die vergangenen „50 Jahre Lackdrahtherstellung" kann festgestellt werden, daß sowohl in der Herstellungs-

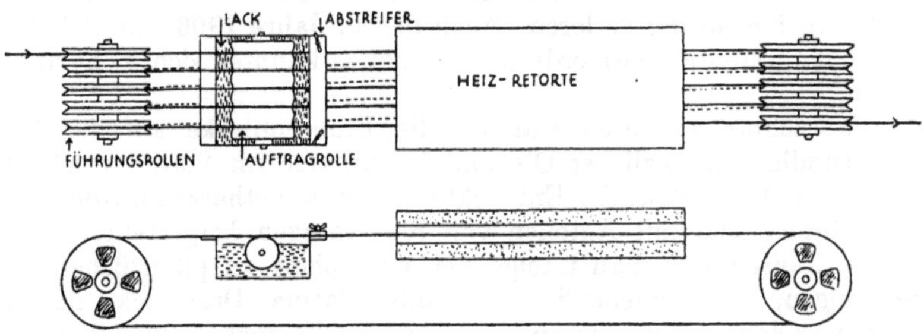

Abb. 69. Schematische Darstellung einer Horizontal-Emailliermaschine.

methode als auch in der Art und dem Einsatz der Maschinen und Hilfsmittel keine grundlegenden Änderungen oder Verbesserungen in Erscheinung getreten sind.

Das Auftragen und Einbrennen der Lackschicht erfolgt in einem kontinuierlichen Durchlaufverfahren unter Anwendung spezieller Lackiermaschinen. Die konstruktive Ausführung dieser Lackiermaschinen ist unterschiedlich, während das Funktionsprinzip bei fast allen Maschinen das gleiche ist. Der Draht wird über Leitrollen durch einen Lackbehälter geführt und die aufgetragene Lackschicht wird anschließend bei einer Temperatur von etwa 300—400° Celsius eingebrannt. Dieser Vorgang wiederholt sich je nach dem Verwendungszweck und nach den verlangten Gütewerten mehrere Male. Normalerweise erhalten die Lackdrähte 5 Auflagen. Sogenannte Starkschichtdrähte erhalten 8 und mehr Auflagen.

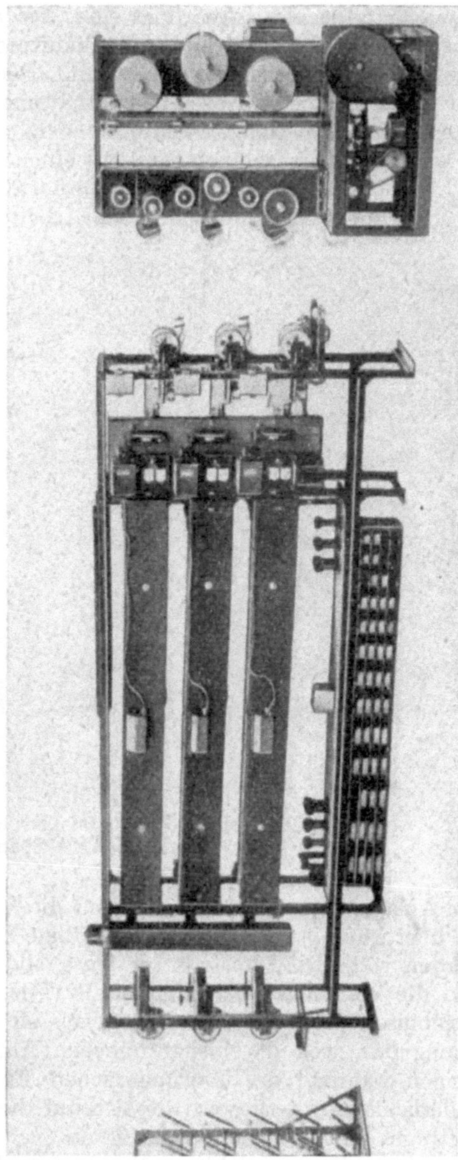

Abb. 70. Dreifach-Horizontal-Lackiermaschine (Typ IV). Werkbild AMA-Spandau.

Man unterscheidet allgemein zwischen Horizontal- und Vertikal-Lackiermaschinen. Die schematische Darstellung einer Horizontal-Lackiermaschine für 1—5 Lackauflagen zeigt Abb. 69. Sie besteht im wesentlichen aus einer heizbaren Retorte von etwa 1—6 m Länge, dem Lackbehälter mit Auftrags- und Abstreifvorrichtung, Leitrollen, Abzugsvorrichtung und den passiven Bauteilen. Bei den Vertikal-Lackiermaschinen ist die Einbrennretorte senkrecht angeordnet. Diese Maschinen arbeiten sowohl mit als auch ohne Abstreifvorrichtung. Drahtdurchmesser von etwa 0,05—0,7 mm ⊖ werden vorzugsweise auf Horizontalmaschinen, stärkere Drähte auf Vertikalmaschinen lackiert.

Die Regulierung der Stärke des Lackauftrages erfolgt bei Horizontalmaschinen durch eine mit dem Lackbehälter kombinierte Abstreifvorrichtung und durch die Einstellung (Fließfähigkeit) des Einbrennlackes. Als Abstreifer verwendet man vielfach zwei Filz- oder Elchlederstreifen, die zwischen verstellbaren Metallbacken angeordnet sind. Bei den abstreiferlosen Vertikalmaschinen wird die Stärke des Lackauftrages lediglich durch die Fließfähigkeit des Einbrennlackes bestimmt. Der Verbrauch an Verdünnungsmitteln ist bei diesen Maschinen verhältnismäßig groß. In Ermangelung an erforderlichen Mengen Verdünnungsmittel und aus anderen Gründen werden Vertikalmaschinen auch mit einer Abstreifvorrichtung versehen.

Die dargelegten Methoden erfordern eine ständige, aufmerksame Überwachung des kontinuierlichen Arbeitsvorganges. Insbesondere ist

Abb. 71. Dreifach-Horizontal-Lackiermaschine (Typ V).
Werkbild AMA-Spandau.

der Anlagedruck der Abstreifer und die Viskosität des Lackes ständig zu überprüfen, wenn eine gleichmäßige Stärke des Lackfilmes erzielt werden soll. Die konstruktive Durchbildung der Abstreifvorrichtung und die Wahl des Abstreifmaterials (Filz, Leder usw.) sind wertvolle Ergebnisse praktischer Erfahrungen, sie stellen jedoch keine Ideallösung dar, weil die bisher üblichen Auftrags- und Abstreifvorrichtungen während des kontinuierlichen Einbrennvorganges einer Veränderlichkeit unterliegen, die sich auf die Gleichmäßigkeit des Lackauftrages nachteilig auswirken kann.

Ein weiterer, wichtiger Faktor für die Gleichmäßigkeit und für die Gütewerte der Lackdrähte ist die Höhe der Einbrenntemperatur, insbesondere die Temperatursteuerung. Die Beheizung neuzeitlicher Emailliermaschinen erfolgt durch elektrischen Strom. Diese Heizungsart ist wegen der einfachen und genauen Reguliermöglichkeiten der Einbrenntemperatur bevorzugt eingeführt.

Das oder die Heizungselemente bestehen hierbei aus Widerstandsdraht, der auf einer Metallröhre rechteckigen oder ovalen Querschnittes auf hitzebeständige Isolation (in der Regel Glimmer) angeordnet ist. Um die Abstrahlverluste auf ein geringes Maß zu halten, ist der äußere Teil der Heizröhre (Retorte) mit einer wärmeisolierenden Schicht aus Kieselgur, Asbestwolle oder dergleichen umgeben, die wiederum durch einen dünnen Metallmantel geschützt ist. Nach Vorschlag des Verfassers kann das Heizrohr z. B. auch aus einem dünnwandigen, ovalen Stahlrohr (etwa aus Nirosta-Stahl) hergestellt und diese Heizröhre

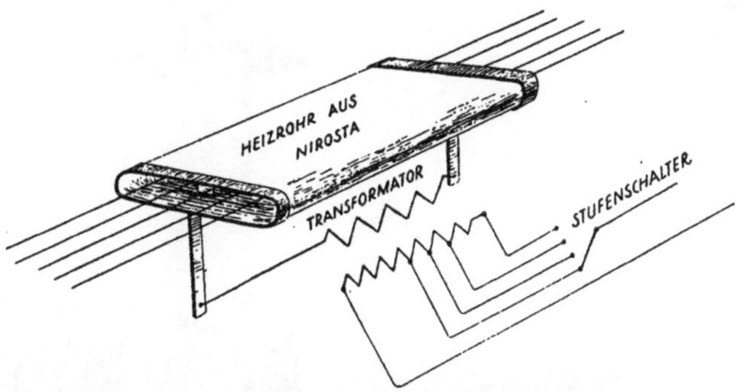

Abb. 72. Schematische Darstellung eines Heizrohres für eine Horizontal-Lackiermaschine. Heizung durch Stromdurchgang aus der Sekundärwicklung eine primär regelbaren Transformators.

aus der Sekundärwicklung eines Spezialtransformators direkt beheizt werden. In der Abb. 72 ist ein solches Prinzip dargestellt. Die Anordnung hat den Vorteil einer kürzeren Anheizzeit, eines besseren Heizwirkungsgrades und einer größeren Unempfindlichkeit des Heizelementes. Durch Anzapfungen der Sekundärwicklung des Trafos kann das Heizrohr so beheizt werden, daß überall annähernd gleiche Temperatur herrscht.

Die Länge der Einbrennzone (Retorte) ist bei den Lackiermaschinen verschieden und schwankt etwa zwischen 0,75 und 6 m. Bei normalen Horizontalmaschinen beträgt dieselbe etwa 1,75—2,50 m. Bei den kürzeren Heizröhren ist der Drahtabfall geringer als bei längeren. Andererseits haben aber auch längere Heizröhren ihre Vorteile. Die Ansichten hierüber sind z. Zt. noch verschieden. Gewöhnlich ist am Auslaufende der Heizröhre ein mit Exhaustor versehener Abzugsstutzen angebracht, der für die schnelle Abführung der Lackdünste sorgt. Die Lackdünste werden vielfach über einen Filter neutralisiert oder über ein Koksfeuer geführt und hier restlos verbrannt, damit der Dunstgeruch, der einer Lackdrahtfabrik entströmt, nicht störend auf die Nachbarschaft wirkt.

Die Einstellung und Konstanthaltung der Einbrenntemperatur erfolgt in der Regel mit Hilfe geeigneter Kontaktthermometer oder

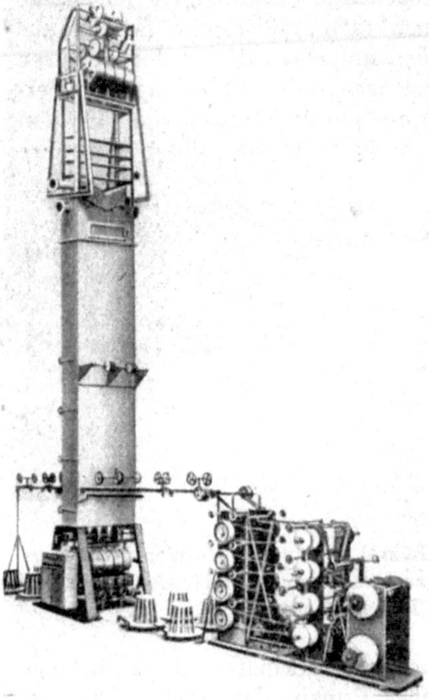

Abb. 73.

Abb. 74.

Abb. 73. Vertikale Lackdrahtmaschine, Typ H, 8 Gänge, für Drähte 1, 5—3,5 mm ∅, Retortenlänge = 5 m, Aufnahme 60 kW. Werkbild: Keller & Prahl, Eschwege

Abb. 74. Vertikal-Lackiermaschine, 8 Gänge, für Drähte 0,8—1,0 mm ∅, Retortenlänge = 4 m, 50 kW Aufnahme. Werkbild: Keller & Prahl, Eschwege

Thermo-Stabregler, vereinzelt auch durch Thermoelemente in Verbindung mit genau anzeigenden, selbstregelnden Meßinstrumenten (z. B. Fallbügelregler). Die Konstanthaltung der Einbrenntemperatur ist mit Rücksicht auf die gleichmäßige Beschaffenheit des Lackfilmes auf den Drähten sehr wichtig. Man ist sogar dazu übergegangen, den gesamten Raum, in welchem die Emailliermaschinen untergebracht sind, unabhängig von der Jahreszeit auf einen konstanten Temperaturwert zu halten und die Zugänge zu dem Raum durch doppeltürige Luftschleusen von der Außenluft abzuschließen.

Für die gleichmäßige Beschaffenheit der Lackdrähte ist die sogenannte Durchlauf- oder Abzugsgeschwindigkeit noch sehr wichtig. Bei neuzeitlichen Maschinen wird dieselbe durch ein stufenlos regulierbares Getriebe auf die gewünschte Geschwindigkeit eingestellt und konstant gehalten. Bei älteren Typen findet die Regelung der Geschwindigkeit durch Austausch von Zahnrädern statt. Bezogen auf eine Heizröhrenlänge von etwa 2,5 m, einer Einbrenntemperatur von

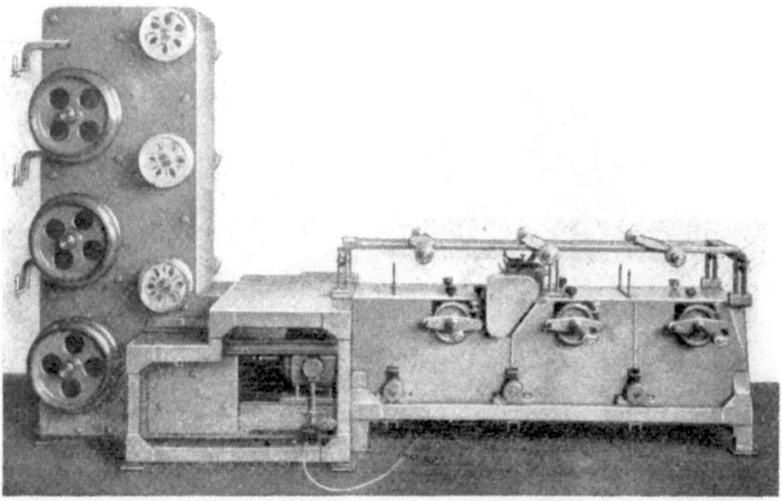

Abb. 75. Aufspul-Vorrichtung zur Lackieranlage (Typ V). Werkbild AMA-Spandau.

etwa 370° Celsius und einer Drahtstärke von 0,5 mm ⊖ (Kupferdraht) beträgt die Abzugsgeschwindigkeit bei Verwendung von Öllacken etwa 5 m je Minute. Bei den neuzeitlichen synthetischen Drahtlacken liegt die Einbrenntemperatur um etwa 270—320° Celsius. Bei Öl-Einbrennlacken um etwa 350—400° Celsius.

Die Einbrenntemperatur der Lacke soll möglichst so hoch liegen, daß der zu lackierende Kupferdraht ausreichend geglüht bzw. weichgehalten wird. Liegt die Einbrenntemperatur zu niedrig, dann müssen die blanken Kupferdrähte vor dem Lackieren in einem besonderen Arbeitsgang vorgeglüht (weichgemacht) werden. Zu geringe Einbrenntemperaturen können sich daher nachteilig auf die Fabrikation der Lackdrähte auswirken.

Die Gütewerte der Lackdrähte

Die Gütewerte der Lackdrähte sind von einer Anzahl Faktoren abhängig, die etwa wie folgt aufgezeigt werden können:

a) Saubere, fehlerlose Oberfläche der blanken Drähte.
b) Geeignetheit des Drahtlackes (Rohstoffgrundlage und Rezept).
c) Richtige, gleichbleibende Einbrenntemperatur.

Abb. 76. Abspul-Vorrichtung für eine Dreifach-Horizontal-Lackiermaschine. Werkbild AMA-Spandau.

d) Zweckmäßige Abstreiferkonstruktion und Abstreiferdruck.
e) Zweckmäßige und gleichbleibende Fließfähigkeit des Lackes.
f) Zweckmäßige und gleichbleibende Abzugsgeschwindigkeit.
g) Sorgfältige Überwachung des Lackiervorganges.
h) Ständige Gütewertkontrolle.
i) Richtige Lagerung, Verpackung und Versand der fertigen Drähte.

Um eine einwandfreie Oberfläche der blanken Drähte zu gewährleisten, werden die von der Drahtziehmaschine kommenden Drähte vielfach auf einer besonderen Poliermaschine bearbeitet, bevor dieselben in den Lackiervorgang eingeschaltet werden. Vielfach wird der auf der Lackiermaschine auflaufende blanke Draht auch durch einen mit Lacklösungsmittel gefüllten, mit Abstreifer versehenen Behälter geführt und die Oberfläche des Drahtes von etwa anhaftenden Metallstaub, Grat und Oxydationsflecken gesäubert.

Sind hinsichtlich Beschaffenheit der blanken Drähte alle Voraussetzungen erfüllt, dann hängt die Güte der Lackdrähte im entscheidenden Maße von der Rohstoffgrundlage, von der rezeptlichen Zusammensetzung und von der richtigen Anwendung (Einbrenntemperatur, Abzugsgeschwindigkeit und Fließfähigkeit) des Einbrennlackes ab. Bei den bisher üblichen Öllacken wurden in den Lackdrahtfabriken oftmals Lackerzeugnisse verschiedener Herkunft vermischt und als Verdünnungsmittel Petroleum verwendet. Bei den z. Zt. in dem Vordergrund stehenden synthetischen Einbrennlacken ist dies mit Rücksicht auf die Verschiedenheit der Rohstoffgrundlagen und den jeweils zugehörigen Verdünnungsmitteln ausgeschlossen. Beim Übergang von Öl oder ölhaltigen Einbrennlacken auf ölfreie synthetische Kunststoff-Erzeugnisse müssen die Lackiermaschinen, insbesondere die Lackbehälter und Abstreifvorrichtungen, peinlich von anhaftenden Öllackanteilen gesäubert werden.

Die elektrische Durchschlagsfestigkeit

Die elektrische Durchschlagsfestigkeit der Lackdrähte gemäß VDE — 6450 ergibt schwankende Werte, ist aber im Vergleich zu den textil- oder papierisolierten Dynamodrähten sehr hoch und kann durch Wahl von sogenannten Starkschichtdrähten leicht den verschiedenen Verwendungszwecken angepaßt werden. Der theoretische Durchschlagswert der unverarbeiteten Lackdrähte bietet indessen nur einen Anhalt. Bei der Verarbeitung der Drähte zu Wicklungselementen und Wicklungen, insbesondere durch den Einfluß der üblichen Imprägniermittel, wird die elektrische Durchschlagsfestigkeit u. U. erheblich herabgesetzt. Entscheidend ist die Durchschlagsfestigkeit, die der Draht **nach** erfolgter Verarbeitung aufweist. Indessen stellt die Durchschlagsfestigkeit sowohl bei den bisherigen Öllackdrähten als auch bei den neuzeitlichen, mit synthetischen Einbrennlacken hergestellten Drähten kein Problem dar, wenn die Anforderungen, die hinsichtlich der Widerstandsfähigkeit gegen Imprägniermittel gestellt werden, seitens der Lackdrahthersteller erfüllt werden können.

Die Imprägnierbeständigkeit der Lackdrähte

Wenn man von den in der Schwachstromtechnik üblichen Imprägniermittel (Ceresin, Bienenwachs) absieht, dann kann sowohl bei den bisherigen marktüblichen Öllackdrähten als auch bei den mit synthetischen Drahtlacken hergestellten Drähten z. Zt. noch nicht von einer 100prozentigen Imprägnierfestigkeit gesprochen werden. Bezogen auf die gütewertlichen Belange der Elektromaschinen-, Transformatoren- und Apparatebauer der Starkstromtechnik weisen die Lackdrähte daher noch eine empfindliche Schwäche auf, an deren Beseitigung unentwegt gearbeitet wird.

Über die mechanischen, physikalischen und chemischen Veränderungen, welche die Lackschicht der Drähte bei der Imprägnierung

Abb. 77. Spannungs-Prüfgerät für Lackdrahtprüfungen.
Werkbild: Phywe-A.G. Göttingen.

der Wicklungen in den üblichen Tränk-Isolierlacken erfahren, hat R. Greulich in der Fachzeitschrift für Elektrochemie und angewandte physikalische Chemie, Band 44, Heft 9/1938, S. 627—636 aufschlußreiche Beiträge veröffentlicht.

Es bestehen in den Fachkreisen keine Zweifel mehr darüber, daß die Lackschicht der z. Zt. hergestellten Lackdrähte von den Lösungs- und Verdünnungsmittel der üblichen Isolier-Tränklacke mehr oder weniger angegriffen wird. Ausschlaggebend für den Grad der Quellung oder Anlösung der Lackschicht sind:

a) Die rohstoffliche und rezeptliche Zusammensetzung des Drahtlackes.

b) Die Einbrenntemperatur und Abzugsgeschwindigkeit, mit welcher der Lackdraht hergestellt wurde.

c) Die rohstoffliche und rezeptliche Zusammensetzung des Isolier-Tränklackes, in welchem die Wicklungen getränkt werden.

d) Die Temperatur und die zeitliche Einwirkung des Tränklackes während des Tränk- und Trockenvorganges.

Die Berücksichtigung der Faktoren zu Absatz a und b ist eine Angelegenheit der Lackdrahthersteller, zu Absatz c) der Lackhersteller und zu Absatz d) der Lackhersteller und Verbraucher.

Der Gütewert „Imprägnierbeständigkeit" ist bei Lackdrähten nicht einheitlich und auch nicht gleichmäßig. Die Schwankungen sind mitunter recht erheblich. Da aber auch die anlösende oder quellende Wirkung der Isolier-Tränklacke je nach der rohstofflichen und rezeptlichen Zusammensetzung derselben sehr verschieden sein kann, so ist eine ständige Gütewertkontrolle, insbesondere eine sorgfältige Werkstoff-Eingangskontrolle bei der Verbraucherschaft entscheidend für Erfolg bzw. Mißerfolg bei der Verarbeitung.

Wenn seitens der Lackdrahthersteller hinsichtlich der rohstofflichen und rezeptlichen Zusammensetzung der Drahtlacke alles getan und wenn bei der Herstellung der Drähte auf die richtige Einbrenntemperatur und Abzugsgeschwindigkeit geachtet, wenn weiter die Wahl des Isolier-Tränklackes richtig getroffen wurde, dann kommt es noch sehr auf die richtige Verarbeitung der Lackdrähte durch die Verbraucherschaft an. Die Drahtführung und Drahtspannung, die Formung der Wicklungselemente, der Anlagedruck innerhalb und außerhalb des aktiven Eisens sowie die Anwendung eines geeigneten Imprägnierverfahrens (Kaltimprägnierung) und die Wahl einer zweckmäßigen Trockenkurve (Temperaturführung) bei der Trocknung, sind Faktoren, die beachtet werden müssen. Alle diese mehr oder weniger großen Schwierigkeiten können durch eine 100prozentige Imprägnierfestigkeit der Lackdrähte beseitigt werden. Die Lösung dieses Problemes ist und bleibt eine der wichtigsten Aufgaben der Lackhersteller.

Isolationswiderstand und dielektrische Verluste

Der Lackfilm einwandfreier Lackdrähte hat einen sehr hohen Isolationswiderstand. Beispielsweise beträgt derselbe bei einem friedensmäßigen Öllackdraht von 0,5 mm $\ominus$ etwa 10^{12} Ohm.

Der dielektrische Verlustwinkel ϑ ist gering und beträgt bei friedensmäßigen Öllackdrähten (gemessen bei Rundfunkfrequenz) etwa 0,015. Unter dem Einfluß einer bestimmten relativen Luftfeuchtigkeit steigt der Verlustwinkel mit der Feuchtigkeitsaufnahme des Lackfilmes an.

Die Dielektrizitätskonstante beträgt bei normalen Öllackdrähten etwa 3,2.

Die Gütewerte „Durchgangswiderstand und dielektrischer Verlustfaktor" spielen in der Fernmelde- und Hochfrequenztechnik eine wichtige Rolle. Im Elektromaschinen- und Transformatorenbau hat beispielsweise der Verlustwinkel nur eine untergeordnete Bedeutung.

Beständigkeit gegen Wasser

Die Wasserbeständigkeit der Lackdrähte ist für alle diejenigen Verwendungsgebiete wichtig, wo die Wicklungselemente oder Wicklungen nicht imprägniert werden. Überdies ist die Wasseraufnahme der Öllackdrähte außerordentlich gering. Bei den synthetischen Emaillelacken liegen die Verhältnisse nicht immer gleich günstig. Beispielsweise muß bei Verwendung von Harnstoff-Aldehyd-Kondensationsprodukten als Rohstoffgrundlage mit einer gewissen Wasserempfindlichkeit gerechnet werden. Im Elektromaschinen- und Transformatorenbau, wo die Lackdrahtwicklungen im Regelfalle in hochwertigen, feuchtigkeitsbeständigen Isolier-Tränklacken imprägniert werden, spielt die Wasserfestigkeit bzw. der Grad der Feuchtigkeitsempfindlichkeit der Drähte keine besondere Rolle. Trotzdem sei darauf hingewiesen, daß der bei 300—400° Celsius eingebrannte Lackfilm der Drähte eine höhere Wasserfestigkeit aufweist als bei Isolier-Tränklacke auf der Rohstoffgrundlage pflanzlicher Öle / Naturharze, die in der Regel bei 80—100° Celsius getrocknet werden. Bei etwa gleicher Rohstoffgrundlage der Draht- und Isolier-Tränklacke ist also die Wasserempfindlichkeit des Lackdrahtfilmes geringer als der Film des Tränklackes. Indessen stehen heute synthetische Isolier-Tränklacke und ganz besonders spezielle Überzugslacke zur Verfügung, mit deren Hilfe ein außerordentlich hoher Feuchtigkeitsschutz der Wicklungen erreicht werden kann.

Die Prüfung der Lackdrähte während des Lackiervorganges

Die vorgeschriebene Lackauflage (Zunahme) wird mit Hilfe eines Mikrometers bei Beginn und während des Einbrennvorganges kontrolliert.

Die Einbrenntemperatur und Abzugsgeschwindigkeit wird bei Beginn durch die sogenannte Reißprobe kontrolliert. Zeigt die Lackschicht nach der Reißprobe Risse, so muß die Abzugsgeschwindigkeit erhöht oder die Einbrenntemperatur herabgesetzt werden. In der Regel wird in solchen Fällen die Abzugsgeschwindigkeit erhöht, weil die Temperaturänderung komplizierter und zeitraubender ist.

Die richtige Härte des eingebrannten Lackfilmes wird durch Nagelkratzproben festgestellt.

Die Prüfung der fertigen Lackdrähte

Durchschlagsprobe: Die Durchschlagsfestigkeit der eingebrannten Lackschicht wird nach der Prüfvorschrift gemäß Abb. 77/78 durchgeführt.

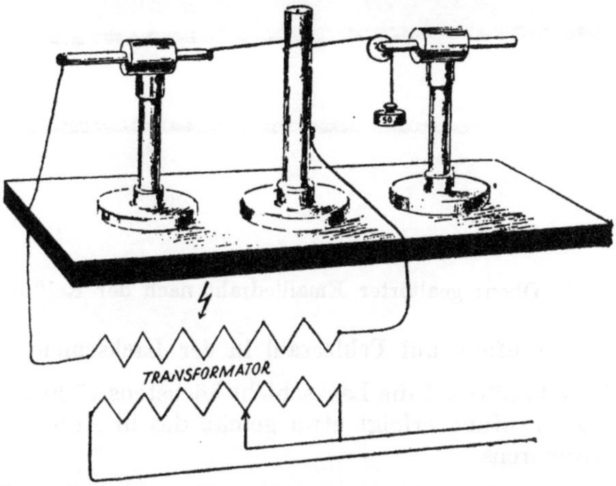

Abb. 78. Schematische Darstellung einer Durchschlagsprüfung lackierter Drähte nach DIN 46453

Der Draht wird um einen Metallzylinder geschlungen und mit der Hochvoltwicklung eines regulierbaren Einphasen-Prüftransformators verbunden. Der Durchmesser des Metallzylinders, das Belastungsgewicht und die Mindestdurchschlagsspannung richtet sich nach der Drahtstärke. Für den Regelfall sollen von 10 Durchschlagsversuchen acht dem vorgeschriebenen Mindestwert entsprechen.

Nach DIN 46453 liegen die vorgeschriebenen Mindestdurchschlagsspannungen für Lackdrähte mit normaler Zunahme zwischen 200 und 750 Volt. In der Praxis werden jedoch in der Regel wesentlich höhere Werte erreicht.

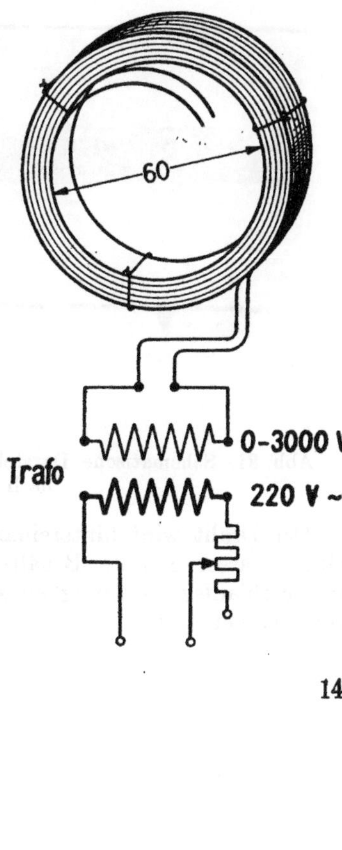

Abb. 79.
Darstellung einer Spannungs-Durchschlagsprüfung an einem Spulen-Prüfling mit zwei Teilwicklungen.

Abb. 80. Oben: gealterter Emailledraht nach der Reißprobe.

Die Prüfung auf Fehlerzahl in der Lackschicht

Nach DIN 46453 darf die Lackschicht höchstens 15 Fehler auf 15 m aufweisen. Die Prüfung erfolgt etwa gemäß des in Abb. 82 u. 83 dargestellten Verfahrens.

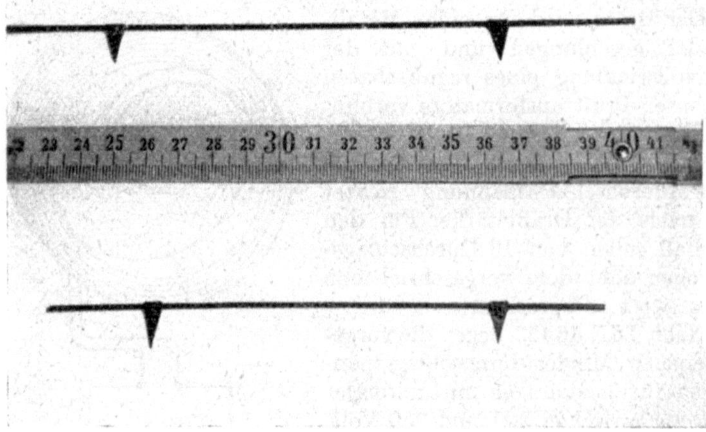

Abb. 81. Schematische Darstellung einer Lackdraht-Dehnungsprobe nach DIN 45453.

Der Draht wird hintereinander durch drei mit Quecksilber oder Leitungswasser gefüllte Behälter von je 20 mm Tauchlänge geführt. Die Durchlaufsgeschwindigkeit soll bei Drähten bis 0,4 mm ⊖ 0,2 bis 0,5 m/sek betragen.

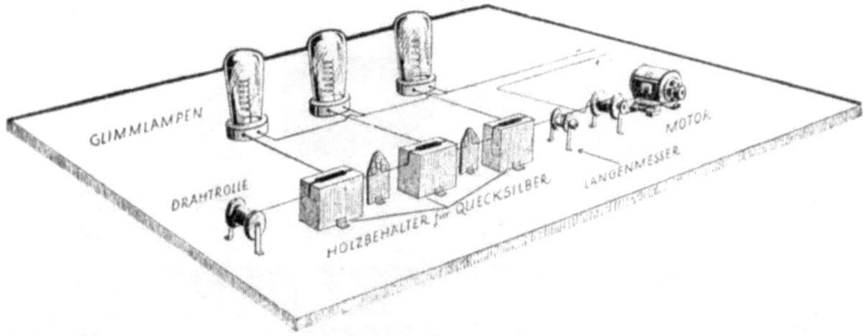

Abb. 82. Schematische Darstellung einer Glimmlampen-Meßbrücke zur Prüfung auf Fehlerzahl von Lackdrähten.

Etwaige Fehler in der Lackschicht des Drahtes werden durch Aufleuchten der in Abb. 82 dargestellten Glimmlampe angezeigt.

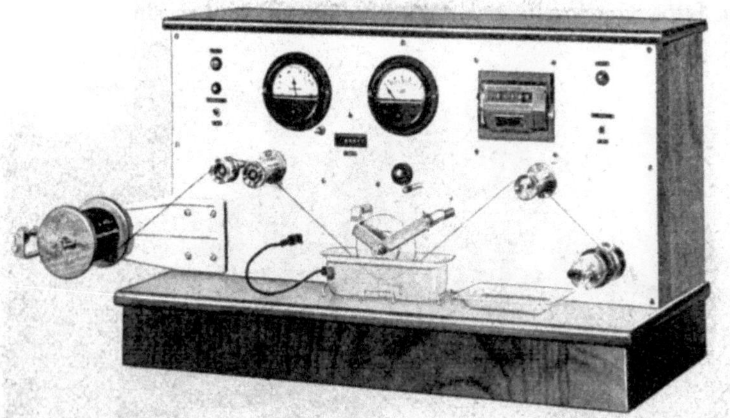

Abb. 83. Fehlerzahlgerät für Lackdrahtprüfungen.
Werkbild: Phywe, A.G. Göttingen.

Die Alterungsprobe

Mit Öllack hergestellte Lackdrähte werden auf Lagerfähigkeit geprüft. Die transparent-roten Drähte werden drei Stunden einer Temperatur von 120° Celsius ausgesetzt und nach Abkühlung auf 15—25° Celsius einer Wickelprüfung unterzogen. Der Draht muß sich um einen

Abb. 84. Dorn-Wickelprobe-Gerät mit 2 Umdrehungsgeschwindigkeiten.

zylindrischen Dorn von etwa dreifachem Drahtdurchmesser aufwickeln lassen, ohne daß Rißbildungen in der Lackschicht entstehen, die mit einer Lupe von zweifacher Vergrößerung erkennbar sind.

Abb. 85. Einfaches Gerät für die Dorn-Wickelprobe.

Ölbeständigkeit

Der Lackdraht wird zur Prüfung auf Ölbeständigkeit etwa 6 Stunden in Transformatorenöl von 100° Celsius gelegt. Bei dieser Beanspruchung darf die Lackschicht nicht einreißen und sich nicht ablösen. Nach dem Abkühlen darf sich die Lackschicht nicht mit einem trockenen Flanelllappen abreiben lassen.

Imprägnierfestigkeit

a) Bei Lackdrähten für die Schwachstromtechnik

Die Lackschicht solcher Drähte darf von den in der Schwachstromtechnik üblichen Imprägniermitteln Erdwachs (Ceresin), Bienenwachs und Gemischen hiervon nicht angegriffen werden.

Die Tränkmasse wird hierbei auf 110° Celsius erhitzt und der Prüfdraht 1 Minute lang in die erhitzte Masse getaucht. Wischt man sofort mit einem Flanellappen die anhaftenden Massereste ab, so dürfen keine blanken Stellen an dem Lackdraht in Erscheinung treten.

Abb. 86. Konischer Wickeldorn für die Draht-Durchmesser-Bestimmung.

b) Bei Lackdrähten für den Elektromaschinenbau

Das DIN-Blatt 46 453 (März 1943) gibt für die Prüfung auf Beständigkeit gegen Spulentränklack unter Absatz G ein Bleistift-Prüfverfahren an.

Dieses Verfahren beruht auf der bekannten Erscheinung, daß die Lackschicht der Drähte von den flüchtigen Bestandteilen des Tränklackes mehr oder weniger zur Quellung und Erweichung gebracht wird.

Der Grad der Quellung und Erweichung wird mit Hilfe genormter Bleistifte nach den Härtebezeichnungen für Koh-I-Noor Bleistifte 8 H bis 6 B etwa wie folgt ermittelt:

Ein 100 cm³ Standzylinder wird mit etwa 100 cm³ gebrauchsfertigen Spulen-Tränklack gefüllt und mit einem Korken verschlossen. Der Standzylinder wird dann in ein Wasserbad angeordnet, welches mit Hilfe eines elektrischen Heizwiderstandes und eines Heizreglers auf 50° Celsius temperiert ist. Eine halbe Stunde später, wenn der Tränklack die Temperatur von 50° Celsius erreicht hat, wird der Korken des Standzylinders entfernt und gegen einen anderen Korken ausgetauscht, in dem 10 etwa 15 cm lange Drahtabschnitte angebracht sind.

Nach einer Einwirkungszeit von 30 $\pm$ 3 Min. wird die Härte der Lackschicht bestimmt.

Hierzu wird jeweils ein Drahtabschnitt aus dem Standzylinder genommen, wenige Sekunden in dem zum Tränklack gehörenden Verdünnungsmittel gespült — nicht abwischen —, auf eine Glasplatte gelegt und mit den keilförmig angeschärften Bleistiften — mit der weichsten Sorte beginnend — einer Schabeprobe unterzogen.

Der keilförmige Anschliff der Bleistifte wird mit Schleifpapier Nr. 400 vorgenommen.

Der Draht wird mit Daumen und Mittelfinger der linken Hand auf der Glasplatte festgehalten und einer der Bleistifte mit der rechten Hand, im Winkel von etwa 60 Grad aufgesetzt. Unter einem Druck, der etwa dem Schreibdruck entspricht, wird nun der Bleistift in der Längsrichtung des Drahtes langsam vorwärts geschoben.

Dieser Vorgang wird mit den nächst härteren Bleistiften so lange wiederholt, bis sich die Lackschicht des Drahtes als Span abheben

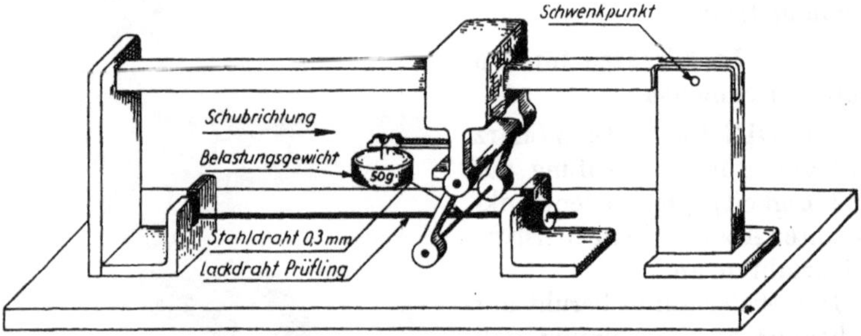

Abb. 87. Lackdraht-Prüfgerät nach Raskop für die Prüfung auf Imprägnierfestigkeit analog der Bleistiftprobe gemäß DIN-464 53 Absatz -G-. Das Gerät schaltet subjektive Druckdifferenzen aus, die der Bleistiftprobe anhaften.

läßt. Der Härtegrad dieses Bleistiftes ist dann der Maßstab für die Beurteilung der Tränkmittelfestigkeit.

Das Verfahren weist zweifellos gewisse Schwächen auf, bietet jedoch die Möglichkeit zu einer Beurteilung der Einsatzfähigkeit von Lackdrähten.

Bei Verwendung von Öl-Tränklacken und ölmodifizierten Kunstharzlacken mit milden Lösungs- und Verdünnungsmitteln liegt die untere Grenze der Bleistifthärte etwa bei 3—4 H. Bei härtbaren Kunstharzlacken mit alkoholhaltigen Lösungs- und Verdünnungsmitteln sollten nur Lackdrähte mit einer Härteziffer von 6—8 H zum Einsatz gelangen.

Die vorstehenden Angaben sind Erfahrungswerte des Verfassers.

Das DIN-Blatt 46453 gibt leider keine konkrete Mindestwerte an.

Den deutschen Lackdrahtverbrauchern stehen zur Zeit Lackdrähte zur Verfügung, die mit neuzeitlichen, synthetischen Drahtlacken hergestellt werden und DIN-Härteziffern bis 8 H und mehr aufweisen.

Diese Lackdrähte eignen sich für die Herstellung von Wicklungen, die aus bekannten Gründen in neuzeitlichen Tränklacken behandelt und anschließend im Trockenofen bei Temperaturen bis etwa 130° Celsius getrocknet werden müssen.

Es liegt im Interesse der Lackdrahtverbraucher, bei der Deckung des Bedarfes an Lackdrähten eine Mindest-Härteziffer nach DIN 46 453 vorzuschreiben und die Härteziffer grundsätzlich im Rahmen einer Eingangskontrolle zu überwachen.

Darüber hinaus wäre es wünschenswert, wenn die Lackdrahthersteller die Härteziffer nach DIN 46453 auf jeder Drahtrolle vermerken würden.

Die übrigen Prüfungen auf Dehnung usw. werden dem Verwendungszweck der Lackdrähte entsprechend vorgenommen[1]).

Weitere Beispiele für die Gütewertbestimmung der Lackdrähte.

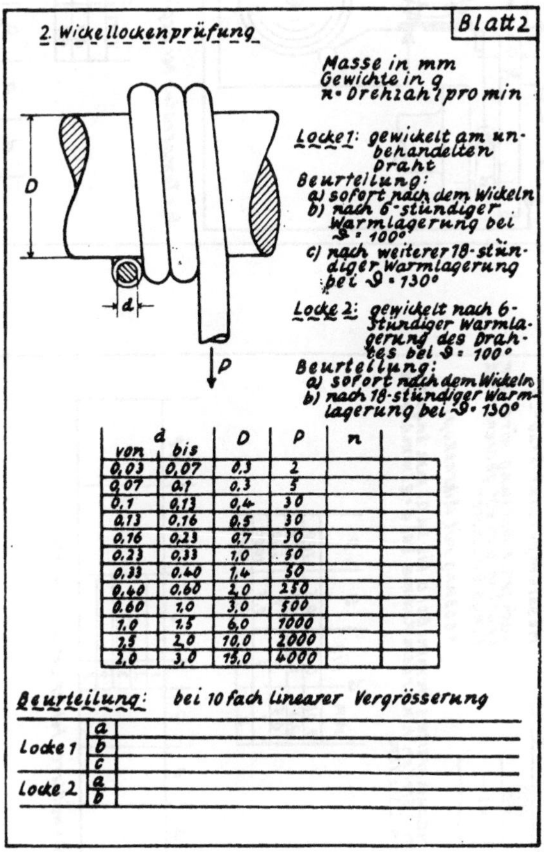

2. Wickellockenprüfung — Blatt 2

Masse in mm
Gewichte in g
n = Drehzahl pro min

Locke 1: gewickelt am unbehandelten Draht
Beurteilung:
a) sofort nach dem Wickeln
b) nach 6-stündiger Warmlagerung bei $\vartheta = 100°$
c) nach weiterer 18-stündiger Warmlagerung bei $\vartheta = 130°$

Locke 2: gewickelt nach 6-stündiger Warmlagerung des Drahtes bei $\vartheta = 100°$
Beurteilung:
a) sofort nach dem Wickeln
b) nach 18-stündiger Warmlagerung bei $\vartheta = 130°$

d von	d bis	D	P	n	
0,03	0,07	0,3	2		
0,07	0,1	0,3	5		
0,1	0,13	0,4	30		
0,13	0,16	0,5	30		
0,16	0,23	0,7	30		
0,23	0,33	1,0	50		
0,33	0,40	1,4	50		
0,40	0,60	2,0	250		
0.60	1,0	3,0	500		
1,0	1,5	6,0	1000		
1,5	2,0	10,0	2000		
2,0	3,0	15,0	4000		

Beurteilung: bei 10 fach linearer Vergrösserung

Locke 1	a	
	b	
	c	
Locke 2	a	
	b	

[1]) Lackdrähte für die Schwachstromtechnik siehe Blatt 6450 des VDE (Beuth-Verlag G. m. b. H. Köln/Rh.)

Blatt 3

3. Eindruckprüfung (Bestimmung der Eindruckbreite).

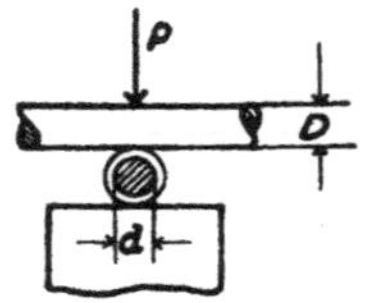

Belastungsdauer: 3 min ± 10 sec

Masse in mm

Gewichte in g

Messtemperatur $\vartheta = 20° \pm 5°$

Nach jeder Messung wird der Prüfling um 90° gedreht und längs verschoben.

Messung mit Mikroskop.

Eindruckbreite e in mm. Bei d bis zu 0,3 mm Angabe von 3 Stellen hinter dem Komma, bei d > 0,3 mm Angabe von 2 Stellen.

d von	d bis	D	P
0,03	0,3	0,5	100
0,3	0,5	0,5	250
0,5	1	1	500
1	2	1,5	1000
2	3	2,5	1000

d	D	P		e	e_M	MF
			1			
			2			
			3			
			4			
			5			

MF = mittlerer Fehler des Mittelwerts.

Blatt 4

4. Erweichungsprüfung für Drahtlackschichten.

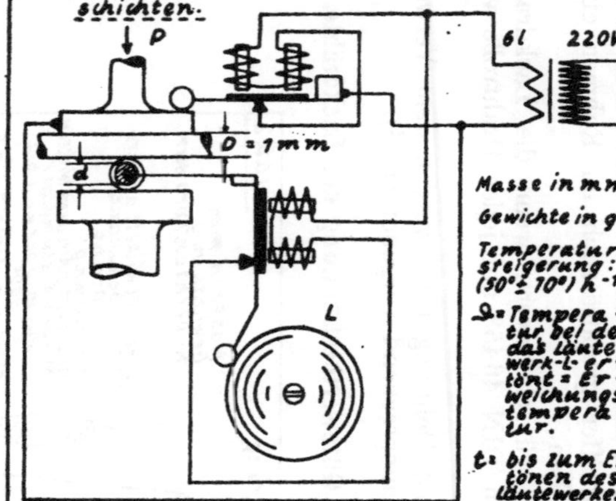

Masse in mm

Gewichte in g

Temperatursteigerung: $(50° \pm 10°)\ h^{-1}$

ϑ = Temperatur bei der das Läutewerk -L- ertönt = Erweichungstemperatur.

t = bis zum Ertönen des Läutewerkes vergangene Zeit in -h-

ϑ_0 = Temperatur bei Beginn der Prüfung

d von	d bis	P
	0,1	250
0,1	0,3	500
0,3		1000

	d	P	ϑ_0	t	ϑ	ϑ_M	MF
1							
2							
3							

Blatt 5

B Elektrische Prüfungen.

1. Fehlerzahlprüfung.

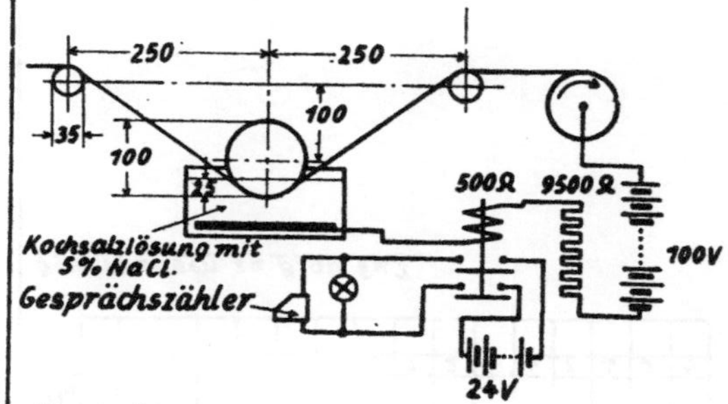

Masse in mm

Abzugsgeschwindigkeit: $0{,}2\,m \cdot sec^{-1}$

Abzugsdauer: ..... min

Fehlerzahlen: 1. ______
2. ______
3. ______

Das Relais ist so bemessen dass Isolationsfehler bis zu 10000 Ω sicher angezeigt werden

Bemerkungen:

Blatt 6

2. Spannungsprüfung.

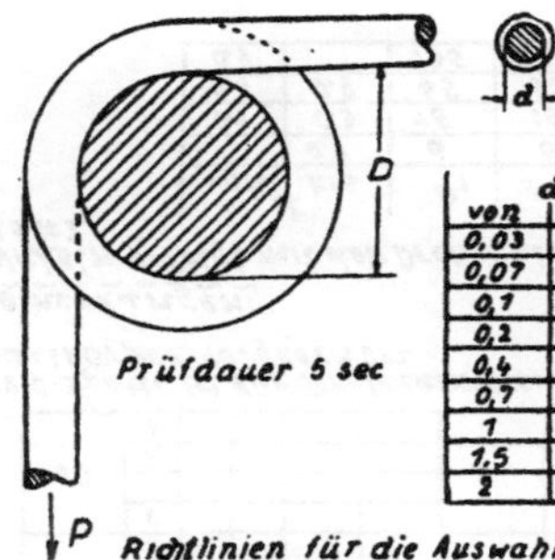

Prüfdauer 5 sec

Masse in mm
Gewichte in g
Prüfspannung U_p in kV.
Prüftemperatur ϑ

d von	d bis	D	P
0,03	0,07	30	2
0,07	0,1	30	5
0,1	0,2	30	30
0,2	0,4	30	50
0,4	0,7	30	250
0,7	1	30	500
1	1,5	50	1000
1,5	2	80	2000
2	3	100	4000

Richtlinien für die Auswahl der Prüfspannung

a. DIN 196
Gleichstrom: 110, 220, 440 V
Wechselstrom: 50 Hz, 220, 380 V

b. VDE 0530 REM, § 48 u. ff

Bereich	U	Prüfspannung
Nennleistung < 1 kW		2U + 500 V
Nennleistung von 1 kW an	bis 100 V	1000 V
	bis 1000 V	2U + 1000 V

c. VDE 0532 RET, § 56 u. ff.

Wicklungen von	U	Prüfspannung
allen Transformatoren	bis 10 kV	3,25 U
Trockentransformatoren	bis 10 kV	3,6 U
Kurzschlussdrosseln	bis 2,5 kV	5 - 10 U

Befund: Die Zahlen geben die Durchschläge unter 10 Versuchen

ϑ	20				100				120				150			
U_p	1	2	3	4	1	2	3	4	1	2	3	4	1	2	3	4

Blatt 7

3. Spannungsprüfung unter Druck.

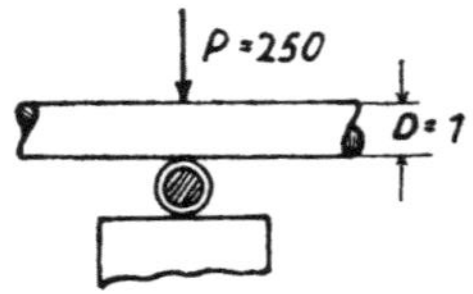

Masse in mm

Gewichte in g.

Prüfspannung U_p in kV.

Prüfungsdauer: 5 sec.

Zahl der Prüfungen: 10

Prüftemperatur ϑ

Bei Prüftemperaturen über 20° darf Spannung erst angelegt werden, wenn die Drahtprobe 5 mm im Wärmeschrank gelegen hat.

Richtlinien für die Auswahl der Prüfspannung: vergl. Blatt 6.

Befund:

Die Zahlen geben die Durchschläge bei 10 Versuchen.

ϑ	20°				100°				120°				150°			
U_p																
	1	2	3	4	1	2	3	4	1	2	3	4	1	2	3	4

Bemerkungen zu Blatt 6 u. 7.

Blatt 10

5. Messung des Isolationswiderstandes.

a) auf Wickelkörpern.

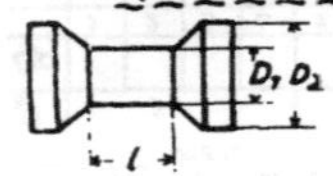

U = Meßspannung in V
η = Galvanometerempfindlichkeit in $A \cdot mm^{-1}$
a = Galvanometerausschlag in mm
d = Leiterdurchmesser in mm
$n_1 > n_2$ = Windungszahlen
L = mittlere Wickellänge in mm $= \pi \cdot n_1 (D_1 + 2d)$
R = gemessener Widerstand in Ω
R_S = Schutzwiderstand für das Galvanometer
ϑ = Messtemperatur
R_i = Isolationswiderstand in $M\Omega/km$

Die Messung bei Raumtemperatur erfolgt nach Lagerung des Wickelkörpers während 1 d in einem Feuchtraum mit 80 % relativer Luftfeuchte (vergl. VDE 0308/1929) in demselben, die Messung bei erhöhter Temperatur anschliessend, nachdem der Wickelkörper mindestens 15 min im Wärmeschrank gelegen hat.

ϑ		n_1	n_2	L	U	η	a	R	R_s	R_i
20±5	0									
	1									
	2									
	3									
40	0									
	1									
	2									
	3									
60	0									
	1									
	2									
	3									

Die 0-Spalte ist für Vergleichsmessungen an einem leeren Wickelkörper vorgesehen.

Bemerkungen:

Wickeln erfolgt mit der Drehzahl und Belastung wie auf Blatt 2

d von	d bis	D_1	D_2	l
	0,1	6	8	20
0,1	0,3	15	18	25
0,3	0,9	45	50	50
0,9		136	150	50

VIII. Abschnitt

Die Imprägnierung von Lackdraht-Wicklungen[1])

In der Imprägniertechnik hat die Imprägnierung von Lackdrahtwicklungen eine besondere Bedeutung. Einerseits bedingt durch den entwicklungsmäßigen Fortschritt im Elektromaschinenbau, andererseits aber auch durch den rohstofflichen Umbruch ist in letzter Zeit die Herstellung und der Verbrauch von Lackdrähten im Elektromaschinenbau erheblich gestiegen. Es ist kein Zufall, daß die Zahl der Fehlschläge bei der Imprägnierung der Lackdrahtwicklungen mit dem Ansteigen des Verbrauches zu einer stellenweise recht bedenklichen Situation geführt hat.

Bei den wichtigen Aufgaben, die der Lackdraht im Elektromaschinenbau jetzt und in der Zukunft zu erfüllen hat, darf daher nichts unterlassen werden, was zu einer restlosen, kurzfristigen und glücklichen Lösung des Problems beitragen kann.

Es sei vorweggenommen, daß das angestrebte Ziel nur in enger Zusammenarbeit der beteiligten Stellen, nämlich der

1. Isolierlackhersteller,
2. Lackdrahthersteller und der
3. Elektromaschinenbauer als Verbraucher der Drähte und Lacke kurzfristig und sicher erreicht werden kann.

Erfüllt einer der Beteiligten die ihm zufallenden Aufgaben nicht, dann kann das Endergebnis, von Zufällen abgesehen, nicht vollwertig sein.

[1]) Der § 38 (betr. Wärmebeständigkeit der Isolierstoffe) der REM und der § 41 der RET ist mit Wirkung vom 1. 1. 38 insofern geändert worden, als der Emaillelackdraht als Werkstoff in Klasse A gestrichen und in Klasse B überführt worden ist. Die zulässigen Grenztemperaturen an Lackdrahtwicklungen sind hiermit erheblich heraufgesetzt. Hierdurch ist die Bedeutung des Lackdrahtes im Elektromaschinen- und Transformatorenbau gestiegen.

Die Aufgaben, die den drei beteiligten Stellen zufallen, können etwa wie folgt aufgezeigt werden:

Der Isolierlackhersteller

Dem Hersteller des Imprägnier- und Drahtlackes fällt die Aufgabe zu, Imprägnierlacke herzustellen, die hinsichtlich Anlösung der Lackdrahtisolierschicht, einer möglichst schnellen und restlosen Durchtrocknung in den tieferen Wicklungslagen, Backfähigkeit, Alterungsbeständigkeit, Elastizität, Ölbeständigkeit und nicht zuletzt der Viskosität den vorliegenden Belangen in allen Teilen entspricht. Die rohstoffliche Zusammensetzung der Imprägnierlacke soll möglichst nicht mit derjenigen der Drahtlacke identisch sein.

Die vom Isolierlackhersteller auf den Markt gebrachten Drahtlacke sollen so beschaffen sein, daß die hiermit hergestellten Lackdrähte gegen erhitzten Imprägnierlack (80—100° Celsius) unempfindlich sind. Darüber hinaus müssen die Drahtlacke sich beim Lackieren der Drähte so verhalten, daß dieselben hinsichtlich Abzugsgeschwindigkeit, Haftfestigkeit, mechanische Härte, Fehlerzahl, Glätte, Sauberkeit und Gleichmäßigkeit des Lackfilmes, Dehnung, Durchschlagsfestigkeit, Lagerbeständigkeit und Einbrenntemperatur den gestellten Anforderungen entsprechen.

Von größter Wichtigkeit ist außerdem die unaufgeforderte Mitlieferung sorgfältig zusammengestellter Merkblätter und Anwendungsvorschriften sowohl für die Imprägnier- als auch für die Drahtlacke.

Diese Druckschriften sollten stets in zwei Exemplaren und möglichst jeder Lacksendung beigefügt werden.

Das Wirken und Schaffen des Lackchemikers soll auf die fortschrittlichen Belange des gestaltenden Elektroingenieurs und Werkstattfachmannes abgestellt sein. Sein Blick muß bei seinen Entwicklungsarbeiten über die exakte Wissenschaft und über die Enge des Versuchslaboratoriums hinaus in die Praxis gehen, wenn seine Erzeugnisse die Aufnahme bei der Verbraucherschaft finden sollen, die er sich wünscht.

Es ist dem Verbraucher nicht allein damit gedient, daß der Isolierlack die laboratoriumsmäßig nachweisbaren Höchst-Gütewerte aufweist. Viel wichtiger ist es, daß der Fachmann in der Werkstatt mit Hilfe der ihm zur Verfügung stehenden Arbeitskräfte und Hilfsmittel den Isolierlack so in den Arbeitsgang einschalten kann, daß allen betrieblichen Anforderungen und den Anforderungen seiner Auftraggeber bestmöglich entsprochen werden kann.

Diese Anforderungen muß der Lackchemiker kennen und bei seinen schöpferischen Arbeiten gebührend berücksichtigen.

Der Lackdrahthersteller

Der Lackdrahthersteller sollte grundsätzlich davon ausgehen, daß der Elektromaschinenbauer ganz andere Anforderungen an den Lackdraht stellt als der Schwachstrom- oder Hochfrequenztechniker.

Bei dem Elektromaschinenbauer steht z. B. die Forderung der Imprägnierfestigkeit des Lackdrahtes an erster Stelle, während der Schwachstromtechniker z. B. größten Wert auf hohe Dehnbarkeit der Lackschicht legen muß.

Für den Elektromaschinenbauer ist andererseits der Durchschlagswert des Lackdrahtes auf der Rolle unwichtig. Viel wichtiger ist der Durchschlagswert, den der Draht nach erfolgter Verarbeitung und Imprägnierung in ofentrocknendem Isolierlack hat.

Der Schwachstromtechniker imprägniert seine Lackdrahtspulen im Regelfall nicht. Daher interessiert ihn ein möglichst hoher Durchschlagswert des angelieferten Lackdrahtes.

Die Anforderungen sind also verschieden und deshalb müssen die Lackdrahttypen nach den vorliegenden Belangen hergestellt, bezeichnet und angeboten werden.

Diese Trennung der Lackdrahttypen erscheint von größter Bedeutung.

Generell betrachtet ist es Aufgabe der Lackdrahthersteller, sich den berechtigten Wünschen und fachtechnischen Belangen der verschiedenen Verbrauchergruppen hinsichtlich Gütewerte der Lackdrähte bestmöglichst anzupassen.

In enger Zusammenarbeit mit der Verbraucherschaft und dem Lackhersteller müssen die Belange der Praxis sorgfältig studiert und vor allen Dingen muß der entwicklungsmäßige Fortschritt in der Verbraucherschaft gebührend beachtet werden.

Der Verbraucher des Isolierlackes und der Lackdrähte

Der Verbraucher der Isolierlacke und Lackdrähte muß sich ausreichend über die nach dem Stande der Technik jeweils erzielbaren Gütewerte der Isolierlacke und Lackdrähte informieren. Er muß seine Wünsche in bezug auf die Eigenschaften der Werkstoffe klar und fest umrissen, und zwar immer frühzeitig zum Ausdruck bringen, damit die Hersteller die Möglichkeit haben, hierauf bestmöglichst einzugehen.

Vor allen Dingen muß der Verbraucher auf eine geeignete Lagerung und Behandlung der Werkstoffe größten Wert legen. Die vom Hersteller gelieferten Anwendungsvorschriften sind peinlichst einzuhalten. Jede selbständige Abweichung von der Anwendungsvorschrift birgt die Gefahr eines Fehlschlages und hierfür kann billigerweise nicht der Werkstoffhersteller verantwortlich gemacht werden.

Zu den wichtigen Voraussetzungen für eine aussichtsreiche Verarbeitung der Werkstoffe gehören technisch einwandfreie und dem jeweiligen Stand der Technik entsprechende Einrichtungen und Hilfsmittel (Tränk- und Trockeneinrichtungen, Wickelmaschinen usw.).

Der Verbraucher muß berücksichtigen, daß der Lackhersteller selbst beim besten Willen nicht in der Lage ist, z. B. für alle vorkommenden Fälle die genauen Trockenzeiten der Isolierlacke anzugeben. Er muß wissen, daß z. B. ein härtbarer Phenolharzisolierlack, dessen Härtetemperatur vom Hersteller mit 12^0 Celsius angegeben wird, selbst dann nicht mit 90 oder 100^0 Celsius getrocknet bzw. gehärtet werden kann, wenn die Trockenzeit zeitlich länger ausgedehnt wird, als für 120^0 Celsius angegeben ist.

Die vom Lackhersteller vorgeschriebenen Verdünnungsmittel dürfen nicht durch solche unbekannter Zusammensetzung und Eigenschaft ersetzt und die Verdünnungsvorschrift des Lackherstellers muß sorgfältig beachtet werden.

Das Mischen von Lackresten birgt Gefahren für Fehlschläge. Der Sinn für Sparsamkeit ist verständlich, es soll aber erfahrungsgemäß nicht an der verkehrten Stelle gespart werden.

Der Verbraucher von Isolierlacken und Lackdrähten hat also die Aufgabe, durch Schaffung aller notwendigen Voraussetzungen für die aussichtsreiche Verarbeitung der Werkstoffe seinen Teil für das gute Gelingen seiner Werke beizutragen.

Es ist der Zweck der vorstehenden Ausführungen, das bisher unzureichende, gegenseitige Verständnis der drei, an der Lösung des wichtigen Lackdrahtproblemes beteiligten Stellen zu fördern, damit durch eine engere, verständnisvolle Zusammenarbeit die bestehenden Mängel schnellmöglichst zum Nutzen aller beseitigt werden.

Die Auswahl der Isolierlacke für die Imprägnierung der Lackdrahtwicklungen

Wenn normale, rot-transparente Lackdrähte zur Anwendung gelangen, dann ist die Gefahr des Anlösens der Lackdrahtschicht immer gegeben, sofern die fertigen Wicklungen in Isolierlack getränkt werden müssen. Isolierlacke, die die normalen Lackdrähte bei der Imprägnierung überhaupt nicht angreifen, gibt es z. Z. noch nicht.

Wenn man trotzdem mit den z. Z. noch üblichen, normalen Lackdrähten und bestimmten Isolierlacktypen zufriedenstellende Erfolge erzielt, dann ist dies im Regelfall das Ergebnis einer mühseligen Forschungsarbeit des Einzelnen und eine glückliche Vereinigung aller günstigen Faktoren, die bei der Imprägnierung von Lackdrahtwicklungen eine ausschlaggebende Rolle spielen.

Die in Frage kommenden Isolierlacke sollen in erster Linie mit milden Lösungs- und Verdünnungsmittel gearbeitet sein, eine gute Backfähigkeit und vorzügliche Trockeneigenschaften besitzen.

Die schnelle und restlose Durchtrocknung der Lacke in allen Wicklungslagen ist mindestens so wichtig, wie die Forderung nach milden Lösungs- und Verdünnungsmitteln.

Erfahrungsgemäß trocknen die meisten schwarzen Isolierlacke (Asphalt-, Öl-, Naturharzbasis) besser in den tiefer gelegenen Wicklungslagen und im Tropfen (Lacknester), als gelbe oder farblose (auf Holzöl, Leinöl, Naturharzbasis).

Schwarzen Isolierlacken, die mit milden Lösungs- und Verdünnungsmitteln gearbeitet sind, kann man bei Lackdrahtwicklungen den Vorzug geben.

Aber auch Kunstharzisolierlacke lassen sich mit guten Aussichten auf Erfolg verwenden. Die restlose Durchtrocknung in allen Wicklungslagen ist z. B. bei den härtbaren Lacktypen in wesentlich kürzerer Zeit und mit viel größerer Sicherheit zu erreichen, als bei Ölisolierlacken. Die Anwendung solcher Lacke für die Imprägnierung von Lackdrahtwicklungen ist aber nur dann möglich, wenn alle Voraussetzungen hierfür vom Verbraucher erfüllt werden können. Insbesondere muß am imprägnierten Werkstück die vorgeschriebene Härtetemperatur mit Sicherheit erreicht werden, wenn härtbare Kunstharzlacke in Frage kommen, die eben nur bei der angegebenen Temperatur in den C-Zustand übergehen.

Es werden auch härtbare Kunstharzlacke hergestellt, die schon an der Luft gut antrocknen und im Ofen bei etwa 80—100° Celsius völlig getrocknet werden können. Der C-Zustand (d. i. der unlösliche Zustand) wird aber auch bei diesen Lacken im Regelfall nur dann erreicht, wenn die Trocknung im letzten Abschnitt bei 120—130° Celsius durchgeführt und diese Temperatur genügend lange beibehalten wird.

Verdünnungsgrad

Leitsatz: unverdünnte Ölisolierlacke dürfen unter keinen Umständen zur Anwendung gelangen. Je dünnflüssiger der Lack, je größer die Sicherheit für eine gute Tiefentrocknung der imprägnierten Werkstücke.

Der Verdünnungsgrad eines Ölisolierlackes ist jedoch begrenzt. Über 60—65% Verdünnung soll im Regelfall der Isolierlack nicht enthalten. Der Grad der Verdünnung muß so gewählt werden, daß der Lack schnell, gleichmäßig und restlos alle Schichten der Wicklung durchdringt und der überflüssige Lack nach der Herausnahme der Werkstücke aus dem Lackbad ungehindert aus der Wicklung abfließen kann. Die Bildung von Lacknestern innerhalb der Nuten und Wickelköpfe muß durch die Einhaltung des richtigen Verdünnungsgrades und durch richtige Lage der Werkstücke beim Abtropfen vermieden werden.

Die einmal als zweckmäßig erkannte Viskosität des Tränklackes soll grundsätzlich vor jeder Imprägnierung sorgfältig mit Hilfe eines Viskosimeters geprüft und eingestellt werden.

Die sorgfältige Beachtung dieser Bedingung ist ganz besonders bei Lackdrahtwicklungen von größter Wichtigkeit.

Die Tränkung der Lackdrahtwicklungen

Da der **erhitzte** Isolierlack die größte Gefahr für das Anlösen der Drahtschicht darstellt, so soll die Tränkung der Werkstücke **im kalten Zustand** (18—20° **Celsius**) und **im kalten Isolierlack** erfolgen.

Diese Methode ist bei der Lackdrahtwicklung deshalb anwendbar, weil der sehr dünnflüssige Isolierlack ein gutes Eindringvermögen besitzt und bei Lackdrahtwicklungen keine aufsaugefähigen Stoffe (z. B. Umspinnung usw.) durchdrungen werden brauchen.

Bei Anwendung härtbarer Kunstharzlacke ist das sogenannte **„Kaltimprägnierverfahren"** besonders empfehlenswert.

Die Tränkzeit soll nur wenige Minuten betragen.

Die Vortrocknung der imprägnierten Werkstücke

Die Werkstücke werden dem Lackbad entnommen, durch tüchtiges Ausschwenken vom überschüssigen Lack befreit und zum Abtropfen beiseite gestellt. Die Lage der Werkstücke muß hierbei so gewählt werden, daß innerhalb der Nuten und Wickelköpfe keine Lackansammlungen (Lacknester) entstehen (Abb. 95 u. 96).

Die Läufer (Anker) werden beim Abtropfen so aufgestellt, daß die Achse senkrecht steht. Bei Kollektorankern zeigt die Schaltseite nach oben.

Bei Drehstromständer soll die lichte Öffnung des aktiven Blechpaketes senkrecht zur Auflagefläche zeigen, Nach einiger Zeit sind die Ständerkörper um 180 Grad zu drehen, damit der unten liegende Wicklungskopf nicht mit überschüssigem Isolierlack angereichert wird.

Die Vortrocknung an der Luft ist auf etwa 1 Stunde oder länger auszudehnen. In dieser Zeit verdampft bereits ein beträchtlicher Teil der Lackverdünnungsmittel; das ist wichtig, weil dies im kalten Zustand (bei etwa 18—20° Celsius) geschieht. Hierdurch wird auch eine vorzeitige, also durchaus unerwünschte Oberflächentrocknung vermieden, die bei hoher Anfangstemperatur im Trockenofen sehr nachteilig für die Tiefentrocknung ist.

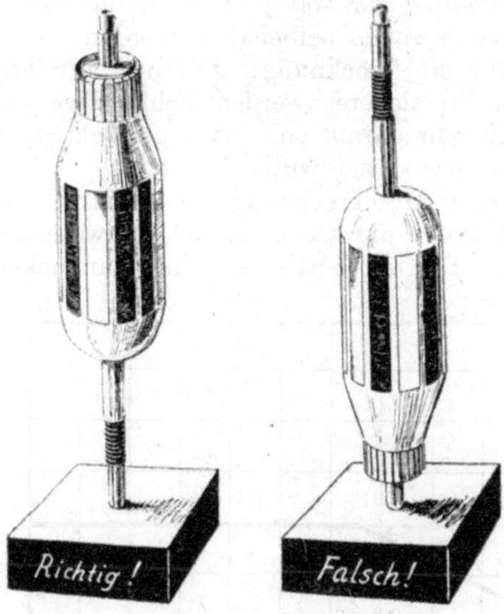

Abb. 95. Richtige und falsche Stellung imprägnierter Kleinanker während des Abtropfens und des Trocknens.

Abb. 96. Falsche Lage eines imprägnierten Kleinankers während des Abtropfens und des Trocknens.

Die Trocknung im Ofen

Öllack: Die angestrebte Tiefentrocknung erfordert eine niedrige Anfangstemperatur (etwa 40—60° Celsius) und eine beschleunigte Entfernung der sich bildenden Lösungs- und Verdünnungsmittelgase aus dem Nutzraum des Ofens.

Viel Frischluftzufuhr im ersten Abschnitt der Ofentrocknung ist sehr wichtig.

Nach etwa $^3/_4$—1 Stunde Ofenvortrocknung wird die Temperatur im Nutzraum des Ofens allmählich auf 90—100° Celsius gesteigert und je nach Größe der Werkstücke und Füllung des Ofens 5—7 Stunden beibehalten. Die Frischluftzufuhr kann etwas geringer eingestellt, darf aber nicht zu sehr gedrosselt werden. Im letzten Abschnitt der Trocknung wird die Temperatur zweckmäßig auf etwa 120° Celsius gesteigert. Diese Temperatur soll je nach Größe der Werkstücke und Ofenfüllung einige Stunden beibehalten werden.

Grundsatz für die Trocknung: Je länger die Trockenzeit ausgedehnt wird, um so sicherer werden Fehlschläge ausgeschaltet. Es kommt aber auch sehr darauf an, „wie" getrocknet, d. h. bei welcher Temperaturkurve getrocknet wird.

Kunstharzlacke: Die Trocknung der in härtbaren Kunstharzlack getränkten Werkstücke unterscheidet sich im wesentlichen nur in der Temperaturkurve. Da bei härtbaren Kunstharzlacken bezüglich der

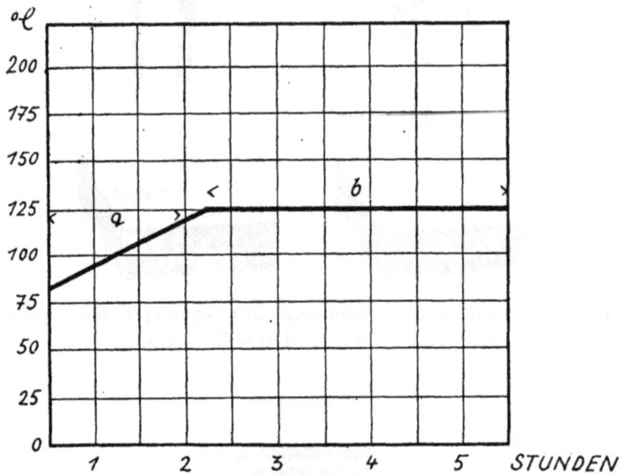

Abb. 97. Beispiel einer Trockenkurve für Lackdrahtwicklungen. Imprägnierung in härtbarem Kunstharzlack. Die Gefahr einer schädlichen Oberflächen-Trocknung ist hier nicht vorhanden.

vorzeitigen Oberflächentrocknung keine Nachteile zu befürchten sind wenn anschließend an die Vortrocknung (Verdunsten der Lösungs- und Verdünnungsmittel) die richtige Temperaturkurve und eine ausreichende Trockenzeit eingehalten wird, so kann die Erhöhung der Vortrockentemperatur von 40—60° Celsius schneller auf den Nennwert 120° Celsius erfolgen.

Die Temperatur von 120° Celsius (am Werkstück gemessen) wird von dem Zeitpunkt an, wo alle Schichten der Wickelkörper diese Temperatur erreicht haben, etwa 3—4 Stunden beibehalten. Bei größerer Werkstücken kann die Zeit zur Sicherheit länger gewählt werden. Zu lange Härtezeiten sind indessen nicht vorteilhaft, weil hierdurch der Lack zu spröde wird. Hinsichtlich der Trockenzeiten müssen vom Verbraucher eigene Erfahrungen gesammelt werden.

Überzug: Vielfach ist die Anwendung eines lufttrocknenden, filmbildenden Überzugslackes erwünscht oder empfehlenswert. Hierfür können fast alle spezifischen Überzugslacke verwendet werden. Die Trockenzeit der lufttrocknenden Überzugslacke läßt sich in der Regel durch mäßige Ofentrocknung (bei 50—60° Celsius) abkürzen.

Zusammenfassung: Die erfolgreiche Anwendung der Lackdrähte im Elektromaschinenbau hängt von einer Anzahl je für sich wichtiger Voraussetzungen ab. Es ist für den Erfolg auch durchaus nicht gleichgültig, um welche Wicklungsarten es sich hierbei handelt.

Bei ruhenden Wicklungen liegen die Verhältnisse günstiger als bei umlaufenden Wicklungen. Hinsichtlich der Stromart, mit welcher die Wicklungen gespeist werden, liegen die Verhältnisse bei Gleichstrom günstiger als bei Wechselstrom. Beispielsweise wirkt sich ein Windungsschluß an Magnetwicklungen bei Wechselstrombetrieb erheblich ungünstiger aus, als bei Gleichstrombetrieb. Es ist also sehr wohl möglich, daß bei der Verwendung von Lackdraht für Gleichstrom-Nebenschlußwicklungen bezüglich der Imprägnierung so gut wie keine Fehlschläge auftreten.

Die Beschaffenheit und Gütewerte der Isolierlacke, insbesondere die Dünnflüssigkeit (richtige Verdünnung) derselben, die Anwendung des Kaltimprägnierverfahrens, die richtige Trockentemperatur und Trockenkurve und letzten Endes auch die gute Beschaffenheit der Lackdrähte geben zusammen mit der sorgfältigen Arbeit des Elektromaschinenbauers den Ausschlag für den Erfolg.

Es lassen sich daher folgende Grundsätze für die Imprägnierung von Lackdrahtwicklungen aufstellen.

1. Vor der Verarbeitung der Lackdrähte zu Wicklungen an elektrischen Maschinen und Apparaten ist die relative Imprägnierfestigkeit (Beständigkeit gegen erhitzten Tränklack) durch ein geeignetes Prüfverfahren festzustellen. Drähte mit unzureichender Imprägnierfestigkeit sind grundsätzlich von der Verarbeitung auszuschalten.

   Bei der Herstellung der in Nuten gebetteten Wicklungen an elektrischen Maschinen ist darauf zu achten, daß der sogenannte Anlagedruck der einzelnen Windungen und Wicklungslagen gegeneinander innerhalb und außerhalb des aktiven Eisens nicht zu hoch wird.

   Vor der Tränkung ist eine Wärmevorbehandlung der fertigen Wicklungen dringend zu empfehlen, weil hierdurch die Beständigkeit der Lackdrähte gegen erhitzten Isolierlack nennenswert erhöht wird. Anschließend an die Wärmevorbehandlung (etwa 3—6 Stunden bei 100—120° Celsius) sind die Wicklungskörper auf etwa 30—40° Celsius abzukühlen.

2. Das Kaltimprägnierverfahren bietet erhöhte Sicherheit für den Erfolg.

3. Schwarze Ölisolierlacke und helle, härtbare Kunstharzläcke, beide richtig mit möglichst milden Mitteln verdünnt, können bevorzugt werden.
4. Wicklungskörper nach dem möglichst kurzfristigen Tauchen in Isolierlack tüchtig ausschwenken und in richtiger Lage zum Abtropfen aufstellen. Drehstromständer während des Abtropfens um 180 Grad drehen.
5. Trocknung bei etwa 20° Celsius (Raumtemperatur) mit viel Frischluftzuführung beginnen und erst allmählich die Temperatur auf den Nennwert bringen. Temperatur zum Schluß möglichst auf 120° Celsius erhöhen.
6. Bei Ölisolierlacken solange wie eben möglich trocknen. Bei härtbaren Kunstharzlacken ausreichende, aber nicht zu lange Trockenzeiten durch praktische Versuche festlegen.

IX. Abschnitt

Fehlschläge bei der Imprägnierung von Wicklungen, deren Ursachen und Verhütung

Allgemeines

Über das Imprägnieren von Wicklungen an elektrischen Maschinen bestehen zur Zeit in den Fachkreisen noch keine einheitlichen Auffassungen. Teilweise werden für denselben Zweck schwarze, teilweise gelbe Lacke bevorzugt. Ein kleiner Teil der Isolierlackverbraucher zieht den lufttrocknenden dem ofentrocknenden Lack vor. In einigen Werkstätten fehlt der Trockenofen. Einige Verbraucher verlangen die Anlieferung des Isolierlackes im verdünnten Zustand, ein anderer Teil wünscht den Lack dickflüssig. In manchen Fällen bezieht der Isolierlackverbraucher nur den Isolierlack, das Verdünnungsmittel beschafft er sich selbst. Vielfach werden die Werkstücke heiß getaucht, in manchen Fällen kalt. Manche Trockenöfen lassen sich nur auf 60—80^{0} Celsius steuern. Teilweise fehlen an den Trockenöfen zuverlässige Temperaturmesser- und Regler. Die Heizungsart ist grundverschieden. Neben Kohle, Koks, Grudekoks, Dampf und Warmwasser findet man Gas und elektrische Heizung.

Die Ansichten über die Verdünnung der Isolierlacke gehen auseinander. Vor allen Dingen wird über die Trockenkurve verschieden geurteilt. Über den Frischluftbedarf bei Öllack-Imprägnierungen bestehen noch Unklarheiten, desgleichen über die Frage, ob eine zweimalige Imprägnierung die gleichen Gütewerte ergibt, wie **eine** Imprägnierung und anschließend die Verwendung eines spezifischen Überzugs- und Schutzlackes. Die Frage des Tropenschutzes ist ebenfalls nicht einheitlich geklärt. Einige Fachleute schätzen das Vakuum-Imprägnierverfahren hoch ein, ein anderer Teil lehnt das Verfahren ab.

Über die Gütewerte der verschiedenen Isolierlacke bestehen keine einheitlichen Ansichten. Teilweise werden Überzugsspirituslacke den Ölharzlacken gegenüber vorgezogen. Isolierlacke auf Kunstharzbasis finden in den Verbraucherkreisen z. T. eine vorbehaltlose Ablehnung, teilweise werden sie den Öllacken vorgezogen.

Ähnlich liegen die Verhältnisse bei der Wahl der Isolierlacke hinsichtlich der Trockenzeiten. Vorwiegend werden schnelltrocknende Lacke bevorzugt, während nur wenige Verbraucher geneigt sind, die höheren Gütewerte der Imprägnierung durch etwas längere Trockenzeiten zu erkaufen.

Bei der gegebenen Situation ist es erklärlich, daß Fehlschläge in Erscheinung treten können. Es soll daher versucht werden, an einzelnen Beispielen die Ursachen der Fehlschläge zu ergründen und Maßnahmen zu deren Verhütung aufzuzeigen.

Beispiele

1. Kleinanker mit hohen Drehzahlen

Bei Kollektorankern mit hohen Drehzahlen beobachtet man in Einzelfällen, daß die Wicklung durch die auftretenden Fliehkräfte hochgehoben wird. Die hierbei auf Zug beanspruchten Drahtwindungen erleiden dann leicht Beschädigungen, die zu Windungs-, Lagen- oder Körperschluß führen. Es kann auch der Fall eintreten daß die Schaltenden an dem Kollektor abreißen (Unterbrechungen) [1]).

Die Ursache für diese Erscheinung liegt vielfach an nicht ausreichender Trocknung oder zu geringer Trockentemperatur, im Regelfall aber an einer zu geringen Backfähigkeit des Isolierlackes.

Zu fette (ölreiche) Isolierlacke sind für die Imprägnierung von Kleinankern nicht geeignet. Sie verlangen lange Trockenzeiten und entsprechen hinsichtlich des Backvermögens nicht den Anforderungen.

Bei härtbaren Kunstharzlacken ist darauf zu achten, daß die jeweils vorgeschriebene Härtetemperatur in allen Teilen des Werkstückes und damit die Überführung der Harzkörper in den C-Zustand erreicht wird.

Die Schaltenden müssen auf fester Schaltunterlage angeordnet und im Regelfall gegen die Fliehkräfte durch eine Bandage gesichert sein.

Das Abreißen der Schaltenden kann auch auf nicht ausreichend festen Sitz des Kollektors oder des Anker-Blechpaketes auf der Ankerwelle zurückgeführt werden. Die Kleinmotoren werden bekanntlich ohne Vorstufe direkt mit voller Netzspannung in Betrieb genommen. Hierbei treten zwischen dem Ankerkörper und dem Kollektor erhebliche dynamische Kräfte auf, die zu einer Abscherung der Schaltenden am Kollektor führen können.

Werden Ausbrennungen auf der Schaltseite der Wicklung beobachtet, so ist dies bei Imprägnierungen mit härtbaren Kunstharzlacken stets ein Zeichen dafür, daß der Isolierlack nicht ausgehärtet ist. Entweder war die Härtetemperatur zu gering, oder die Härtezeit zu kurz.

[1]) Siehe Katechismus 10. Aufl. 1951.

Diese Erscheinung tritt vielfach dadurch ein, daß die Anker mit der Kollektorseite nach unten, senkrecht im Trockenofen angeordnet werden. In dieser Stellung sammelt sich der Isolierlack in dem Wickelkopf auf auf der Schaltseite, und da hier in der Regel viel aufsaugfähige Stoffe (Unterlagen für die Schaltdrähte usw.) vorhanden sind, so nimmt der Wickelkopf eine erhebliche Menge Isolierlack auf. Es ist erklärlich, daß diese Lackmengen selbst bei richtiger Härtetemperatur eine längere Härtezeit erfordern, als die wesentlich geringeren Lackmengen in den Nuten und in dem oberen Wickelkopf.

Bei Öl-Isolierlacken ist besonders auf die richtige Verdünnung zu achten.

2. Das Ausschleudern des Isolierlackes bei umlaufenden Wicklungen

Da sich beim Tauchen der Werkstücke im Innern der Wicklung und insbesondere auch in den Läufernuten Lackansammlungen bilden, so kann der Fall eintreten, daß der Lack nicht restlos durchgetrocknet ist, bei späterer Betriebswärme erweicht und durch die Zentrifugalkräfte teilweise ausgeschleudert wird.

Bei richtiger Trockentemperatur und ausreichender Trockenzeit kann die Ursache dieser besonders bei Drehstrommotoren unangenehmen Erscheinung etwa auf folgende Fehler zurückgeführt werden:

a) nicht ausreichende Verdünnung des Isolierlackes oder ungeeignetes Verdünnungsmittel,
b) zu geringe Frischluftzufuhr im Trockenraum (Öllacke),
c) Verwendung von Paraffin oder Talkum als Schlupfmittel (bei Durchzugswicklungen),
d) zu hohe Anfangstemperatur, hierdurch zu schnelle Filmbildung an den Außenflächen des Werkstückes (besonders bei holzölreichen, hellen Lacken).

Für umlaufende Wicklungen sind schwarze Öl-Isolierlacke (auf Asphalt-Öl-Harzbasis) oder härtbare Kunstharzlacke vorzuziehen. Sie trocknen im Tropfen besser durch und neigen nicht in dem Maße zur vorzeitigen Filmbildung an den Außenflächen, wie helle, holzölreiche Isolierlacke.

Um der Gefahr des Ausschleuderns aus dem Wege zu gehen, werden die imprägnierten Läufer vielfach unmittelbar nach der Herausnahme aus dem Lackbad zwischen Körnerspitzen eingespannt und in Umdrehungen versetzt. Ein Teil des eingedrungenen Isolierlackes wird hierdurch aus der Wicklung entfernt.

Die Zweckmäßigkeit dieses Verfahrens kann nicht vorbehaltlos bejaht werden. Es entstehen hierdurch im Innern der Wicklung unerwünschte Hohlräume und ein erheblicher Teil des Lackes geht verloren. Im übrigen ist dieses Schleuderverfahren nicht erforderlich, wenn alle Forderungen bezüglich Geeignetheit des Isolierlackes, Trockenzeit, Trockentemperatur, Verdünnung, Trockenkurve usw. sorgfältig beachtet werden.

3. Vergrünungen und Grünspanbildungen bei imprägnierten Kupferwicklungen

Zeigen sich an den imprägnierten Wicklungen Vergrünungen und Grünspanbildungen, so kommen folgende Ursachen in Betracht:

a) Die Umspinnung oder Umwicklung der Drähte ist während der Lagerung in feuchter oder dumpfer Luft durch Spaltpilze infiziert worden.

b) Der Wickler hatte starke Schweißabsonderung an den Händen, oder salzige Fette sind mit der Drahtumspinnung in Berührung gekommen. Es sind ungeeignete Schlupfmittel bei Durchzugswicklungen verwendet worden.

c) Die imprägnierten Werkstücke haben zu lange in feuchter Luft gelegen, bevor dieselben in den Trockenofen gebracht wurden.

d) Der verwendete Isolierlack hat eine zu hohe Säureziffer.

e) Bei Hochspannungsmaschinen treten während des Betriebes in den Nuten stille Entladungen auf. Diese führen zu Ozonbildungen, und bei Zutritt von Feuchtigkeit ist die Möglichkeit zur Bildung salpetriger Säure gegeben.

f) Die Oberfläche der Kupferleiter wirkt als Katalysator für die Sauerstoffnahme des in dem Isolierlacke enthaltenen Öles. Durch Feuchtigkeits- und Sauerstoffaufnahme erhöht sich wahrscheinlich die Säureziffer des Öles, und durch die Erhöhung der Säureziffer wird auch der Isolationswert herabgesetzt.

Um die Grünspanbildung zu verhindern, versucht man vielfach die Bildung von salpetriger Säure und Salpetersäure schon im Entstehen durch geeignete chemische Substanzen zu neutralisieren.

Die fertigen Wicklungen oder die Drähte, bzw. die Spulen allein, kann man in basische Substanzen tränken. Als geeignete Mittel können organische Basen, wie Diphenylamin, oder Lösungen hiervon in Betracht kommen. Hierdurch werden die Säuren sofort neutralisiert, also unschädlich gemacht. Helle Lacke neigen leichter zu Vergrünungen als schwarze Isolierlacke.

Wenn es sich nur um leichte Verfärbungen handelt, dann ist die Gefahr nicht so groß, wie vielfach angenommen wird. Die Vergrünungen lassen sich mit Sicherheit durch Verwendung lackierter Drähte, Lack 2·Bw. usw. vermeiden.

4. Fehlschläge bei Lackdrahtwicklungen

An anderer Stelle wurde bereits darauf hingewiesen, daß der erhitzte Isolierlack die Lackschicht nicht imprägnierfester Lackdrähte anlöst. Die Gefahr des Fehlschlages liegt daher in erster Linie in dem erhitzten (auf 80—100° Celsius) Isolierlack.

Aus dieser Feststellung ergibt sich, daß der erhitzte Isolierlack und die Lösungsmittel möglichst nur kurze Zeit die Gelegenheit zum Anlösen der Lackschicht erhalten sollen.

Der Verfasser hat daher vorgeschlagen, für die Imprägnierung von Lackdrahtwicklungen das sogenannte Kalt-Imprägnierverfahren anzuwenden, und dieses Verfahren hat sich vorzüglich bewährt.

Die Wickelkörper läßt man nach beendeter Vortrocknung auf Raumtemperatur abkühlen. Hierauf findet die Imprägnierung in richtig verdünnntem, ebenfalls auf Raumtemperatur eingestelltem Isolierlack statt. Der Tauchvorgang soll so schnell wie eben möglich (in etwa 1—3 Min.) beendet sein. Da der Lack keine aufsaugefähigen Stoffe (Umspinnung oder Umwicklung aus Baumwolle, Seide, Papier) zu durchdringen hat, so reicht die kurze Zeit des Tränkens in diesem Falle aus. Die imprägnierten Werkstücke werden aus dem Tränkbad genommen, gut ausgeschwenkt und sofort in den Trockenofen gebracht. Die Trockentemperatur wird in ansteigender Trockenkurve beschleunigt auf den Nennwert geregelt und die Trocknung somit kurzfristig durchgeführt (siehe Abb. 95 u. 96).

Je schneller sich der ganze Vorgang abspielt, desto geringer ist die Gefahr eines Fehlschlages durch Anlösen der Lackschicht.

Die richtige Verdünnung des Imprägnierlackes ist für die restlose und kurzfristige Durchtrocknung der imprägnierten Wicklung von ausschlaggebender Bedeutung, härtbare Kunstharzlacke sind zu bevorzugen.

Rückschläge durch die Anwendung von Schlupfmitteln bei der Herstellung von Lackdrahtwicklung

Für die Herstellung von Lackdrähten kommen zur Zeit bekanntlich verschiedene Drahtlacktypen zur Anwendung, die sich sowohl in dem rohstofflichen Aufbau als auch in den physikalischen, chemischen, mechanischen und dielektrischen Eigenschaften unterscheiden.

Es handelt sich hierbei im wesentlichen um „ölhaltige" und „ölfreie" Drahtlacke.

Bei dem ersteren Typ kommen für den lackrohstofflichen Aufbau (zum Unterschied von Mineralölen) sogenannte trocknende (pflanzliche) Öle und Harzzusätze in Betracht, während für die ölfreien Drahtlacke ausschließlich künstliche (synthetische) Lackrohstoffe zur Verwendung gelangen.

Die mit „ölfreien" Drahtlacken hergestellten Lackdrähte sind den mit „ölhaltigen" Drahtlacken hergestellten Drähte gütemäßig in verschiedener Hinsicht überlegen, und zwar besonders hinsichtlich der Beständigkeit gegen den anlösenden Einfluß der Isolier-Tränklacke.

Es liegt in dem rohstofflichen Aufbau der Drahtlacke begründet, daß die verschiedenen Drahtlacksorten während des Einbrennvorganges auf der Lackiermaschine unterschiedliche Temperaturen erfordern. Diese sogenannten Einbrenntemperaturen sind Relativwerte, die mittels geeigneter Wärmefühler in Verbindung mit Meßinstrumenten in der Nähe der durchlaufenden Drähte gemessen werden und Werte von etwa 250—400° Celsius annehmen können.

Es erscheint einleuchtend, daß die jeweilige Höhe der Einbrenntemperatur sich u. a. auch auf den Härtegrad des Kupferdrahtes (Glühvorgang) auswirkt und daß die fertigen Lackdrähte um so weicher sind, je höher die Einbrenntemperatur ist und je länger dieselbe auf den Draht einwirkt.

Die höheren Einbrenntemperaturen (etwa 350—400° Celsius) werden bei den ölhaltigen Drahtlacken angewandt, während bei der Herstellung ölfreier Lackdrähte in der Regel Temperaturen von etwa 270—350° Celsius in Betracht kommen.

Die mechanischen Eigenschaften der mit ölfreien Drahtlacken hergestellten Drähte weisen den mit ölhaltigen Drahtlacken hergestellten Drähten gegenüber ebenfalls Unterschiede auf, die bei der Herstellung von Lackdrahtwicklungen mehr oder weniger in Erscheinung treten.

Zusammengefaßt kann daher festgestellt werden, daß die mit ölhaltigen Drahtlacken hergestellten Lackdrähte, insbesondere die dünnen Drahtsorten, vielfach eine etwas glattere Oberfläche und einen höheren Weichheitsgrad als die ölfreien Lackdrähte aufweisen. Die Öllack-Drähte sind oftmals geschmeidiger und weicher.

Bei der maschinellen Herstellung von Wicklungen macht sich dieser Unterschied vereinzelt etwa in der Weise bemerkbar, daß die ölfreien Lackdrähte sich nicht so gut träufeln lassen oder bei lagenweise, mit besonderen Drahtführungen hergestellten Wicklungselementen nicht so gut auflaufen, als die ölhaltigen Lackdrähte. Bei maschinell hergestellten Kleinankerwicklungen treten auch Unterschiede im Nutenfüllfaktor in Erscheinung.

Zur Überbrückung dieser Erscheinungen werden in jüngster Zeit Schlupfmittel angewandt. Beispielsweise passieren die auflaufenden Lackdrähte einen mit Abstreifer versehenen, mit einer Mischung aus Mineralöl und Fetten gefüllten Behälter und erhalten hierdurch eine bessere „Gleitfähigkeit“. Hierdurch werden gewisse Mengen des Schlupfmittels im Inneren der Wicklungen und in den Nuten abgelagert.

Da diese mineralischen Öle und Fette weder bei der Vortrocknung der fertigen Wicklungskörper, noch viel weniger während der Trocknung — nach der Imprägnierung — flüchtig werden, so ist es nicht verwunderlich, daß der Imprägnier- und Trockenvorgang erheblich gestört wird und möglicherweise empfindliche Rückschläge in Erscheinung treten, wie dies praktisch vorgekommen ist.

Die Anwendung von Schlupfmitteln ist an sich verständlich. Jedoch dürfen nur solche Mittel zur Anwendung gelangen, die den Imprägnier- und Trockenvorgang nicht nachteilig beeinflussen.

Da diese Mittel — je nach der rohstofflichen Zusammensetzung der Tränklacke — entsprechend gewählt werden müssen, so erscheint es empfehlenswert, die Geeignetheit der Schlupfmittel vor Anwendung durch kleine Vorversuche zu erproben, oder durch den Isolierlacklieferanten prüfen zu lassen.

Es wird Aufgabe der Isolierlack- und Lackdrahthersteller sein, nach geeigneten Schlupfmitteln Umschau zu halten und der Verbraucherschaft beratend zur Seite zu stehen. Mineralische Öle und Fette kommen keinesfalls als Schlupfmittel für den erwähnten Zweck in Frage.

In einem Falle wurde als Schlupfmittel ein Gemisch aus Mineralöl und Fetten verwendet, und zwar bei der maschinellen Bewicklung serienweise hergestellter Klein-Kollektoranker. Die betriebsfertigen Motoren zeigten sowohl auf dem Prüfstand als auch nach Anlieferung bei der Verbraucherschaft anfänglich keine nachteiligen Erscheinungen. Erst nach einer Zeit von mehreren Wochen stellten sich erhebliche Rückschläge ein.

Der Kontrollbefund der aufgeschnittenen Ankerwicklungen ergab, daß der Tränklack nicht bis in das Innerste der Wickelköpfe und Nuten eingedrungen war. Offensichtlich hatten die Mineralöle und Fette eine ordnungsmäßige Durchimprägnierung verhindert. Möglicherweise hatten sich Lacklösungsmittel mit dem Schlupfmittel vereinigt und diese, im Innern der Wicklungen eingeschlossene Mischung von Lösungsmittelresten und Mineralfetten hat allmählich die Lackschicht der Drähte angegriffen und im weiteren Verlauf zerstört.

Dieses Beispiel unterstreicht die Notwendigkeit einer ständigen, engen Zusammenarbeit zwischen den Werkstoffherstellern und der Verbraucherschaft, ganz besonders aber die planmäßige Durchführung eines laufenden Erfahrungsaustausches im Elektromaschinen-, Transformatoren- und Apparatebau.

5. Fehlschläge bei ölgekühlten Transformatorenwicklungen

Sofern es sich um Fehlschläge nach einer Instandsetzung bzw. teilweisen oder vollständigen Neuwicklung von Öltransformatoren handelt, kann die Ursache auch in der Beschaffenheit des Öles gesucht werden.

Das alte Öl muß restlos aus dem Ölkessel entfernt und in einer Vakuum-Ölreinigungsanlage entwässert und gereinigt werden. Beim Nachfüllen von Öl ist für eine gute Vermischung des gereinigten alten und des neu hinzugefüllten Öles zu sorgen. Ist diese Forderung nicht erfüllt, dann können im Betrieb physikalische Vorgänge eingeleitet werden, die sich in ähnlicher Weise auswirken, wie etwa das Vorhandensein von Wasser.

Sogenannte überraffinierte Öle neigen zu Oxydationen. Hierbei können Säuren gebildet werden, welche zu Isolationsschäden führen (siehe Beispiel 3, Absatz f).

Werden Wicklungsteile der beschädigten Wicklung wieder verwendet, so sind diese vor dem Wiedereinbau sorgfältig in frischem Trafoöl auszukochen. Das Auswaschen solcher Spulen in Lösungsmitteln birgt Gefahren für die spätere Betriebstüchtigkeit des Transformators.

Zusammengefaßt können die wahrscheinlichen Ursachen der Fehlschläge bei ölgekühlten Trafo-Wicklungen etwa wie folgt aufgezeigt werden:

1. mangelhafte Beschaffenheit des Kühlöles,
2. nicht ausreichende Kurzschlußfestigkeit der Spulen infolge mangelhafter Trocknung oder zu geringer Backfähigkeit des verwendeten Imprägnierlackes,
3. starke Absonderung von Handschweiß beim Wickeln der Spulen,
4. zu geringe Ölfestigkeit des Imprägnierlackes,
5. zu dickflüssiger Imprägnierlack, dadurch nicht ausreichende Trocknung im Innern der Spulen,
6. mangelhafte Isolation der Eingangsspulen.

Aus den dargelegten Möglichkeiten geht hervor, daß Fehlschläge bei ölgekühlten Transformatoren nicht nur, oder sogar nur sehr selten, auf eine mangelhafte Beschaffenheit des Imprägnierlackes zurückgeführt werden können.

Über die Auswahl geeigneter Imprägnierlacke für ölgekühlte Trafo-Wicklungen ist aus Abschnitt IV Absatz 3 alles Nähere zu ersehen.

Im Zusammenhang hiermit sei auf das Buch des Verfassers: „Die Instandsetzungen an elektrischen Maschinen und Transformatoren“ hingewiesen. Unter Absatz C „Die Ursachen der Durchschläge“ ist ausführlich auf die erforderlichen wickeltechnischen Voraussetzungen zur Verhütung von Fehlschlägen hingewiesen[1]).

6. Fehlschläge in Vakuum-Imprägnier- und Trockenanlagen

Die bei Anwendung des Vakuum-Imprägnierverfahrens beobachteten Rückschläge haben in der Regel folgende Ursachen:

a) Infolge häufigen Umpumpens des Tränklackes aus dem Lackbehälter in den Imprägnierkessel und umgekehrt nimmt der Lack viel Luftsauerstoff auf und verliert viel Lösungs- und Verdünnungsmittel. Außerdem unterliegt der Tränklack in diesen Anlagen häufigen und erheblichen Temperaturschwankungen. Ungeeignete Lacke neigen daher nach kürzerer oder längerer Zeit zur Gelatinierung (Eindicken) und bei Zusatz von Lösungs- und Verdünnungsmittel zu sogenannten Ausfallerscheinungen.

[1]) Neuer Titel: Das Elektromaschinenbauer-Handwerk 3. Aufl. 1949.

Tränklacke, die in kombinierten (heizbaren) Vakuum-Imprägnier- und Trockenanlagen verwendet werden sollen, müssen der diesbezüglichen Beanspruchungen standhalten.

b) Bei Verwendung von Öllacken ist eine Tiefentrocknung (z. B. bei Wicklungen) nur bei einer ausreichenden Zufuhr von Luftsauerstoff möglich. Die Trocknung der unter Vakuum getränkten Werkstücke kann und darf daher nicht unter Vakuum sondern muß unter Zufuhr von Luftsauerstoff erfolgen, d. h. der Trockenraum muß während der gesamten Trockenperiode eine kontinuierliche Frischluftzuführung erhalten und die verbrauchte Luft muß aus dem Behälter kontinuierlich nach außen abgeführt werden. Die zugeführte Frischluft soll möglichst gefiltert und vorgewärmt in den Trockenraum gelangen.

Auch bei Verwendung von härtbaren Kunstharz-Tränklacken, die an sich zur Trocknung (Härtung) keine Sauerstoffzufuhr benötigen, ist eine Belüftung des Trockenraumes zwecks Abführung der Lösungsmitteldünste unumgänglich notwendig und zwar so lange, bis die letzten Reste der Lösungs- und Verdünnungsmittel aus dem Innern der Werkstücke (Wicklungen) nach außen entwichen sind. Die Entfernung der Lösungs- und Verdünnungsmittel aus den Wicklungen und aus dem Trockenraum erfolgt zweckmäßig durch Anwendung des Vakuum-Absaugeverfahrens und zwar solange, bis im Niederschlagsgefäß die Beendigung des Prozesses einwandfrei erkannt wird.

c) Es ist darauf zu achten, daß der beheizbare Imprägnier- und Trockenbehälter der Vakuumanlage, die Verbindungsrohre und der Lackbehälter mit einer wärmeisolierenden Schutzschicht (Kieselguhr, Glaswatte, Kork, Sterchamol u. dgl.) umgeben ist. Fehlt diese Wärmeisolation, dann besteht bei gegebenen Voraussetzungen die Gefahr schädlicher Kondensatbildungen innerhalb der Behälter, Rohre und Ventile.

d) Die räumliche Anordnung der Heizkörper im Trockenraum und die Temperaturregelung derselben muß so ausgelegt sein, daß in allen Zonen des Trockenraumes annähernd die gleiche Temperatur erzielt wird. Die äußeren Abstrahlverluste des Trockenraumes sollen gemäß Absatz c auf ein Minimum gehalten werden.

Unter Hinweis auf die Ausführungen Seite 171 lassen sich die Ursachen der möglichen Rückschläge etwa wie folgt zusammenfassen:

I. Wenn es sich um die Verwendung von Ölisolierlacken handelt, dann sind mangelhafte Tiefentrocknungen oder zu lange Trockenzeiten im Regelfalle auf eine unzureichende Sauerstoffzufuhr oder auf ungleiche bzw. zu geringe Trockentemperatur zurückzuführen. Werden beispielsweise ungleiche Trockenergebnisse festgestellt, dann läßt dies auf nicht einheitliche Temperaturen innerhalb des Beschickungsraumes im Imprägnierkessel schließen. Bei elektrischer Beheizung wird vielfach die aus einer Serie je für sich selbständiger Heizkörper bestehende Heizanlage in verschiedenen Anordnungen (Reihenschaltung. Parallelschaltung usw.) geschaltet oder einzelne Heizelemente werden ab- und zugeschaltet, um hierdurch die Trockentemperatur nach Bedarf zu regeln. Das Ab- und Zuschalten einzelner Heizelemente kann bei einer solchen Regelmethode zu ungleichen Temperaturen innerhalb des Trockenraumes und somit zu ungleichen Trockenergebnissen führen. Es sollen stets alle vorhandenen, symmetrisch auf den Trockenraum verteilten Heizelemente eingeschaltet sein und mit Hilfe selbsttätig arbeitender Regelgeräte so gesteuert werden, daß an sämtlichen Heizkörpern die erforderliche gleiche Temperatur vorhanden ist.

II. Störungen infolge Ungeeignetheit des verwendeten Tränklackes in bezug auf die Unempfindlichkeit gegen das wiederholte Umpumpen und Erhitzen des Lackes müssen durch Auswechslung des Lackes und gleichzeitige, sorgfältige Reinigung des Behälters sowie der Verbindungsrohre behoben werden. Bei Verwendung synthetischer Tränklacke, die im wesentlichen durch Wärmepolimerisation trocknen (erhärten), ist darauf zu achten, daß die Ventile und Verbindungsleitungen nicht zu hohe Temperaturen annehmen und Lackreste durch Wärme in den unlöslichen Zustand übergehen.

7. Das Isolier- und Imprägnierproblem bei Straßenbahnmotoren

I. Allgemeines über die Ursachen der Wicklungsschäden

Die Betriebstüchtigkeit und vor allen Dingen die Lebensdauer der Straßenbahn-Fahrzeugmotoren (ausgedrückt in Fahrtkilometer) ist im wesentlichen von den Wettereinflüssen und von der thermischen Beständigkeit der Wicklungsisolation abhängig.

Erfahrungsgemäß beruht der weitaus größere Teil der anfallenden Wicklungsschäden auf das Eindringen von Feuchtigkeit in das Innere der Motoren. Es handelt sich hier um:

Regenwasser,
Schneewasser,
salzhaltiges Regen- oder Schneewasser,
Kondenswasser,
Luftfeuchtigkeit.

Die Bauart der Fahrzeugmotoren:

Bekanntlich besitzen die Straßenbahn-Fahrzeugmotoren in der Regel ventiliert geschützte (spritzwassergeschützte) Bauart, d. h. die

Motorengehäuse weisen Öffnungen auf, durch welche die Außenluft (Kühlluft) und somit auch die Feuchtigkeit in das Innere der Motoren eindringen kann.

Die Belüftung der Fahrzeugmotoren:

Je intensiver die Belüftung (Kühlung) der Wicklungen, je geringer die Gefahr einer thermischen Zerstörung derselben, aber auch je größer ist die Gefahr des Eindringens der Feuchtigkeit in das Innere der Motoren und damit der Ausfall durch Wicklungsschäden.

Feuchtigkeit als Schadensursache:

Es ist erklärlich, daß die Wicklungen der Fahrzeugmotoren in den Wintermonaten (Einstreuen von Viehsalz zur Verhütung des Einfrierens der Weichen) und an regnerischen Tagen, besonders während der Schneeschmelze, im erhöhten Maße gefährdet sind.

Thermische Wicklungsschäden:

In den Sommermonaten, besonders bei länger anhaltender Trockenheit und hohen Tagestemperaturen ist dagegen die Gefahr einer thermischen Zerstörung der Wicklungsisolation größer. In dieser Zeit stellen auch die atmosphärischen Entladungen (Blitzschlag) eine zusätzliche Gefahr für die Wicklungen dar.

Betriebsunkosten:

Die infolge Wicklungsschäden entstehenden Betriebsunkosten sind deswegen außerordentlich hoch, weil es sich nicht nur um die Beseitigung der Wicklungsschäden durch Auswechseln des Ankers bzw. ein oder mehrerer Magnet- oder Wendepolspulen handelt. Die sekundären Kosten, nämlich der Ausfall des Motorwagens aus dem Verkehrsbetrieb selbst, sowie der Aus- und Abbau der Fahrzeugmotoren aus dem Fahrzeug spielen hierbei eine sehr beachtliche Rolle.

Vorbeugungsmaßnahmen:

Es ist nun Aufgabe der technischen Betriebsleiter, die mittlere Lebensdauer der Fahrzeugmotoren durch Einleiten und durch planmäßige Durchführung geeigneter Maßnahmen zunächst einmal sicherzustellen und nach Möglichkeit über diesen Standardwert hinaus zu verlängern, um hierdurch die Betriebsunkosten zu senken.

Vorratswirtschaft in der Wickelei:

Einige Straßenbahnen lassen zumindest einen Teil der anfallenden Wicklungsarbeiten von privaten Instandsetzungswerkstätten ausführen. In verhältnismäßig vielen Fällen werden komplette Sätze der Anker-Formspulen, Magnet- und Wendepolspulen von privaten Reparaturwerkstätten elektrischer Maschinen bezogen. Es handelt sich hier in der

Regel um solche Werkstätten, die sich speziell mit der Herstellung von Bahnankerformspulen befassen, über entsprechende Einrichtungen und über ausreichende Erfahrungen verfügen

Bei anhaltenden Schlechtwetterperioden sind die Straßenbahngesellschaften darüber hinaus vielfach genötigt, Anker-Neuwicklungen an private Instandsetzungswerkstätten zu vergeben, sofern die Kapazität der eigenen Reparaturwerkstätten nicht ausreicht, den vorübergehend erhöhten Anforderungen in allen Teilen gerecht zu werden.

Lagerhaltung:

Für den Regelfall halten die Straßenbahnen eine Anzahl kompletter Anker-Spulensätze, Magnet- und Wendepolspulen usw. einbaufertig am Lager.

Es kommt vor, daß diese Reserve monatelange Lagerzeiten zu überstehen hat und es kommt sehr darauf an, daß die Wicklungsteile hierbei ihre ursprüngliche Verfassung nicht nachteilig verändern.

In dieser Beziehung sind eine ganze Anzahl wichtiger Voraussetzungen zu erfüllen, auf welche später noch eingegangen wird.

II. Möglichkeiten zur Erhöhung der Lebensdauer der Fahrzeugmotoren

Bei der vorstehend dargelegten Situation kommt es in erster Linie darauf an, den Fahrzeugmotoren den höchst erreichbaren Grad an Betriebssicherheit zu verleihen.

Dieses Ziel kann jedoch nur dann vollwertig erreicht werden, wenn alle betrieblichen Einflüsse im einzelnen sorgfältig erfaßt und entsprechende Vorkehrungen für die Duplizierbarkeit der Arbeitsvorgänge getroffen worden sind.

Die Auswahl der Werkstoffe:

Von entscheidender Bedeutung ist die Auswahl der Werkstoffe, die im einzelnen etwa wie folgt aufgezeigt werden können:

Isolierstoffe,

Aufbau der Isolation.

Feuchtigkeitsaufnahme:

Bei dem Aufbau der Isolation ist davon auszugehen, daß alle organischen Isolierstoffe (Preßspan, Baumwolle, Holz, Hanfkordel, Zellwolle, Kunst- und Naturseide, Papier, organische Isolierlacke usw.) mehr oder weniger hygroskopische Eigenschaften besitzen und daher zur Feuchtigkeitsaufnahme neigen.

Wärmebeständigkeit organischer Isolierstoffe:

Außerdem ist die Wärmebeständigkeit der organischen Isolierstoffe begrenzt, d. h. bei etwa 120° Celsius tritt allmählich der thermische Zerfall dieser Stoffe ein.

Aus dieser Betrachtung geht bereits hervor, daß der Grad der Feuchtigkeitsaufnahme der einzelnen Isolierstoffe sowie die thermische Beständigkeit derselben ausschlaggebende Faktoren darstellen.

Anorganische Isolierstoffe:

Es muß daher das Bestreben sein, die organischen Isolierstoffe durch solche anorganischer Herkunft nach gegebenen Möglichkeiten zu ersetzen.

Glasisolierte Profildrähte:

Für die Herstellung der Anker-Formspulen werden in letzter Zeit vorwiegend glasisolierte Profildrähte verwendet, die von den Herstellern aus naheliegenden Gründen bereits in organischen Isolierlacken vorimprägniert sind.

Die thermische Auswertung der Isolierstoffe:

Die thermische Auswertung der Drahtisolation hängt folgerichtig von der thermischen Beständigkeit der Imprägnierlacke und der übrigen Isolierstoffe ab, die außer den glasisolierten Drähten zur Verwendung kommen.

Es ist demnach vorteilhaft, alle hygroskopischen (organischen) Isolierstoffe nach und nach durch anorganische Stoffe zu ersetzen.

Tränk- und Überzugslacke:

Erhöhte Aufmerksamkeit ist den Isolier-, Tränk- und Überzugslacken zuzuwenden.

Vorimprägnierung der Anker-Formspulen:

Es wurde bereits erwähnt, daß die Anker-Formspulen sowohl von den Straßenbahngesellschaften als auch von privaten Reparaturwerkstätten hergestellt werden. Außerdem wurde darauf hingewiesen, daß komplette Spulensätze auf Lager gehalten werden.

Man stellt an die Anker-Formspulen etwa folgende Anforderungen:

a) die Spulen müssen eine einbaufertige Form aufweisen,
b) die Spulen müssen selbst nach monatelanger Lagerung noch elastisch (verformbar) sein.

Spezielle Metall-Spulen-Formgeräte:

Die Voraussetzungen zu -a- können nur mit Hilfe spezieller Metall-Spulenformgeräte und auch nur dann erfüllt werden, wenn ausreichende praktische Erfahrungen in der Herstellung von Bahn-Anker-Formspulen zur Verfügung stehen.

Hochelastische alterungsbeständige Tränklacke:

Die Voraussetzungen zu -b- können nur mit hochelastischen, alterungsbeständigen Tränklacken erfüllt werden.

Es ist an sich bekannt, daß die vorschriftsmäßig angewandten und getrockneten Tränklacke während der Lagerung der Spulensätze durch den Luftsauerstoff, durch Wärme und Licht altern, d. h. ihre chemische und mechanische Struktur verändern.

Das Zeitmaß dieser Alterung wird durch den rohstofflichen und rezeptlichen Aufbau der Tränklacke, durch die Höhe der Temperatur im Lagerraum, durch die Intensität der Lichteinwirkung und durch die Lagerzeit bestimmt.

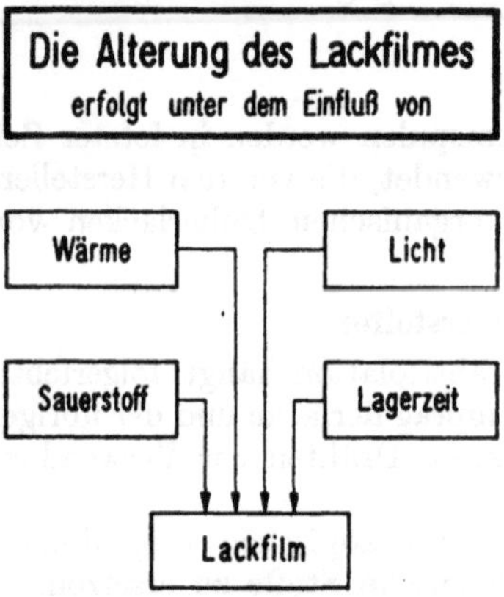

Abb. 98.
Der Isolationswert des Lackfilmes steigt in der Regel im Ablauf des Alterungsprozesses. Dagegen läßt die Elastizität des Filmes nach einer entsprechenden Zeit allmählich nach. (Siehe auch S. 216).

Hieraus ergibt sich folgerichtig, daß die für die Vorimprägnierung der Anker-Formspulen verwendeten Tränklacke andere Eigenschaften aufweisen müssen als die Tränklacke, die nach Fertigstellung der Ankerwicklungen zum Einsatz gelangen.

Zwei verschiedene Tränklacktypen?

Die letzteren Tränklacke müssen u. a. ein gutes Eindringvermögen, eine hohe Backfähigkeit, eine hohe thermische Beständigkeit und möglichst wasserabweisende Eigenschaften aufweisen.

Es kommen demnach zwei verschiedene Tränklacktypen in Betracht, die je für sich die geforderten Eigenschaften besitzen.

Einheitstränklack:

Das schließt keineswegs aus, daß nicht mit einer einzigen Tränklacktype beide Anforderungen erfüllt werden können, sofern ein Sondertränklack beide Eigenschaften besitzt. Ob ein vorhandener Tränklack aber den vielseitigen Anforderungen in allen Teilen genügt, muß vor dem Einsatz desselben in aller Sorgfalt festgestellt werden.

Man kann den vorerwähnten Alterungsprozeß während der Lagerung kompletter Spulensätze etwa wie folgt verzögern.

Lagerung der Spulensätze:

Die Spulensätze können in undurchsichtigem Ölpapier möglichst luftdicht verpackt in einem trockenen, mäßig temperierten, verdunkelten Raum gelagert werden.

Vielfach wird von einer Imprägnierung der fertigen Ankerwicklungen deswegen abgesehen, um nachträglich — gelegentlich einer Teilinstandsetzung — einzelne Ankerspulen schneller und gefahrloser auswechseln zu können.

Die Ansichten der Fachleute über diese Methodik sind nicht einheitlich.

Es können jedoch keine Zweifel darüber bestehen, daß durch die ein- oder sogar mehrmalige Imprägnierung der fertigen Ankerwicklungen die Lebensdauer derselben erheblich erhöht werden kann.

Überzugslacke:

Tränklacke haben bekanntlich ganz andere Aufgaben zu erfüllen, als Überzugslacke und hieraus ergibt sich, daß ein höherer Feuchtigkeitsschutz im Regelfalle nur durch die zusätzliche Anwendung spezieller Überzugslacke erzielt werden kann.

Diese Überzugslacke müssen so angewendet werden, daß die gesamte Oberfläche der Wicklungskörper lückenlos mit einem haftfesten, hochwertigen Schutzfilm überzogen wird. Die Haftfestigkeit und die Trockeneigenschaften dieser Überzugslacke spielen u. a. eine wichtige Rolle, und zwar besonders dann, wenn der Überzugslack in zwei oder sogar mehreren Auflagen zur Anwendung kommt.

Allgemein wird ein lufttrocknender Überzugslack begehrt. Im vorliegenden Falle ist jedoch eine Ofentrocknung oder eine Trocknung infolge Stromdurchganges durch die Wicklung bei mäßiger Temperatur (etwa 60—80° Celsius) vorteilhaft.

Fahrdrahtspannung:

Die Fahrdrahtspannung, mit welcher die Fahrzeugmotoren betrieben werden, beträgt in der Regel etwa 600—750 Volt. Die Spannung ist zeitweise nennenswerten Schwankungen unterworfen.

Der Isolationswert zwischen Wicklungen und Eisen muß diesen Spannungsverhältnissen unter Einschluß eines reichlich bemessenen Sicherheitsfaktors entsprechen (siehe V. D. E. Prüfvorschriften).

Diese Forderung kann verhältnismäßig leicht erfüllt werden.

Die Bewertung der Tränklacke:

Weitaus schwieriger ist es, diesen Isolationswert auch unter den betrieblichen Einflüssen, insbesondere im Hinblick auf die Feuchtigkeitsbeanspruchung auf eine möglichst lange Zeitdauer konstant zu halten

Es kommt daher sehr darauf an, wie sich die Isoliertränklacke und Überzugslacke während der Wasserlagerung verhalten, d. h in welchem Maße der Isolationswert abfällt, wenn die ordnungsmäßig getränkten und getrockneten Spulen dem Einfluß der Feuchtigkeit ausgesetzt werden.

Der Angriff auf den Isolationswert der Wicklungen:

Der Angriff auf den Isolationswert der Wicklungen beginnt in der Regel an der Magnetspule oder Wendepolspule, die in dem unteren Teile des Motorengehäuses angeordnet sind. Das von außen her in das

Innere des Motors gelangte Wasser bildet vielfach im unteren Teil des Gehäuses eine Pfütze und von hieraus dringt das Wasser in das Innere der Magnetspulen ein.

Ist das Wasser salzhaltig oder handelt es sich um Schneewasser, dann tritt oftmals schon nach relativ kurzer Zeit ein Wicklungsschaden ein.

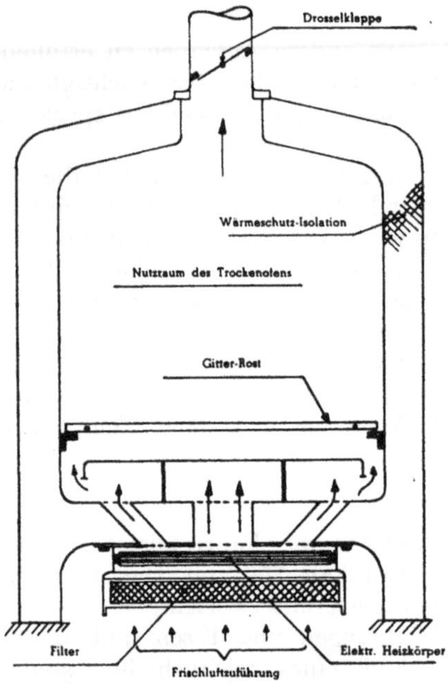

Abb. 99. Prinzipdarstellung eines Trockenofens für Tiefentrocknungen. (Die kontinuierliche Belüftung des Ofen-Nutzraumes erfolgt über einen Filter. Die gereinigte Luft wird über einen elektr. Heizkörper geführt und auf einen Normwert vorgewärmt, bevor dieselbe in den Nutzraum des Trockenofens eintritt. Die eigentliche Beheizung (Großflächenheizung nach Raskop) wird im unteren Teil des Nutzraumes angeordnet).

Natürlich werden auch alle anderen Wicklungsteile im Innern der Motoren durch die Feuchtigkeit mehr oder weniger angegriffen.

Wenn die konstruktive Auslegung der Motoren es gestattet, dann wird man in dem unteren Teil des Polgehäuses 1—2 Löcher bohren, damit die Bildung einer Wasserpfütze nach Möglichkeit verhindert wird. Natürlich müssen diese Löcher am äußeren Teil des Motorgehäuses so überdeckt werden, daß ein Eindringen des Spritzwassers an diesen Stellen bestmöglichst vermieden wird (Shedschutz).

Um das Eindringen des Spritzwassers in das Innere der Motoren zu vermeiden, hat man u. a. auch zusätzliche Druckventilatoren zum Einsatz gebracht. Durch diese Maßnahme wird die Zahl der Fehlerquellen erhöht und es erscheint fraglich, ob das Ergebnis dieser Maßnahme im Endeffekt das positive Vorzeichen trägt.

Andere Versuche, die das gleiche Ziel verfolgen, laufen noch.

Das Ergebnis des Feuchtigkeitsangriffes ist im Regelfalle zunächst ein Windungsschluß in einer oder mehreren Magnetspulen.

Hierdurch wird die Feld-Magnetstärke (A. W.) herabgesetzt und die Ankerdrehzahl erhöht.

In den ersten Schaltstufen arbeiten die beiden Fahrzeugmotoren in Serie, in den anschließenden Stufen jedoch parallel. Der Windungsschluß in einer oder mehreren Magnetspulen wirkt sich in den letzten Schaltstufen in einer Überlastung des mit Windungsschluß behafteten Motors aus. Die einwandfreie Parallelarbeit beider Motoren wird hierdurch mehr oder weniger gestört.

III. Die Imprägnierung und Trocknung

Aus den vorstehenden Darlegungen geht eindeutig die große Bedeutung des Imprägnier- und Trockenvorganges hervor. Es kommt nicht allein darauf an, die richtige Wahl der Isolierstoffe zu treffen, sondern es müssen auch alle Voraussetzungen für die fach- und sachgemäße Verarbeitung der Stoffe erfüllt sein, wenn das Endergebnis möglichst hundertprozentig und vor allen Dingen stets gleichmäßig (gleichwertig) sein soll.

Diese Voraussetzungen können etwa wie folgt aufgezeigt werden:

1. Sowohl die Tränklacke als auch die Überzugslacke müssen stets in gleicher Viskosität zur Anwendung gelangen. Die jeweils empirisch ermittelte günstigste Viskosität muß vor jeder Imprägnierung mit Hilfe eines Viskosimeters unter Berücksichtigung der Raumtemperatur festgestellt werden.

   Dieser Vorgang erfordert ein Lackumlauf- oder Mischgerät, mit dessen Hilfe die optimale Viskosität kurzzeitig und mit Sicherheit eingestellt werden kann.
2. Die Entziehung der Luftfeuchtigkeit aus den Wicklungen soll möglichst unter Vakuum und Wärme geschehen.
3. Die anschließende Durchtränkung der Wicklung soll ebenfalls nach Möglichkeit unter Vakuum vorgenommen werden (Vakuum-Imprägnieranlagen).
4. Dagegen kann die Trocknung der durchtränkten Wicklungskörper nicht unter Vakuum durchgeführt werden, weil zur Trocknung — je nach dem Rohstoffaufbau der Tränklacke — viel Luftsauerstoff erforderlich ist.

   Aus diesem Grunde findet die Trocknung zweckmäßig in einem gesonderten Trockenofen statt.

   Soll jedoch die Trocknung in einer Vakuum-Imprägnier- und Trockenanlage durchgeführt werden, dann ist während der Trockenzeit genügend Luftsauerstoff in den Trockenraum der Anlage einzuführen und die verbrauchte Luft muß aus dem Behälter kontinuierlich entfernt werden. Hierauf sei an dieser Stelle besonders hingewiesen.
5. **Der Trockenofen** soll doppelwandig (Wärmeisolation) ausgelegt, mit einer möglichst trägheitslosen elektrischen Heizung (keine Luftumwälzung) und mit einer automatisch arbeitenden Temperaturmeß- und Regelanlage versehen sein. Die kontinuierliche

Belüftung des Trockenraumes soll ebenfalls regulierbar sein. Der ideale Trockenofen soll mit einer Temperaturregelanlage ausgestattet sein, die eine sogenannte Programmregelung ermöglicht.

Der Temperaturregler einer solchen Anlage wird zweckmäßig mit einem Schreibgerät gekoppelt.

6. Für die Tränkung der Wicklungskörper ist ein Imprägniergerät bzw. eine Einrichtung zu empfehlen, mit deren Hilfe die Viskosität des Lackes in wenigen Minuten eingestellt werden kann. Das Imprägniergerät bzw. die Einrichtung soll so ausgestattet sein, daß Lösungsmittelverluste auf ein Minimum gehalten werden und die Lagerfähigkeit des Lackes auf unbeschränkte Zeit gewährleistet ist. Das Imprägniergerät bzw. die Einrichtung muß auch alle Voraussetzungen erfüllen, die hinsichtlich der Entzündbarkeit dieser Lacke zu beachten sind.
7. Die Trocknung der imprägnierten Wicklungskörper soll nach einer duplizierbaren Trockenkurve in Abhängigkeit von Temperatur und Zeit erfolgen (Programmregelung mit Hilfe eines Fallbügelreglers).

   Diese Trockenkurve muß für die zur Anwendung kommende Lacktype und bezogen auf die Imprägnier- und Trockeneinrichtungen jeweils ermittelt und auf die Programmscheibe des Reglergerätes übertragen werden.

Die Bildung des Lackfilmes:

Es wurde im Vorstehenden bereits dargelegt, daß die Bildung des Lackfilmes durch eine ganze Anzahl Faktoren beeinflußt wird und es kommt darauf an, den Grad der einzelnen Einflüsse zu erfassen und zu berücksichtigen, um zu einer Duplizierbarkeit der Imprägnier- und Trockenvorgänge zu gelangen. Es sei hierzu besonders hervorgehoben, daß es sich bei der Imprägnierung und Trocknung einzelner Wicklungsteile und kompletter Wicklungskörper im Regelfalle um eine sogenannte Tiefentrocknung handelt. Der Ablauf des Trockenvorganges bei einer Tiefentrocknung ist ein ganz anderer als der Vorgang bei einer sogenannten Oberflächentrocknung.

Während es z. B. bei einer Oberflächentrocknung auf einen möglichst kurzfristigen Ablauf der Trocknung eines hauchdünnen Lackfilmes handelt, liegen die Verhältnisse bei einer Tiefentrocknung umgekehrt. Hier muß unter allen Umständen eine vorzeitige Oberflächentrocknung vermieden werden, damit die in den tiefen Wicklungslagen eingeschlossenen Lösungsmittelanteile Gelegenheit haben, möglichst restlos nach außen zu entweichen.

Aus diesem Grunde ist beispielsweise auch eine Luftumwälzung nicht zu empfehlen, weil diese zu einer beschleunigten Oberflächentrocknung beiträgt.

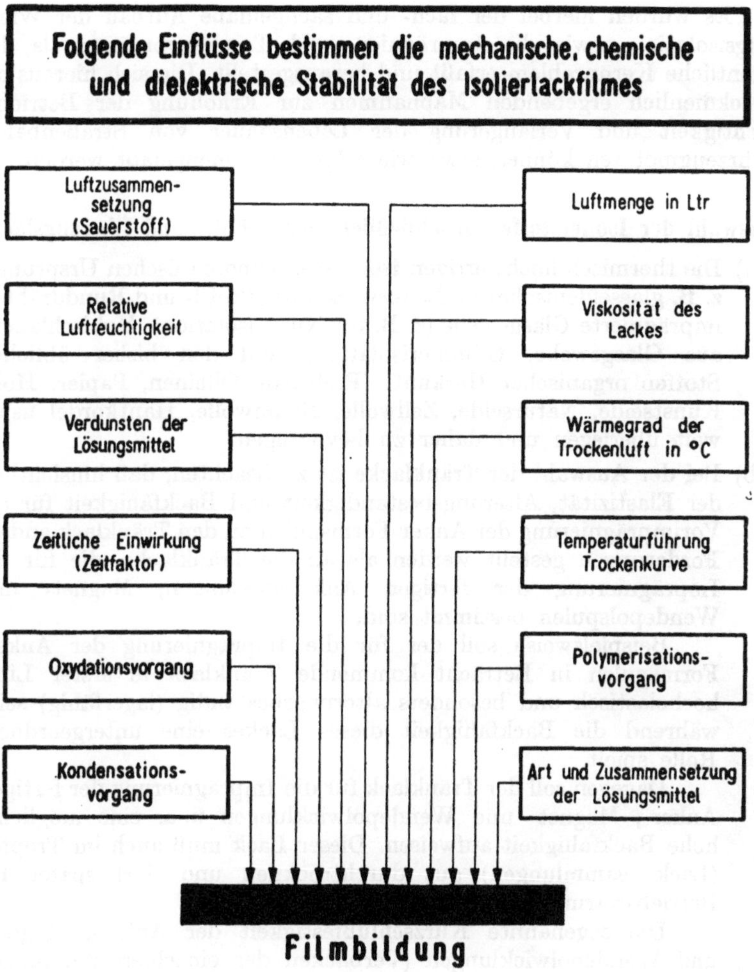

Abb. 100.

Zusammenfassung:

Im Rahmen der Bestrebungen, die Betriebstüchtigkeit und Lebensdauer der Fahrzeugmotoren nach gegebenen Möglichkeiten zu erhöhen, wurden die hauptsächlichsten Ursachen der Wicklungsschäden an diesen Motoren aufgezeigt.

Im Zusammenhang hiermit wurden die Eigenschaften der organischen und anorganischen Isolierstoffe in bezug auf die relative Feuchtigkeitsaufnahme und hinsichtlich der thermischen Beständigkeit einer Betrachtung unterzogen.

Es wurden hierbei der fach- und sachgemäße Aufbau der Wicklungsisolation sowie die Imprägnier- und Trockenvorgänge als das eigentliche Kernproblem erfaßt und herausgestellt. Die sich hieraus als zweckdienlich ergebenden Maßnahmen zur Erhöhung der Betriebstüchtigkeit und Verlängerung der Lebensdauer von Straßenbahn-Fahrzeugmotoren können etwa wie folgt zusammengefaßt werden:

Auswahl der Isolierstoffe einschließlich der Tränk- und Überzugslacke

a) Die thermisch hochwertigen **Isolierstoffe** anorganischen Ursprungs, z. B. glasseidenisolierter Leiterwerkstoff (Profil- und Runddrähte), imprägnierte Glasgewebe (z. B. für Nutenisolation), Hohlschläuche aus Glasgewebe, Glimmerisolation, sind den bisher üblichen Stoffen organischer Herkunft (Preßspan, Ölleinen, Papier, Holz, Kunstseide, Naturseide, Zellwolle, Baumwolle, Hanfkordel usw.) weit überlegen und daher zu bevorzugen.

b) Bei der Auswahl der **Tränklacke** ist zu beachten, daß hinsichtlich der Elastizität, Alterungsbeständigkeit und Backfähigkeit für die Vorimprägnierung der Anker-Formspulen an den Tränklack andere Forderungen gestellt werden als an die Tränklacke, die für die Imprägnierung der fertigen Ankerwicklungen, Magnet- und Wendepolspulen bestimmt sind.

Beispielsweise soll der für die Imprägnierung der Anker-Formspulen in Betracht kommende Tränklack in erster Linie hochelastisch und besonders alterungsbeständig (lagerfähig) sein, während die Backfähigkeit dieses Lackes eine untergeordnete Rolle spielt.

Dagegen soll der Tränklack für die Imprägnierung der fertigen Anker-, Magnet- und Wendepolwicklungen u. a. eine möglichst hohe Backfähigkeit aufweisen. Dieser Lack muß auch im Tropfen (Lackansammlungen) gut durchtrocknen und darf später bei Betriebswärme nicht weich werden.

Die sogenannte Kurzschlußfestigkeit der Anker-, Magnet- und Wendepolwicklungen (Verbacken der einzelnen Windungen und Wicklungslagen zu einem stabilen Körper) kann nur mit backfähigen und in sonstiger Hinsicht brauchbaren Tränklacken erreicht werden.

Aus naheliegenden Gründen (Lagerhaltung usw.) soll nach Möglichkeit für beide Verwendungszwecke nur eine Tränklacktype zur Anwendung kommen. Dieses ist aber nur dann empfehlenswert und möglich, wenn ein Tränklack allen Anforderungen entspricht. Auf die Anwendungsmethoden solcher Tränklacke ist besonders zu achten. Hinsichtlich der thermischen Beanspruchung sollen die Tränklacke ausnahmslos in hohem Maße beständig sein.

Es muß bei Straba-Motoren mit einer Wicklungsstauwärme bis etwa 150° Celsius gerechnet werden. Von großer Bedeutung ist die relative Feuchtigkeitsaufnahme der Tränklacke. Es sind diejenigen Tränklacke zu bevorzugen, die in der Dauer-Wasserlagerungsprobe am Schlusse der Prüfung den höchsten Durchgangswiderstandswert aufweisen.

Die in der Ausarbeitung begriffenen Silikon-Isolierlacke (Silikonharze kommen aus den USA) dürften sowohl hinsichtlich der thermischen Beständigkeit als auch bezüglich der Wasseraufnahme, die Möglichkeit zu einem nennenswerten Fortschritt, d. h. zu einer Verlängerung der Lebensdauer bei Straßenbahnmotoren bieten.

c) **Überzugslacke.** In der Regel bieten spezielle Feuchtigkeitsschutzlacke einen höheren Feuchtigkeitsschutz als Tränklacke einen solchen Schutz zu bieten vermögen.

Der zusätzliche Einsatz spezieller Feuchtigkeitsschutzlacke (Überzugslacke) ist daher bei den Straba-Motoren gerechtfertigt und allgemein üblich.

Aus fertigungstechnischen Gründen werden angefärbte (pigmentierte) lufttrocknende Überzugslacke bevorzugt. Indessen können keine Zweifel darüber bestehen, daß die Trocknung solcher Lacke (u. U. infolge Stromdurchgangs) bei mäßiger Wärme (etwa 60 bis 80° Celsius) vorzuziehen ist.

Die Ofentrocknung solcher Lacke muß als unerläßlich bezeichnet werden, wenn der Überzugslack aus an sich verständlichen Gründen in mehreren Auflagen zur Anwendung gelangt.

d) **Die spezifische Wärmeleitfähigkeit der Tränk- und Überzugslacke** ist ein Gütewert, der bisher wenig beachtet worden ist. Dieser Gütewert spielt jedoch hinsichtlich der beschleunigten Abführung der Wicklungsstromwärme an die Kühlluft eine immerhin beachtenswerte Rolle. In Erkenntnis der Vorteile, die besonders wärmeleitfähige Isolierstoffe und Isolierlacke zu bieten vermögen, werden in letzter Zeit u. a. speziell wärmeleitfähige, kaltplastische, ofentrocknende Isoliermassen bei den Magnet- und Wendepolspulen (ruhende Wicklungen) der Straba-Motoren zum Einsatz gebracht.

Die chemischen, physikalischen und thermischen Vorgänge im zeitlichen Ablauf der Trocknung

Die Kenntnis über das Zustandekommen eines Lackfilmes ist für die aussichtsreiche Verarbeitung der Isolier-, Tränk- und Überzugslacke von großer Bedeutung.

Die filmbildenden Einflüsse bei der Trocknung sind etwa folgende:

1. Die Viskosität des Lackes.
2. Die Art und die Zusammensetzung der Lösungs- und Verdünnungsmittel.
3. Der Luftsauerstoff (Zusammensetzung der Trockenluft) und die Luftmenge.
4. Der Wärmegrad der Trockenluft.
5. Der Feuchtigkeitsgehalt der Trockenluft (relative Luftfeuchtigkeit in Prozent).
6. Physikalischer Vorgang: Verdunstung der Lösungs- und Verdünnungsmittel.
7. Die Oxydation der Lackmasse zu einem Film (chemischer Vorgang).
8. Die Polymerisation (chemische Verkettung) bei der Filmbildung.
9. Kondensationsvorgang (chemische Reaktion bei härtbaren Kunstharzlacken).
10. Das Zeitmaß des Trockenvorganges (die Trockenzeit).
11. Die Art der Temperaturführung während des Trockenvorganges (Trockenkurve).

Es ist erklärlich, daß das Endergebnis eines Trockenvorganges nur dann gleichwertig sein kann, wenn die einzelnen Einflüsse im Ablauf der Filmbildung zumindest einigermaßen gleichwertig gehalten werden. Die meßtechnische Erfassung jedes einzelnen Vorganges ist an sich möglich, aber nicht unbedingt notwendig. Es kommt im wesentlichen darauf an, die jeweils empirisch ermittelten optimalen Einzelwerte durch Einleitung entsprechender Maßnahmen konstant zu halten und duplizierbar zu gestalten.

Bezogen auf eine bestimmte Lacktype kommt es also darauf an, durch praktische Versuche die optimale Trockenkurve in Abhängigkeit von Zeit und Temperatur zu ermitteln und Vorkehrungen zu treffen, die eine beliebige Wiederholung des Trockenvorganges mit ausreichender Genauigkeit ermöglichen (Fallbügel-Regler — Programmregler).

Die Viskosität des Lackes kann jeweils vor Beginn eines Imprägniervorganges ohne Schwierigkeit mit Hilfe eines Viskosimeters auf den Optimalwert eingestellt werden. Es ist nicht unwichtig, darauf hinzuweisen, daß die Art und die Zusammensetzung der Lösungsmittel nicht willkürlich geändert werden darf, d. h. die vom Lacklieferanten vorgeschriebenen Lösungs- und Verdünnungsmittel dürfen nicht durch Mittel unbekannter Eigenschaft ersetzt werden.

Auch die Luftzusammensetzung, insbesondere die relative Luftfeuchtigkeit und die Luftmenge, die kontinuierlich in den Trockenraum des Ofens eingeführt wird, spielt bei der Filmbildung eine wichtige Rolle. Es ist daher ratsam, vor dem Ansaugstutzen des Trockenofens einen Staubfilter und eine elektrische Heizpatrone einzubauen, um nach

Möglichkeit zu erreichen, daß stets vorgetrocknete und vorgewärmte staubfreie Luft in den Nutzraum des Ofens gelangt.

Der Querschnitt des Ansaugstutzens muß so ausgelegt sein, daß eine genügende Luftmenge in den Nutzraum des Ofens einströmen kann. Dasselbe bezieht sich auf die Austrittsöffnung im oberen Teil des Ofens. Durch Einbau entsprechender Drosselklappen soll die Luftzufuhr zum Nutzraum des Trockenofens regelbar sein.

Der Verlauf einer Trockenkurve[1]) in Abhängigkeit von Zeit und Temperatur hat ebenfalls einen erheblichen Einfluß auf die chemische und mechanische Beschaffenheit des Lackfilmes, insbesondere aber auf die Tiefentrocknung (Durchtrocknung in den tieferen Wicklungslagen).

Es dürfte einleuchtend sein, daß durch eine Veränderung der einzelnen Einflüsse, z. B. der Temperatur, der Viskosität des Lackes, der Luftfeuchtigkeit usw., auch das Ergebnis der Trocknung eine entsprechende Änderung erfährt. Es ist zweifellos nicht leicht, die Voraussetzungen für eine zuverlässige Duplizierung des Trockenvorganges zu schaffen. Indessen sind die Möglichkeiten hierzu gegeben und es dürfte sich lohnen, sich mit der Schaffung dieser Voraussetzung ernsthaft zu befassen.

Je vollkommener diese Voraussetzungen geschaffen werden, um so höher ist der Sicherheitsfaktor im laufenden Fertigungsvorgang und je hochwertiger und gleichmäßiger ist das Ergebnis der Imprägnierung, die hinsichtlich der Betriebstüchtigkeit und Lebensdauer aller elektrischen Maschinen von entscheidender Bedeutung ist.

Selbstverständlich spielen die rein wickeltechnischen Vorgänge, z. B. die formgerechte Gestaltung der Anker-Formspulen, Magnet- und Wendepolspulen, eine ebenso wichtige Rolle.

Diese Zusammenhänge sollen nachstehend aufgezeigt werden.

Die Herstellung der Wicklungen an Straßenbahnmotoren

I. Die Eigenschaften und Gütewerte des Leiterwerkstoffes, Anker-, Magnet- und Wendepolwicklungen

Für die Herstellung der Anker-, Magnet- und Wendepolwicklungen an Straßenbahn-Motoren werden von den Motorenherstellern in der Regel rechteckig profilierte Kupferleiter verwendet. Die Gründe hierfür sind bekannt.

In letzter Zeit werden die von den Draht- und Kabelwerken hergestellten Profildrähte mit einer thermisch besonders hochwertigen Glasfaden- bzw. Glasfaser-Umspinnung versehen und es ist anzunehmen, daß sich diese Methode auf breiter Basis und weite Sicht durchsetzen wird.

Die Vorteile der Glasfaserumspinnung liegen nicht nur in der hohen thermischen Beständigkeit des Glasfadens, sondern auch in der

[1]) Siehe S. 104.

guten mechanischen Widerstandsfähigkeit, der vorzüglichen Wärmeleitfähigkeit und in dem relativ geringen Raumbedarf. Glas ist ein anorganischer Stoff und daher — bezogen auf die vorstehenden Darlegungen — den organischen Spinnfasern und Papier weit überlegen.

Methode der Leiterumspinnung und Vorimprägnierung

Mit Rücksicht auf die hohen Anforderungen, die hinsichtlich der Verformbarkeit (Hochkantwicklungen) des umsponnenen Leiterwerk-

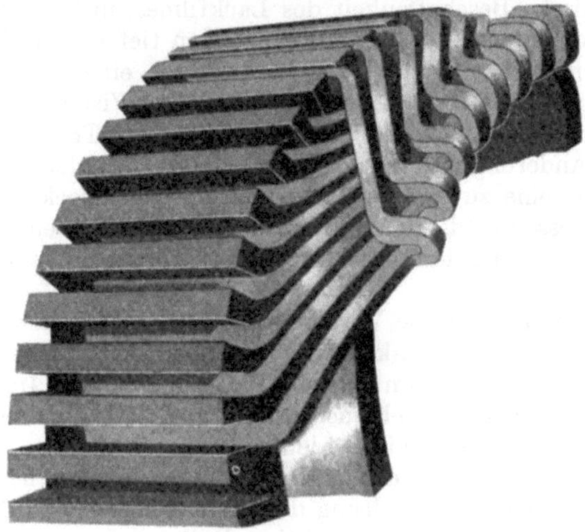

Abb. 101. Prinzipdarstellung einer Zweischichten-Formspulen-Anker-Wicklung.

stoffes von der Verbraucherschaft zwangsläufig gestellt werden, sind von den Draht- und Kabelwerken besondere Fertigungsmethoden ausgearbeitet worden.

Es handelt sich hier im wesentlichen darum, die mehrmalige Glasfadenumspinnung mit einer Vorimprägnierung der Spinnfaser so zu kombinieren, daß die Profildrähte in jeder Beziehung verarbeitungsreif und lagerfähig aus der laufenden Fertigung anfallen.

Bezüglich der Verformbarkeit haben die glasseideumsponnenen Profildrähte die höchste Beanspruchung bei der Herstellung der Anker-Formspulen auszuhalten. Es handelt sich hier im wesentlichen darum, den Profildraht in einem Winkel von 180 Grad um einen Dorn von etwa 4—6 m/m hochkantig (siehe Abb. 104) so zu biegen, daß die vorimprägnierte Umspinnung keine nachteilige Veränderung erfährt.

Zur Erreichung dieses Zieles wählen die Drahthersteller beispielsweise einen bestimmten Auflaufwinkel (Abb. 102 u. 103) des Spinnfadens.

Außerdem wird jeder Umspinnungsauftrag mit einem entsprechend geeigneten Imprägnierlack vorimprägniert und hierbei auf der Oberfläche des Drahtes örtlich fixiert (angeklebt). Bei zweimaliger Umspinnung erfolgen im Regelfalle auch zwei Imprägnierungen und Trocknungen. Die Trocknung geschieht zweckmäßig im Durchlaufverfahren, und zwar in einer entsprechend temperierten Retorte, wobei die sogenannte Durchlaufgeschwindigkeit genau festgelegt wird.

Die Höhe der Trockentemperatur und die Durchlaufgeschwindigkeit bestimmen im wesentlichen den Grad der Trocknung in bezug auf Klebefreiheit, Haftfestigkeit, Elastizität und Alterungsbeständigkeit (Lagerfähigkeit).

Die gleichmäßige, artmäßige und maßhaltige Isolationszunahme der Profildrähte ist bei den vorliegenden beengten Raumverhältnissen für

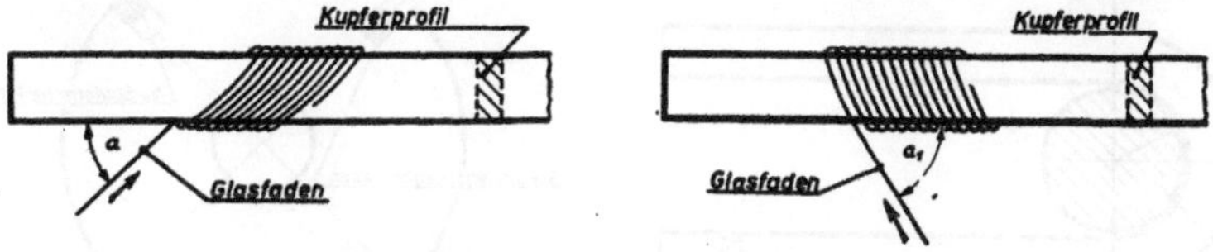

Abb. 102 u. 103 Der profilierte Leiterwerkstoff wird in einem bestimmten Anlaufwinkel - *a* - zweimal umsponnen.

die Anordnung der Spulen innerhalb und außerhalb der Ankernuten (Wickelköpfe) sehr wichtig. Insbesondere darf sich die mechanische und chemische Struktur der imprägnierten Drahtumspinnung bei längerer Lagerzeit nicht nachteilig verändern.

II. Die Herstellung der Ankerformspulen aus glasseideumsponnenem Profildraht.

Die fach- und sachgemäße Verformung des Profildrahtes zu maßhaltigen, einbaureifen Wicklungselementen (Formspulen) stellt in der Gleichstrom-Ankerwickelei ein wickeltechnisches Problem dar, dessen vollkommene Lösung nicht einfach ist. Die in jeder Hinsicht glückliche Lösung dieses Problemes erfordert spezielle Herstellungserfahrungen auf dem Gebiete der Gleichstromwicklungen. In engem Zusammenhange hiermit stehen zweckdienliche Spulen-Formgeräte, die in vorliegendem Falle eine sehr wichtige Rolle spielen.

Die Ankerwicklungen der Straßenbahn-Motoren sind in der Regel einfach geschlossene Reihenwicklungen mit zwei parallelen Stromzweigen (2a — 2). Jede Ankerformspule besteht in der Regel aus mehreren Teilspulen gleicher Weite und gleicher gestreckter Länge, die zu einer sogenannten Mehrfachspule zusammengefaßt sind (Abb. 107).

Bei der Herstellung dieser Profildraht-Ankerspulen kommt es sehr darauf an, den Mehrfachspulen eine einbaureife Form zu verleihen, um einerseits eine bestmögliche Ausnutzung der vorhandenen beengten Wickelräume zu gewährleisten, andererseits hängt aber auch die möglichst kurzfristige Herstellung der Ankerwicklungen (Einbau der Spulen in den genuteten Eisenkörper und den Kollektor) und die Schonung der Spulenisolation während der Wickelarbeit von der richtigen Spulenform ab.

In der Abb. 105 ist die winkelgerechte Stellung der beiden Spulenseiten dargestellt, die in den Ankernuten eingebettet werden. Der Winkel w_1 entspricht jeweils dem Nutenschritt. Die Spulenseiten müssen parallelflankig zu den seitlichen Nutenflächen stehen. Die außerhalb der Nuten liegenden Teile der Ankerspulen müssen sich der Wölbung des Spulenträgers und dem

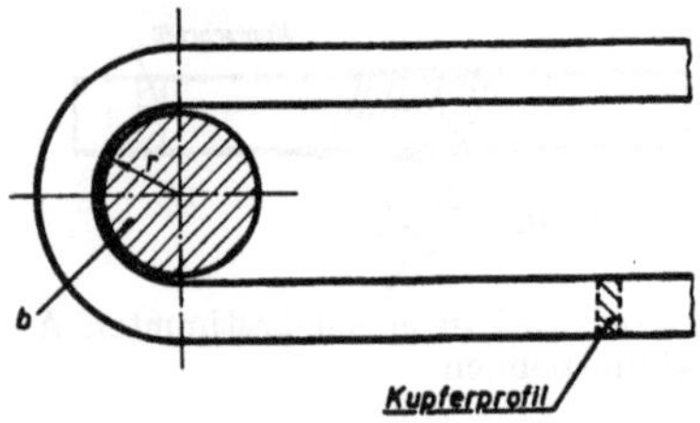

Abb. 104.

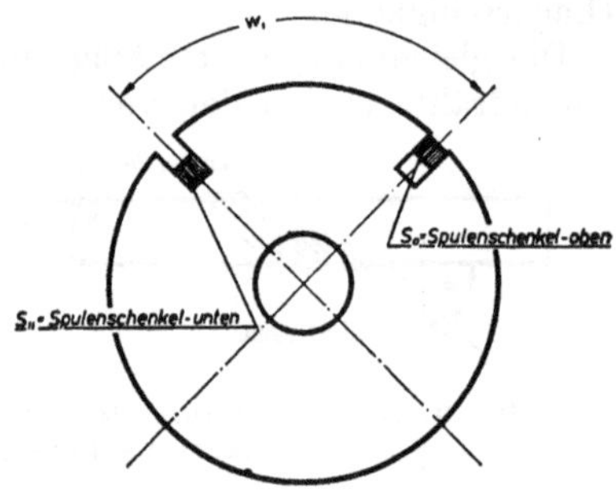

Abb. 105.

Abb. 104. Die rechteckigen Profilleiter werden um einen Stahldorn -*b*- vom Radius -*r*- um 180 Grad hochkantig gebogen.

Abb. 105. Die Winkelstellung der Spulenschenkel in bezug auf die Anordnung in den Ankernuten. W_1 entspricht etwa dem Wickelschritt.

Ankerdurchmesser angleichen (Abb. 101). In der Abb. 109 ist eine Ankerspule für Straßenbahn-Anker dargestellt. Es handelt sich hier um eine Ausführung mit doppelt gekröpften Spulennasen (auch Treppenspulen oder Doppelkopfspulen genannt), die bei Straßenbahnanker häufig vorgefunden werden und im Vordergrund der Interessen stehen.

Für die fach- und sachgemäße einbaureife Herstellung der Straßenbahn-Ankerspulen kommen zwei Fertigungsverfahren in Betracht.

Das eine Verfahren geht davon aus, die maßgerechte Formgebung der Spulen mit Hilfe speziell für jede Spulentype hergestellter Metallformgeräte (Spulen-Wickelschablonen) in einem Arbeitsgang zu erreichen.

Der Vorteil dieses Verfahrens besteht in erster Linie darin, daß die aus dem Formgerät entnommene Ankerspule bereits in allen Teilen die einbaureife Form besitzt. Eine nachträgliche Formkorrektur an diesen Spulen ist also nicht erforderlich. Außerdem ist die unbedingte Gleichmäßigkeit der Spulenform innerhalb eines kompletten Spulensatzes und damit sowohl eine störungslose Wickelarbeit als auch die bestmögliche Schonung der Spulenisolation gewährleistet.

Der Nachteil des Verfahrens besteht darin, daß für jede Spulentype (Ankertype) ein besonderes Metallspulenformgerät erforderlich ist und auf Lager gehalten werden muß.

Das zweite Verfahren unterscheidet sich von dem ersteren dadurch, daß ein verstellbares Metall-Spulenformgerät zum Einsatz gelangt,

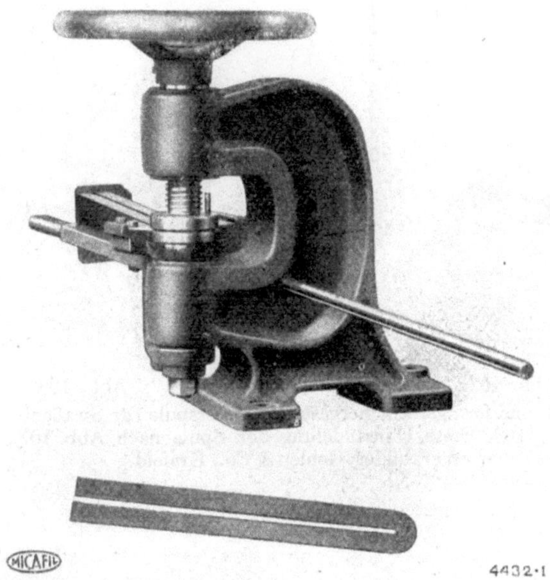

Abb. 106. Hochkant-Biegevorrichtung für Flachkupfer-Stabwicklungen. Werkbild Micafil — Zürich.

welches für verschiedene Spulentypen und Größen maß- und formgerecht eingestellt werden kann.

Bei diesem Verfahren entsteht die Formspule in zwei Fertigungsphasen. In der ersten Phase wird die Spule entsprechend der Art und der Leiterzahl nach Abb. 104 geformt und in der zweiten Phase wird diese Form durch sinnreich angeordnete, bewegliche Formteile nach Abb. 107 entsprechend des Wickelschrittes „aufgezogen" und die winkelgerechte Stellung der Spulenseiten sowie die radiale Biegung der Spulenschenkel nach Abb. 105 hergestellt.

Der Vorteil dieses Verfahrens liegt im wesentlichen darin, daß mit einem einzigen Metall-Spulformgerät praktisch alle anfallenden Ankerspultypen maß- und formgerecht hergestellt werden können.

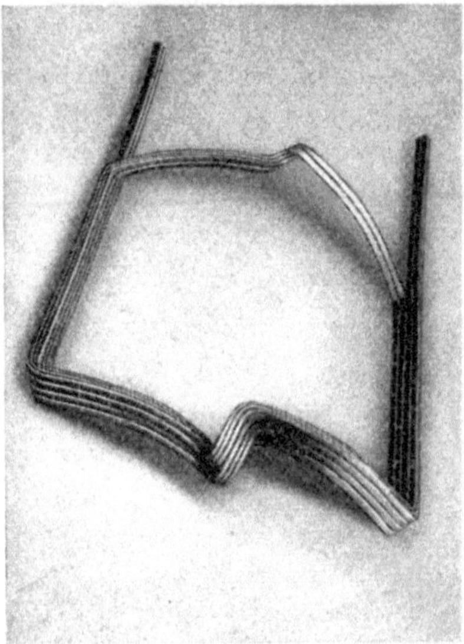

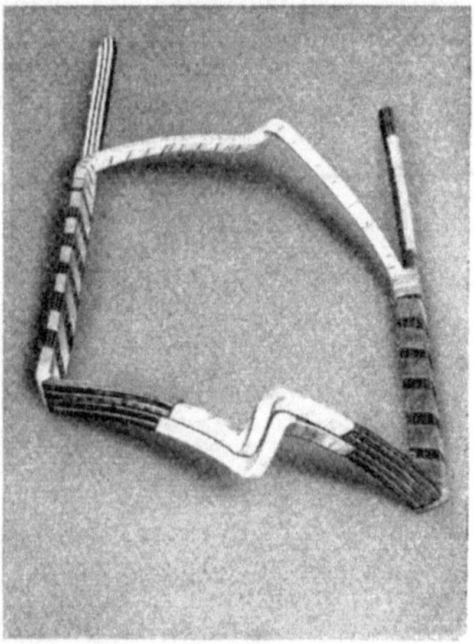

Abb. 107. Abb. 108.

Abb. 107. Maß- und formgerecht hergestellte Ankerspule für Straßenbahnmotoren.
Abb. 108. Erste Umbandelung der Spule nach Abb. 107.
Werkbilder Gehlen & Co., Krefeld.

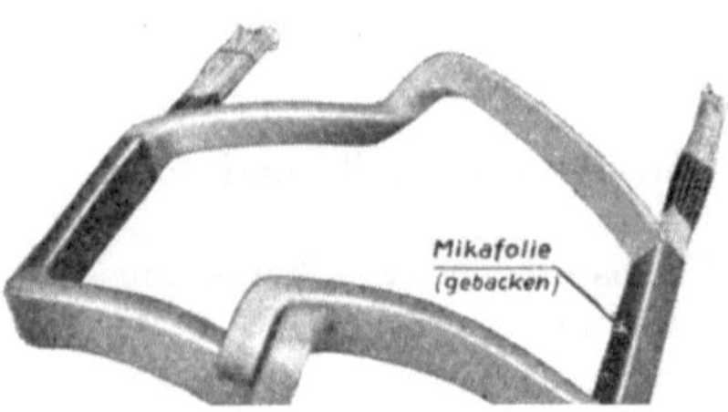

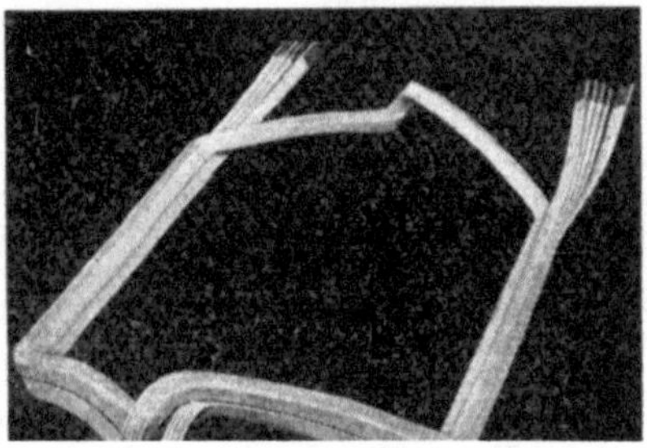

Abb. 109. Abb. 110.

Abb. 109 Einbaufertige Mehrfachspule für Straßenbahn-Anker. Die seitlichen Spulenschenkel sind mit Glimmerpapier (Mikafolie) bewickelt und maßhaltig verbacken. Werkbild Gehlen & Co., Krefeld.

Abb. 110. Maß- und formgerechte Doppelkopfspule für den Straßenbahnanker. Werkbild Heinrich Schümann, Lübeck.

In der Abb. 106 ist ein hervorragend durchkonstruiertes, verstellbares Spulenformgerät für Stabwicklungen dargestellt.

Das Gerät ist in zielstrebiger, jahrelanger Entwicklungsarbeit entstanden und stellt eine wertvolle Bereicherung des handwerklichen Rüstzeuges dar. Sowohl die Funktionsidee als auch die Gestaltung und Ausführung entsprechen den hohen Anforderungen, die an ein solches Ankerspulen-Formgerät gestellt werden. Die universelle Einsatzfähigkeit ist in in- und ausländischen Wickeleibetrieben unter Beweis gestellt worden.

In den Straßenbahn-Instandsetzungswerkstätten und privaten Wickeleibetrieben sind seit Jahrzehnten unverstellbare Ankerspulenformgeräte in Gebrauch, die hinsichtlich der Funktionsidee und der konstruktiven Ausführung nur unwesentliche Unterschiede aufweisen.

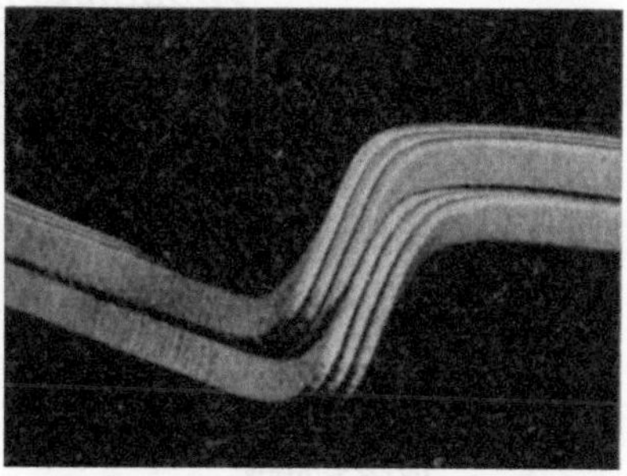

Abb. 111. Form und Anordnung der Spulenköpfe bei Straßenbahn-Ankerspulen. Werkbild H. Schümann, Lübeck.

Abb. 109 zeigt eine einbaufertige Ankerspule, die mit Hilfe eines Ankerspulen-Formgerätes für Straßenbahnanker hergestellt ist.

Die beiden Spulenseiten, die in die Ankernuten eingeordnet werden, sind nach einem speziellen Verfahren der Herstellerfirma mit einer mehrlagigen Schicht „Mikafolien" umwickelt und anschließend unter Hitze und Druck maß- und formgerecht verbacken. Die aus den Spulen frei heraustretenden Schaltenden werden in der Regel mit Hohlschläuchen überzogen. Mit Rücksicht auf die beengten Raumverhältnisse, besonders in der unteren Schaltlage, wird vielfach nur jeder zweite Schaltdraht zusätzlich mit Hohlschlauch überzogen.

Ob die Vorimprägnierung der aus den Formgeräten anfallenden Ankerformspulen vor oder nach der Umbandelung vorteilhafter ist, hängt sowohl von dem Imprägnierverfahren (Vakuum- oder Tauchverfahren) als auch von der Art des Fertigungsverfahrens und von der persönlichen Ansicht der Hersteller ab. Eine fach- und sachgemäße Vorimprägnierung der Ankerspulen ist bei Straßenbahn-Ankern grundsätzlich erforderlich. Wichtig ist jedoch, daß die Maßhaltigkeit der Isolationszunahme durch die Umbandelungs-, Wicklungs- und Verbackungsvorgänge nicht gefährdet und die Elastizität (Verformbarkeit) der Spulen auf weite Sicht gewährleistet ist (Lagerfähigkeit).

III. Die Herstellung der Magnet- und Wendepolspulen

Die Hauptschluß-, Magnet- und Wendepolspulen werden bei Straßenbahnmotoren ebenfalls im Regelfalle aus Profildrähten entsprechenden Querschnittes hergestellt. Die bestmögliche Ausnutzung der ebenfalls beengten Wickelräume erfordert vielfach eine gestaffelte Anordnung der einzelnen Wicklungslagen, etwa gemäß Abb. 112.

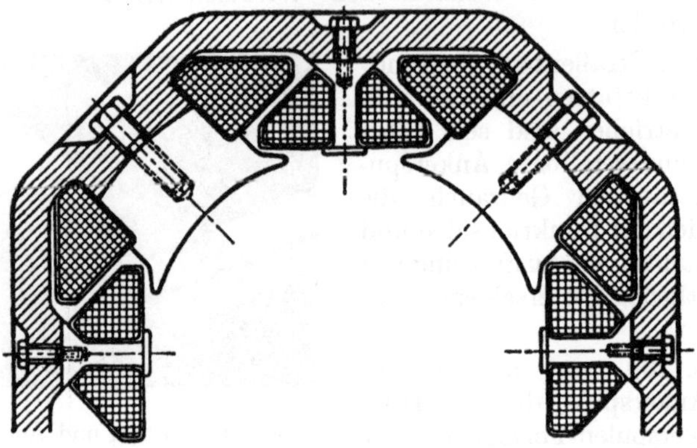

Abb. 112. Form und Anordnung der Hauptschluß- und Wendepolspulen bei einem Bahnmotor.
(Abbildung v. Dobbeler, Konstruktion elektr. Maschinen, Seite 108.)

Die form- und maßgerechte Gestaltung dieser Spulen erfordert ebenfalls wohldurchdachte Formgeräte sowie entsprechende Drahtführungs- und Drahtspannungsvorrichtungen.

Die gestaffelten Drahtlagen werden im Ablauf des Wickelvorganges mit Hilfe eingefügter Bandschlaufen abgefangen und hierdurch in ihrer Lage fixiert.

Der mechanische Zusammenhalt der Spulen wird durch anschließende Umbandelung und Imprägnierung erreicht, wobei die Backfähigkeit des Imprägnierlackes eine wesentliche Rolle spielt.

Es wurde u. a. eingangs erwähnt, daß die unten im Gehäuse angeordneten Magnet- und Wendepolspulen im erhöhten Maße durch Feuchtigkeit gefährdet sind und daß in vielen Fällen mit dem Windungsschluß einer Magnet- und Wendepolspule der Wicklungsschaden bei Straßenbahnmotoren eingeleitet wird.

Aus diesem Grunde werden die Magnet- und Wendepolspulen so behandelt, daß ein möglichst hoher Feuchtigkeitsschutz gewährleistet ist.

8. Das Imprägnierproblem bei vollständig gekapselten Elektromaschinen. Die Ursachen der Kondensatbildung

Zwecks Erlangung eines erhöhten Schutzes der Wicklungen gegen Feuchtigkeit, Gase, Laugendämpfe, Explosionen usw. werden die passiven Bauteile (Lagerschilde und Mittelstücke) der Elektromaschinen vielfach so ausgelegt, daß eine unmittelbare Berührung der Wicklungen mit der Außenluft bestmöglich verhindert wird.

Die sich hieraus ergebende „geschlossene" Ausführung (P 33) der Elektromaschinen kann jedoch nicht immer verhindern, daß sich im Innern der Maschinen infolge entsprechender Temperaturunterschiede zwischen der Außen- und Innenluft gewisse Niederschläge bilden. Diese Niederschläge können — je nach der konstruktiven Ausführung der aktiven und passiven Bauteile — zu Störungen Anlaß geben.

Aus diesem Grunde sei die Frage aufgeworfen, wie und wodurch es zu solchen Kondensatbildungen kommen kann bzw. mit welchen Mitteln sie verhindert, beseitigt oder ungefährlich gemacht werden können.

Die Fa. Brown, Boveri u. Co., Saarbrücken, ordnet beispielsweise an den Mittelstücken geschlossener Drehstrommotoren einen Wassersack an, mit dessen Hilfe das Kondensat an dem tiefsten Punkt des Motorengehäuses aufgefangen und durch sinnreiche Einrichtungen nach außen abgeführt werden kann (Abbildung dieser Einrichtung siehe S. 30).

Soweit es sich bei solchen Konsendatbildungen um Wasser (H_2O) handelt, kann der Ursprung sowohl auf Feuchtigkeitsreste in den Blechpaketen und Wicklungen als auch auf von außen in das Innere der Maschinen eingedrungene Feuchtigkeit (Atmungsfeuchtigkeit) zurückgeführt werden.

Beispiel: Im Rahmen der Fabrikation geschlossener Drehstrommotoren von etwa 35 kW Leistung wurde beobachtet, daß sich nach erfolgtem Probelauf auf dem Prüfstand des Elektrowerkes im unteren Gehäuseteil etwa eine Kaffeetasse Niederschlag (Flüssigkeit) gebildet hatte. — Nach Entfernung dieses Kondensates und wiederholtem Probelauf unter Nenn- und Überlast (Erwärmung) wurde nochmals eine halbe Kaffeetasse Flüssigkeit im Innern des Gehäuses vorgefunden. In dem erwähnten Falle hatten die Motoren das Herstellerwerk noch nicht verlassen.

Bei dieser Sachlage kann zunächst angenommen werden, daß die Feuchtigkeit bereits in den Blechpaketen und Wicklungen vorhanden war, als die Motoren auf dem Prüfstand aufgebaut und zum ersten Male in Betrieb genommen wurden.

Infolge der Erwärmung des aktiven Eisens und der Wicklungen wurde die Feuchtigkeit zum Verdampfen gebracht, d. h. aus den Blechpaketen und den Wicklungen ausgetrieben. Nach Stillsetzen der Motoren und anschließender Abkühlung bildete sich im unteren Gehäuseteil das Kondensat, welches außer Wasser noch — wenn auch geringe — Anteile flüchtiger Tränklackbestandteile enthielt.

Das angeführte Beispiel weist auf die Notwendigkeit der Vakuum-Vortrocknung (Entziehung der Feuchtigkeit durch Vakuum) vor Beginn des Imprägnier- und eigentlichen Trockenvorganges hin.

Die in den Wicklungen und in den Blechpaketen enthaltene Feuchtigkeit sollte möglichst unter Vakuum restlos entfernt werden.

Der Zusammenbau der Maschinen sollte tunlichst unmittelbar nach dem Imprägnier- und Trockenvorgang erfolgen, damit diese wichtigen Teile keine Gelegenheit haben, nach der Imprägnierung wieder Luftfeuchtigkeit aufzunehmen.

Die Anwendung zusätzlicher Feuchtigkeits-Schutzlacke:

Als Sicherheitsfaktor kann zusätzlich ein spezifischer Feuchtigkeits-Schutzlack (im Anschluß an die Imprägnierung) zur Anwendung gelangen, der ein nachträgliches Eindringen von Feuchtigkeit in die Blechpakete und Wicklungen verhindert, zumindest aber erschwert.

Die Feuchtigkeit in den Blechpaketen:

Im Zusammenhang hiermit sei erwähnt, daß bei Verwendung papierbeklebter Dynamobleche und in Gegenden oder Jahreszeiten mit hoher relativer Luftfeuchtigkeit, in den Blechpaketen mit einem erstaunlich hohen Feuchtigkeitsgehalt gerechnet werden kann. Die praktisch restlose Entfernung dieser Feuchtigkeit ist selbst in Vakuum-Anlagen nur bei hohem Vakuum und ausreichenden Vortrockenzeiten zu erreichen.

Da aber in der Praxis zwischen der Beendigung des Imprägniervorganges und dem betriebsfertigen Zusammenbau der Maschinen ein gewisser Zeitraum offenbleibt, in welchen die vorher unter Vakuum imprägnierten Wicklungskörper wieder Luftfeuchtigkeit aufnehmen können, so ist die zusätzliche Anwendung eines geeigneten Überzugs-Schutzlackes auch bei geschlossenen Motoren vorteilhaft.

Bei Verwendung von einseitig lackierten oder chemisch vorbehandelten (Sonderverfahren) Dynamoblechen ist der Feuchtigkeitsgehalt in den Blechpaketen geringer, wenngleich auch in solchen Fällen mit einem immerhin erheblichen Feuchtigkeitsgehalt gerechnet werden muß.

Ähnlich liegen die Verhältnisse bei vollkommen geschlossenen Motoren, die am Betriebsort (Wäschereien, Kokereien usw.) im hohen Maße der Feuchtigkeit oder besonders schwierigen Anlauf- oder Belastungsverhältnissen (geschlossene Zentrifugenmotoren) ausgesetzt sind.

Infolge hoher Temperaturgefälle zwischen dem inneren Teil der Motoren und der Außenluft ist in vielen Fällen eine Kondensatbildung im Innern der Motoren nicht zu verhindern. Besonders ungünstig wirkt sich die Kondensatbildung bei solchen Konstruktionen aus, wo das Kondensat bei erneutem Läuferanlauf durch den entstehenden Luftwirbel erfaßt und in die Ständerwicklung geschleudert wird. Die Betriebstüchtigkeit solcher Motoren kann naturgemäß nicht von langer Dauer sein.

Kondensate mit Anteilen von Lackbestandteilen:

Enthalten die Kondensate außer Wasser auch Anteile von Tränklack-Lösungs- und Verdünnungsmitteln, dann ist dies in der Regel ein Zeichen dafür, daß die an sich leichtflüchtigen Lackbestandteile der Tränklacke im Ablauf des Trockenvorganges nicht restlos aus den Blechpaketen und Wicklungen entfernt worden sind. In solchen Fällen besteht die Möglichkeit, daß der Verlauf der Trockenkurve in Abhängigkeit von Temperatur und Zeit nicht den vorliegenden Verhältnissen entsprechend gewählt worden ist. Möglicherweise hat auch infolge einer zu hohen Anfangstemperatur eine vorzeitige Oberflächentrocknung stattgefunden, wodurch Reste der flüchtigen Lackbestandteile im Innern der Wicklungen eingeschlossen wurden.

Die nachträgliche Entfernung der Kondensatbildungen:

Die nachträgliche Entfernung solcher Kondensatbildungen aus dem Innern der Motoren ist in der Regel um so schwieriger, je dichter die Kapselung der Motoren ausgeführt worden ist (z. B. explosionsgeschützte Motoren, Kennbuchstabe e, Schlagwetterschutz, Kennbuchstabe m, druckfeste Kapselung, Kennbuchstabe i).

Gegebenenfalls müssen die Lagerschilde oder das Mittelstück angebohrt und die Löcher mit Gewinde versehen werden, damit die Feuchtigkeit nachträglich durch entsprechende Maßnahmen (Erwärmung und Einblasen trockener, vorgewärmter Luft) aus dem Innern nach außen geführt und die Öffnungen durch Gewindestopfen wieder verschlossen werden können.

Zusammenfassung:

Bei geschlossenen Elektromaschinen (Schutzarten P 33, e, m, i) besteht die Möglichkeit einer Kondensatbildung im Innern der Motoren.

Es wurde dargelegt, wie solche Kondensatbildungen zustandekommen können und es wurden Mittel und Wege aufgezeigt, wie derartigen Erscheinungen vorgebeugt, bzw. wie dieselben beseitigt oder unschädlich gemacht werden können.

9. Der Einsatz von Kunststoff-Folien bei der Umbandelung von Wicklungselementen. Erhöhter Feuchtigkeitsschutz

Die hohe Feuchtigkeitsbeständigkeit, die außergewöhnlich günstigen dielektrischen Gütewerte, der geringe Raumbedarf und die chemische Beständigkeit der Kunststoff-Folien haben im Elektromaschinen-, Transformatoren- und Starkstromapparatebau zur vielseitigen und erfolgreichen Anwendung derselben geführt.

Im Rahmen der hiermit zusammenhängenden Versuche sind u. a. auch negative Eigenschaften bestimmter Foliensorten, zumindest scheinbar negative Eigenschaften, festgestellt worden.

Beispielsweise wurde in der Fachzeitschrift EMA[1]) über „Genothermfolien" berichtet, daß dieselben bei bestimmten Temperaturen zu Schrumpfungserscheinungen neigen, die möglicherweise bei der Verwendung dieser Folien als Nutenisolation nachteilige Auswirkungen hervorrufen können.

Diese Schrumpfungsvorgänge wurden nunmehr bei der Umbandelung von Magnetspulen für Kollektor-Kleinstmotoren, bei der Isolierung von Stabwicklungen und in anderen Fällen als ein Vorteil erkannt und ausgenutzt.

Es wurde festgestellt, daß Folienbänder von 40 Mü Wandstärke **nach** der Umbandelung fertiggeformter und in Tränklack imprägnierter Feld-Magnetspulen kurzzeitig einer Temperatur von etwa 140 bis 150^0 Celsius ausgesetzt werden können und daß hierbei infolge der Schrumpfungsvorgänge eine fast fugenlose, äußerst hochwertige Isolation zwischen Wicklungen und Eisen erzielt wird.

Taucht man die umbandelten Spulen in einem hochwertigen Tränk- oder Überzugslack, dann erhält man im Ablauf des Trockenvorganges eine elastische, raumsparende, völlig fugenlose, transparente und in jeder Beziehung hochwertige Isolierschicht.

Die Kombination „Genothermfolie/Tränklack/Wärmebehandlung" verleiht den Wicklungselementen und Wicklungen überdies ein vorzügliches Aussehen. Die transparente Isolierschicht gestattet eine Beobachtung der darunter liegenden Leiterbündel und die hochglänzende, glatte Außenfläche des Schutzmantels verhindert Staubablagerungen. Infolge der chemischen Zusammensetzung der Kunststoffolien und Tränklacke eignet sich die beschriebene Kombination auch für tropische und subtropische Beanspruchungen.

Anwendungsverfahren:

Die in einem elastischen Tränklack vorimprägnierten Wicklungselemente (z. B. Magnetspulen für Kleinstmotoren usw.) werden nach der Trocknung mit Folienband geeigneter Breite und Wandstärke

[1]) Heft 1/1950 S. 28—30.

überlappt umbandelt, anschließend in hochwertigen Tränklack getaucht und im Ofen bei einer Temperatur von etwa 140—150° Celsius kurzzeitig getrocknet.

Die Trockenzeit richtet sich im wesentlichen nach der Art des verwendeten Tränk- oder Überzugslackes (der Lack dringt nicht in die Folien ein!) und nach dem Kupfervolumen der Wicklungselemente. Bei Magnetspulen für Kleinstmotoren wird es sich um Trockenzeiten von etwa 1½—3 Stunden handeln. Bei größeren Magnetspulen (z. B. bei Hauptschluß- und Wendepolspulen der Straßenbahnmotoren) muß die ideelle Trockenzeit durch praktische Versuche ermittelt werden.

Bei Stabwicklungen werden die Kupfer-Profilstäbe mit der Folie[1]) umbandelt, in Tränklack oder Überzugslack getaucht und im Ofen — wie bereits beschrieben — getrocknet.

Bei Drehstromläufer-Stabwicklungen wird in der Regel derjenige Teil der Stäbe, der in den Läufernuten angeordnet wird, mehrlagig mit maßhaltig zugeschnittenen Folienstreifen umwickelt. Das Ende der Folie wird mit geeigneten Klebemitteln (beim Lack- oder Folienlieferanten erfragen!) fest verklebt. Die außerhalb der Nuten liegenden Teile der Stäbe können vorteilhaft mit Hohlschlauch überzogen oder mit schmalem Folienband umbandelt werden.

Das vorstehend beschriebene Verfahren hat sich ausgezeichnet bewährt. Es kann insbesondere für Kleinstmotoren und für solche Fälle empfohlen werden, wo beengte Raumverhältnisse vorliegen oder ein besonders hoher Feuchtigkeitsschutz angestrebt wird.

---

[1]) Hersteller der „Genothermfolie": ANORGANA, G. m. b. H., (13b) Gendorf (Bayern).

X. Abschnitt

Richtlinien für die Bestimmung der Gütewerte bei Isolierlacken

Für die Prüfung der Elektro-Isolierlacke hat der Verband deutscher Elektrotechniker erstmalig im Jahre 1940 die „Leitsätze für die Prüfung von Isolierlacken — VDE—0360/XII/40 und 0361 K/VIII/44" herausgegeben.

Ergänzend hierzu veröffentlichte der Verfasser in der Fachzeitschrift „Elektro-Technik" Heft 47 vom 23. November 1940 u. a. Erweiterungs- und Ergänzungsvorschläge, die sich auf die Festlegung einheitlicher Gattungsbegriffe sowie auf Lackier-, Tränk- und Trockenmethoden beziehen. Maßgebend für die Veröffentlichung dieser Vorschläge war die Tatsache, daß in den Hersteller- und Verbraucherkreisen von Elektro-Isolierlacken weder klare, einheitliche Gütewertbezeichnungen noch einheitliche Auffassungen über Lackier-, Tränk- und Trockenmethoden bestehen. Die Erfüllung dieser Forderung dürfte jedoch eine der ersten und wichtigsten Voraussetzungen für die beschleunigte aussichtsreiche Weiterentwicklung und Gütewertsteigerung auf dem Sektor Isolierlacke sein. Es erscheint daher wesentlich, für die Isolierlackverbraucher und Hersteller gemeinverständliche, einheitliche Begriffserklärungen über:

Öl-Isolierlacke, Kunstharz-Isolierlacke, härtbare Kunstharz-Isolierlacke, Öl-Kunstharz-Isolierlacke, lufttrocknende und ofentrocknende Isolierlacke, Überzugs-Isolierlacke, Tropenschutz-Isolierlacke, kaltplastische Isoliermassen, warmplastische Isoliermassen, Lösungs- und Verdünnungsmittel, Tränkverfahren, Trockenverfahren, Temperaturführung, Oberflächentrocknung, Tiefentrocknung, Trockenzeit, Viskosität, Backvermögen, Feuchtigkeitsschutz, Tropenschutz, Wärmebeständigkeit, Wärmeleitfähigkeit usw.

etwa wie folgt einzuführen:

A. Gattungsbegriffe für Elektro-Isolierlacke

a) Öl-Isolierlacke:

Die auf der Rohstoffgrundlage pflanzlicher Öle unter Mitverwendung von Naturharzen, Asphalten oder anderen geeigneten Naturstoffen hergestellten Isolierlacke führen die Werkstoffbezeichnung „Öl-Isolierlacke".

b) Kunstharz-Isolierlacke mit Anteilen von Naturölen:

Enthalten die nach Absatz a hergestellten Isolierlacke Anteile von Kunstharzen und pflanzlichen Ölen, so führen dieselben die Werkstoffbezeichnung: „Kunstharz-Öl-Isolierlacke".

c) Kunstharz-Isolierlacke:

Die unter Ausschluß pflanzlicher Öle auf der Basis „Kunstharze" hergestellten Isolierlacke führen die Werkstoffbezeichnung: „Kunstharz-Isolierlacke".

d) Härtbare Kunstharz-Isolierlacke:

Die gemäß Absatz c auf der Rohstoffgrundlage härtbarer Kunstharze hergestellten Isolierlacke führen die Werkstoffbezeichnung: „Härtbare Kunstharz-Isolierlacke".

B. Lackier- und Tränkverfahren

Unter Lackier- und Tränkverfahren versteht man die Art und den Einsatz der Mittel, die für eine möglichst vollkommene Durchtränkung von Werkstoffen oder Werkstücken angewandt werden. Man unterscheidet:

1. Das Aufbringen von Isolierlacken durch Walz-, Streich- oder Spritzverfahren. **Nur für Oberflächenbehandlung.**
2. Das Durchdringen von Werkstoffen oder Werkstücken mit Isolierlacken im Tauchverfahren bei Raumlufttemperatur. **Kaltimprägnierverfahren.**
3. **Warmimprägnierverfahren.** Gemäß Ziff. 2 im warmen Zustande der Werkstücke und Werkstoffe.
4. **Vakuum-Imprägnierverfahren.** Gemäß Ziff. 2 bzw. 3, jedoch wird hierbei die Durchdringung der Werkstoffe und Werkstücke mit Isolierlack durch die Einwirkung eines Vakuums beschleunigt und vervollkommnet.
5. **Druck-Imprägnierverfahren.** Gemäß Ziff. 2—4. Die Durchdringung der Werkstoffe und Werkstücke mit Isolierlack wird hierbei durch erhöhten Luftdruck (besser Kohlensäure) erzielt.

   Bei Anwendung der Imprägnierverfahren nach Ziff. 2—5 liegen die Werkstoffe und Werkstücke unter dem Lackspiegel, sind also allseitig von Isolierlack überdeckt.
6. **Vakuum-Imprägnier- und Trockenverfahren.** Findet die Imprägnierung und Trocknung in einem evakuierbaren Tränk- und gleichzeitig mit Heizung versehenen Behälter statt, dann spricht man von einem Vakuum-Imprägnier- und Trockenverfahren.

C. Trocknung der Isolierlacke

Unter Trocknung versteht man allgemein die Überführung eines Isolierlackes aus dem flüssigen in den festen Zustand. Man unterscheidet hierbei:

1. **Oberflächentrocknung.** Bei der Oberflächentrocknung handelt es sich um die Trocknung äußerlich aufgebrachter Lackschichten.
2. **Tiefentrocknung.** Bei der Tiefentrocknung handelt es sich um die Durchtrocknung der tief in die Werkstücke und Werkstoffe eingedrungenen Tränklacke.
   a) **Lufttrocknende Isolierlacke** sind solche Lacke, die bei Raumtemperatur in angemessenen Trockenzeiten trocknen. Oberflächentrocknung gemäß Ziff. 1.
   b) **Ofentrocknende Isolierlacke** sind solche Lacke, die in angemessenen Trockenzeiten nur durch Wärmeeinwirkung trocknen. Eine Tiefentrocknung gemäß Ziff. 2 kann im Regelfall auch bei Lacken nach a) nur durch Wärmeeinwirkung in angemessenen Trockenzeiten erreicht werden, wenn es sich um die Trocknung getränkter Wicklungen u. dgl., also um eine Tiefentrocknung handelt.

D. Trockenzeit

Unter „Trockenzeit“ versteht man die Zeitspanne vom Beginn bis zur Beendigung der Trocknung.

1. Bei Tränklacken ist die Angabe der Trockenzeit für die Tiefentrocknung nur in Verbindung und unter Bezugnahme auf einen gegebenen Fall möglich und zulässig.
2. Der Trockenvorgang gilt als abgeschlossen, wenn die getrocknete Lackmasse den praktisch erzielbaren Isolationshöchstwert erreicht hat.
3. Die meßtechnische Bestimmung der Trockenzeit erfolgt durch die Ermittlung des Isolationswiderstandes mit Hilfe eines Ohmmeters oder durch Anwendung der Durchschlagsprobe gemäß REM-VDE und RET-VDE. (Siehe Absatz D, Ziff. 2.)
4. Bei den Überzugslacken bezieht sich die Angabe der Trockenzeit nur auf die Oberflächentrocknung.

E. Trockentemperatur

Unter Trockentemperatur versteht man den Wärmegrad in Celsius, bei welchem die vollkommene Trocknung in der praktisch kürzesten Trockenzeit erreicht werden kann.

Angaben über die Trockentemperatur beziehen sich auf den Wärmegrad am oder in nächster Nähe des Werkstückes gemessen.

1. Für Lacke nach Absatz B, Unterabsatz a gilt die Raumlufttemperatur 20° Celsius.
2. Für Lacke Absatz B, Unterabsatz b gelten die vom Lacklieferant angegebene Temperatur (am Werkstück gemessen) in Grad Celsius.
3. Für Lacke nach Absatz A, Unterabsatz d ist die jeweils vom Lackhersteller angegebene Temperatur (am Werkstück gemessen) einzuhalten.
4. Für Lacke nach Absatz A, Unterabsatz b ist eine genaue Einhaltung der vom Lackhersteller angegebenen Trockentemperatur nicht unbedingt erforderlich. Jedoch ändern sich die Trockenzeiten, sofern von der angegebenen Trockentemperatur abgewichen wird.

F. Trockenverfahren

Unter Trockenverfahren versteht man den Einsatz und die Art der Mittel, die zur Erreichung einer gütemäßig vollkommenen Trocknung angewandt werden. Im wesentlichen handelt es sich hierbei um:

1. die Zufuhr von Frischluft (möglichst vorgewärmt und gefiltert) und Abfuhr der verbrauchten Luft aus dem Trockenraum,
2. die Steuerung der Temperatur im Trockenraum vom Beginn bis zur Beendigung der Trocknung (Temperaturführung),
3. die Art und Einwirkung der Trockenwärme auf das Werkstück, z. B. um die Trocknung von außen nach innen (der Regelfall) oder um die Trocknung von innen nach außen z. B. infolge Stromwärme oder Umsetzung magnetischer Kraftlinien in Wärme (Mittelfrequenzverfahren).

Nach dem Inhaltsverzeichnis der VDE-Leitsätze 0360/XII/40 bezieht sich diese Erstausgabe der Druckschrift nur auf folgende Prüfungen:

§ 4. Dichte.
§ 5. Mechanische Verunreinigungen.
§ 6. Nichtflüssige Bestandteile.
§ 7. Fließfähigkeit (Viskosität).
§ 8. Flammpunkt.
§ 9. Verdünnbarkeit.
§ 10. Einwirkung auf Kupfer.
§ 11. Einwirkung auf Lacküberzug (z. B. bei Lackdrähten).
§ 12. Trockenzeit (Oberflächentrocknung).
§ 13. Durchschlagsfestigkeit.
§ 14. Durchgangswiderstand.
§ 15. Dielektrischer Verlustfaktor.
§ 16. Alterungsbeständigkeit.
§ 17. Ölfestigkeit.

§ 18. Abreibfestigkeit.

§ 19. Schleuderfestigkeit.

§ 20. Durchtrocknung bei Spulenkörpern (Tiefentrocknung) ist in Vorbereitung.

Es fehlen in den Leitsätzen daher noch Angaben über Prüfmethoden für weitere, wichtige Gütewerte, z. B. Backfestigkeit (oder Backvermögen), Eindringvermögen, Wärmeleitfähigkeit, Wärmebeständigkeit, Beständigkeit gegen Salz-, Süß- und Kondenswasser sowie gegen Chemikalien, Gase, Säuren, Laugen, tropische und subtropische Einflüsse, Kriechstromsicherheit, Lagerfähigkeit u. a.

Für die aussichtsreiche Anwendung der Elektro-Isolierlacke, ganz besonders aber der synthetischen Isolierlacke ist es wichtig, daß zwischen den Lackherstellern und der Verbraucherschaft eine Verständigung über die vorstehenden Begriffe herbeigeführt wird.

Beispielsweise ist es nicht gleichgültig, wo und wie die vom Lackhersteller angegebene Trockentemperatur gemessen wird. Auch der Verlauf der Trockenkurve (Temperaturführung) kann für Erfolg oder Mißerfolg sowohl bei Öllacken, als auch bei Kunstharzlacken von entscheidender Bedeutung sein. Deswegen wäre die obligate Einführung entsprechender Begriffserklärungen für beide Teile vorteilhaft.

Wärmebeständigkeit der Isolierlacke:

Nach den „Regeln für Bewertung und Prüfung elektrischer Maschinen" — VDE-REM — werden die Wicklungen an elektrischen Maschinen nach den Werkstoffklassen A, B und C hergestellt. Für den Starkstrom-Elektrotechniker ist es daher notwendig, zu wissen, daß die Wärmebeständigkeit der Isolierlacke je nach deren rohstofflichem Aufbau in weiten Grenzen schwankt, und daß für die Tränkung der Wicklungen nach REM-Klasse B und C nur solche Isolierlacke in Frage kommen, die den jeweils zulässigen Betriebstemperaturen der Wicklungen dauernd standhalten.

Die Einführung der Begriffserklärung „Wärmebeständigkeit" sowie die Angabe einer einfachen Methode für die Feststellung dieses wichtigen Gütewertes und nicht zuletzt die Kennzeichnung der Isolierlacke erscheint im Hinblick auf den derzeitigen Stand der Technik im Elektromaschinen- und Transformatorenbau als notwendig.

Einheitliche Richtlinien für die Bestimmung der Eigenschaften und Gütewerte der Elektro-Isolierlacke müssen den vielseitigen Anforderungen der Praxis in den verschiedenen Sparten der Starkstrom-Elektrotechnik entsprechen, wenn sie ihren Zweck bestmöglichst erfüllen sollen.

Es ist nicht schwer zu erkennen, daß der angestrebte Zweck nur dann erreicht werden kann, wenn die in den Richtlinien (Leitsätzen) angegebenen Prüfmethoden, Geräte und Hilfsmittel dem Gros der Verbraucherschaft zur Verfügung stehen bzw. beschafft und auch praktisch angewandt werden können.

Der Kreis der Isolierlackverbraucher setzt sich zahlenmäßig zum weitaus größten Teil aus elektrotechnischen Unternehmen zusammen, die weder über ein chemisches Laboratorium, noch über chemisch geschulte Hilfskräfte verfügen. Um dem Gros der Isolierlackverbraucher überhaupt eine einheitlich ausgerichtete Werkstoffeingangskontrolle nach Maßgabe der Richtlinien zu ermöglichen, erscheint es ratsam, möglichst einfache Hilfsmittel und Methoden anzugeben, die ohne große Umstände und Zeitverluste von den vorhandenen Hilfskräften mit Erfolg angewandt werden können. Es ist ja u. a. eine der vordringlichsten Aufgaben solcher „Richtlinien für die Prüfung von Isolierlacken“, zunächst einmal die natürliche Distanz zwischen Lackchemiker und Elektrotechniker auf ein praktisch erreichbares Minimum herabzusetzen und zum Vorteil beider Teile eine klare Verständigung in den grundsätzlich wichtigen Fragen herbeizuführen. Im übrigen müssen solche Richtlinien den vielfach grundverschiedenen Belangen der Elektromaschinen-, Transformatoren- und Apparatebauer, Hochfrequenztechniker und Isolierstoffhersteller bestmöglich Rechnung tragen. Es liegt sehr nahe, die bisher in den einzelnen Sparten der Elektrotechnik beim Einsatz der verschiedenen Isolierlacktypen gesammelten praktischen Erfahrungen als Grundlage für die Aufstellung der Richtlinien (Leitsätze) zu verwenden.

Bezogen auf die Reihenherstellung elektrischer Maschinen (d. h. auf die Tränkung der Wicklungen) hat die Erfahrung gelehrt, daß die Backfähigkeit, die Tiefentrocknungseigenschaften und die Trockenzeiten der Tränklacke als weitaus wichtigste Gütewerte anzusehen sind. In dieser Hinsicht haben die reinen Öllacke relativ häufig zu berechtigten Beanstandungen der Verbraucherschaft geführt. Dagegen waren beispielsweise die Gütewerte: Ölbeständigkeit, Abreibfestigkeit, Durchgangswiderstand, elektrischer Verlustfaktor, Alterungsbeständigkeit, Durchschlagsfestigkeit und Elastizität usw. im Elektromaschinenbau nur sehr selten die Ursache zu Beanstandungen seitens der Verbraucherschaft. Hieraus läßt sich berechtigt die Erkenntnis ableiten, daß die Bekanntgabe und obligate Einführung einer möglichst einfachen, aber trotzdem zweckentsprechenden Prüfmethode für die Ermittelung der Gütewerte: Tiefentrocknung, Trockenzeit und Backfähigkeit der Tränklacke vordringlich ist. Es muß zugegeben werden, daß die Lösung dieser Aufgahe nicht so einfach ist wie es den Anschein hat. Dies mag auch wohl der Grund dafür sein, daß in der Erstausgabe der VDE-Leitsätze 0360/XII/40 für die Prüfung von Isolierlacken diesbezügliche Angaben fehlen bzw. sich in Vorbereitung befinden.

Die **Schleuderfestigkeit** der Tränklacke ist bekanntlich ein Gütewert, der für umlaufende Wicklungskörper eine nicht unwesentliche Rolle spielt. Indessen steht dieser Gütewert mit den Tiefentrocknungseigenschaften, der Backfähigkeit und Trockenzeit der Tränklacke im unmittelbaren Zusammenhang und diese Eigenschaften werden, wie bereits dargelegt, entscheidend von dem rohstofflichen Aufbau (härtbare Kunstharzlacke) der Tränklacke bestimmt.

Die in den VDE-Leitsätzen 0360/XII/40 in § 19 angegebene Methode zur Feststellung der Schleuderfestigkeit dürfte für sogenannte Oberflächentrocknungen, beispielsweise für Überzugslacke, dem Zwecke entsprechen. Für den Elektromaschinenbauer entspricht die Methode jedoch nicht den Anforderungen der Praxis, weil es sich hier (bei Tränklacken) im Regelfalle um die Kontrolle bezüglich des Verhaltens bei der Tiefentrocknung, insbesondere um die Durchtrocknung von Lackansammlungen (Lacknester) im Innern der Wicklungen und um das sogenannte Wiedererweichen der getrockneten Lackmassen bei Eintritt der Betriebswärme handelt. Es kann daher sehr wohl möglich sein, daß die Prüfung auf Schleuderfestigkeit nach VDE-0360 § 19 durchaus positiv ausfällt, während der geprüfte Lack trotzdem in der Praxis völlig versagt.

Mit Rücksicht auf die große Bedeutung des Lackdrahtes im Elektromaschinen- und Transformatorenbau ist eine Kontrolle der Tränklacke hinsichtlich der Einwirkung auf Lacküberzüge sehr wichtig. Über das Verhalten der Tränk- und Überzugslacke im Zusammenhang mit der Tränkung und Isolierung von Lackdrahtwicklungen enthält der § 11 der VDE-Leitsätze 0360/XII/40 Hinweise und Prüfmethoden. Nach § 11 Absatz c) soll die Geeignetheit der Tränklacke für Lackdrahtwicklungen dadurch festgestellt werden, daß ein zu einer Spirale gewickelter Prüfling (Durchmesser der Spirale und Windungszahl fehlt) in ein auf 70° Celsius. erhitztes, mit richtig verdünntem Tranklack gefülltes Gefäß getaucht wird und das Gefäß 24 Stunden bei dieser Temperatur in einem Trockenschrank verbleibt. Hierauf soll die Lackdrahtspirale aus dem Lackgefäß entnommen und mit Hilfe eines zwischen Daumen und Zeigefinger erfaßten weichen Tuches festgestellt werden, ob die Lackschicht sich von dem Draht abstreifen läßt oder ob nur ein geringes Erweichen (Quellung) der Lackschicht stattgefunden hat. Diese Methode geht davon aus, daß die derzeit üblichen, marktgängigen Lackdrähte **ohne eine Wärmevorbehandlung** den anlösenden Einwirkungen der üblichen, auf Trockentemperatur erhitzten Tränklacke nicht im ausreichenden Maße gewachsen sind. Deshalb sieht die Prüfmethode eine Wärmevorbehandlung des Prüflings (Lackdrahtspirale) und zwar auf eine Zeit von 3 Stunden bei einer Temperatur von 100° Celsius vor. Diese Auffassung entspricht durchaus den in der Praxis gesammelten Erfahrungen.

Diese Prüfmethode birgt indessen den Nachteil, daß das Ergebnis in bezug auf die Geeignetheit des Tränklackes zu falschen Rückschlüssen führen kann, nämlich in den Fällen, wenn der in die Prüfung eingeschaltete Lackdraht eine unter dem üblichen Durchschnittswert liegende Imprägnierfestigkeit besitzt. In diesem Falle wird der Tränklack zu Unrecht als unbrauchbar verworfen, weil die Lackschicht des Drahtes z. B. bei einer zu geringen Temperatur eingebrannt oder bei der Herstellung des Lackdrahtes die Abzugsgeschwindigkeit der Emailliermaschine zu hoch gewählt wurde. Bekanntlich schwankt der Gütewert „Imprägnierfestigkeit" in relativ weiten Grenzen. Er ist im wesentlichen von der rohstofflichen und rezeptlichen Zusammensetzung des verwendeten Drahtlackes, von der Einbrenntemperatur und von der Abzugsgeschwindigkeit abhängig. Der Lackdrahtverbraucher weiß im Regelfalle jedoch nicht, welche Imprägnierfestigkeit der jeweils angelieferte Lackdraht besitzt. Hieraus allein ergibt sich ganz zwangsläufig die nicht für alle Fälle ausreichende Prüfmethode. Man müßte auch schon gleichzeitig einen Einheits-Tränklack, d. h. einen Lack vorschreiben und verwenden, der auf einer bestimmten Rohstoffgrundlage und nach einem bestimmten Rezept (einschl. Lösungs- und Verdünnungsmittel) hergestellt ist.

Abgesehen hiervon ist die Handwischmethode mit unvermeidlichen, subjektiven Fehlern belastet (Stärke des Fingerdruckes, Abstreifgeschwindigkeit), die eine aussichtsreiche Anwendung von vornherein in Frage stellt.

Im übrigen berücksichtigt die in § 11 angegebene Methode nicht, daß der während der Imprägnierung gequollene und erweichte Lackfilm der Drähte im Verlaufe des Trockenvorganges eine gewisse, dem ursprünglichen Zustand ähnliche Rückbildung erfährt. Die praktische Erfahrung hat bewiesen, daß der Grad der Quellung des Lackdrahtfilmes allein kein zuverlässiges Kriterium für die Brauchbarkeit des Lackdrahtes oder des Tränklackes darstellt. Die Praxis hat beispielsweise unter Beweis gestellt, daß alkoholhaltige Kunstharz-Tränklacke schon in relativ kurzer Zeit eine Quellung und Erweichung der Lackdrahtschicht hervorrufen, sich aber trotzdem bei richtiger Anwendung (Kaltimprägnierverfahren, Temperaturkurve während der Trocknung usw.) ausgezeichnet für die Imprägnierung von Lackdrahtwicklungen bewähren. Hunderte von Verbrauchern verwenden seit mehreren Jahren solche Lacke und fahren gut dabei. Dieses Ergebnis bestätigt, daß der während der Tränkung und Trocknung zur Quellung gelangte Lackfilm der Drähte im Verlaufe der Trocknung eine dem ursprünglichen Zustand ähnliche Rückbildung erfährt und daß der in die Wicklung eingedrungene Tränklack nach erfolgter Trocknung (Härtung) die voraufgegangene Beanspruchung der Lackdrahtschicht in einem gewissen Grade ausgleicht.

Wenn schon die Wischprobe bei der Feststellung des Gütewertes „Imprägnierfestigkeit“ zur Anwendung gelangt, dann sollte es sich nur um eine zusätzliche, nicht aber um eine ausschließliche, d. h. also um eine entscheidende Prüfung handeln. An Stelle der Handwischprobe muß für diesen Zweck ein geeigneter Prüfapparat treten, der die Gewähr dafür bietet, daß duplizierbare Prüfungen bei einem bestimmten Reibungsdruck, einem gleichbleibenden Reibungskoeffizienten und bei einer bestimmten Durchzugsgeschwindigkeit durchgeführt werden können. Über entsprechende in Vorbereitung befindliche Prüfmethoden und Geräte für die Lackdrahtprüfung berichtet H. Niesen in Nr. 17/18 der Fachzeitschrift „Farben und Lacke“, Jahrgang 1942.

Wesentlich bleibt indessen, daß die gewählten Prüfmethoden den in der Praxis auftretenden Beanspruchungen möglichst nach jeder Richtung hin entsprechen. Es kann sich hierbei nur um eine Prüfmethode handeln, die folgende Faktoren berücksichtigt:

a) Quellung und Erweichung der Lackdrahtschicht durch betriebsmäßig erhitzten, z. Zt. handelsüblichen und für die Lackdrahtwicklungen als geeignet bezeichneten Tränklack. Die Temperatur und die zeitliche Einwirkung des Tränklackes muß der üblichen Trockentemperatur und Trockenzeit neuzeitlicher Lackdraht-Tränklacke entsprechen.

b) Anlagedruck der einzelnen Lagen und Windungen gegeneinander (entsprechend des betriebsmäßigen Anlagedruckes innerhalb und außerhalb der Nuten des aktiven Eisens).

c) Natürliche Rückbildung des gequollenen Lackdrahtfilmes in den annähernd ursprünglichen Zustand im Ablauf des Trockenvorganges.

d) Der in den Prüfvorgang eingeschaltete Lackdraht muß einen bestimmten Mindestwert an Imprägnierfestigkeit (Beständigkeit gegen erhitzten Tränklack) aufweisen. Lackdrähte, die diesen Mindestwert nicht besitzen, sind von der Prüfung auszuschließen.

Beispiel eines solchen Prüfverfahrens[1])

Es werden zylindrische Prüfspulen aus Lackdraht 0,5 mm ⊖ von etwa 50 mm lichtem Durchmesser, mit 2 Teilwicklungen (2 Drähte parallel gewickelt), mit etwa 30 Windungen = 60 Drähte, mit gleicher Drahtspannung und gleichem Anlagedruck hergestellt. Diese Prüflinge werden an 3 um etwa 120 Grad versetzten Stellen mit dünnen Bindfäden so abgebunden, daß an diesen Stellen ein erhöhter Anlagedruck entsteht. Für jede Prüfung sind etwa 5 Prüflinge zu wählen. Diese Prüflinge werden in den, auf betriebsmäßige Trockentemperatur erhitzten Tränklack getaucht, nach der Durchtränkung (etwa 1—2 Min.)

[1]) Siehe auch S. 145 (Vorschlag des Verfassers).

aus dem Lackbad entfernt und anschließend im Trockenofen nach Angaben des Lackherstellers ausreichend getrocknet (Tiefentrocknung).

Nach beendigter Trocknung und Abkühlung der Prüflinge wird gemäß VDE 6450 die elektrische Durchschlagsprobe ausgeführt, indem die Durchschlagsfestigkeit der beiden Teilwicklungen gegeneinander ermittelt wird. Die Prüfung gilt als bestanden, wenn das arithmetrische Mittel aus 5 Durchschlagsversuchen den in VDE 6450 vorgeschriebenen Forderungen (bei Lackdraht 0,5 mm ⊖ = 500 Volt) entspricht.

Diese vom Verfasser u. a. auch in Heft 47/1940 der Fachzeitschrift „Elektro-Technik", S. 15 vorgeschlagene Methode kann und soll keine Ideallösung darstellen. Sie berücksichtigt aber wenigstens annähernd diejenigen Beanspruchungen, denen der zu Wicklungen verarbeitete Lackdraht in der Praxis des Elektromaschinenbauers ausgesetzt ist (siehe vorstehende Absätze a bis c). Wichtig erscheint auch, daß an den in nur einem Arbeitsgang hergestellten Prüflingen alle in Betracht stehenden Beanspruchungen berücksichtigt werden und daß die Methode von sämtlichen Isolierlackherstellern und Verbrauchern unter Aufwand geringster Mittel und geringsten Zeitaufwandes angewandt werden kann.

An denselben Prüflingen lassen sich auch gleichzeitig die Haft- und Backfähigkeit sowie die Tiefentrocknungseigenschaften des zu prüfenden Tränklackes entsprechend der in der Praxis vorliegenden Belange feststellen. Somit bietet das Verfahren mancherlei Vorteile.

Wie schon erwähnt, enthalten die VDE-Leitsätze 0360/XII/40 u. a. auch keine Angaben über die Feststellung der **Wärmeleitfähigkeit** von Elektro-Isolierlacken. Bekanntlich zählen alle Isolierlacke zu den relativ schlechten Wärmeleitern. Indessen ist die Wärmeleitfähigkeit derselben besser als diejenige der Luft und der unimprägnierten Papiere und Textilien. Somit kann die Wärmeabgabe der Wicklungen durch eine möglichst vollkommene Durchtränkung und Trocknung verbessert werden, indem die Lufträume innerhalb der Wicklungen bestmöglich ausgefüllt und die für den Aufbau der Wicklungen verwendeten ungetränkten Isolierstoffe mit Isolierlack (möglichst unter Vakuum) durchtränkt werden.

In einer ausländischen Prüfvorschrift für Isolierlacke ist für **die Feststellung der Wärmeleitfähigkeit** folgende Methode angegeben:

> Die Wärmeleitfähigkeit der Isolierlacke bestimmt man mit Hilfe von zwei vollkommen gleichen Spulen. Die eine Spule bleibt ungetränkt, die andere wird in dem zu prüfenden Tränklack imprägniert und vollkommen getrocknet. Beide Spulen werden hierauf in Reihe geschaltet und unter Vorschaltung eines regelbaren Widerstandes an eine entsprechende Gleichstromquelle angelegt. Man kann durch Messung des Ohmschen Widerstandes jeder der beiden Spulen die Temperatur innerhalb der Wicklungen

errechnen (siehe VDE, REM 0530/XII/37) und an Hand der Temperaturdifferenz die relative Wärmeleitfähigkeit des Isolierlackes beurteilen.

Hier handelt es sich lediglich um eine Vergleichsmessung, an Hand derer festgestellt werden kann, in welchem Maße die Wärmeabgabe der Wicklungen durch einen bestimmten Tränklack verbessert werden kann. Sicherlich lassen sich Geräte und Prüfmethoden entwickeln, mit deren Hilfe konkrete Werte über die Wärmeleitfähigkeit der Tränklacke ermittelt werden können. Eine einheitliche, zweckentsprechende Methode ist jedoch bisher nicht bekannt geworden. Zweifellos wird die Einführung einer solchen Methode zu einer nach dieser Richtung hin sehr erwünschten Weiterentwicklung der Tränklacke beitragen.

Bezüglich der **Prüfung auf Widerstandsfähigkeit gegen Säuren und Laugen** gibt dieselbe Vorschrift folgendes Verfahren an:

Für die Prüfung werden glatte, gut gereinigte Messingröhrchen von 15 mm ⊖ und 150 mm Länge verwendet, welche an einem Ende halbkugelartig verschlossen sind. Diese Röhrchen werden mit dem halbkugelartigen Ende in den zu prüfenden Isolierlack bis 30 mm unter dem oberen Rand des Röhrchens eingetaucht. Nach der Herausnahme wird der Lacküberzug 25% länger getrocknet, als dies bei Überprüfung der Trockenzeit für den jeweilig vorliegenden Lack vorgeschrieben ist. Derselbe Vorgang wird noch zweimal (insgesamt also dreimal) wiederholt. Für jeden Lack werden drei solcher Prüflinge hergestellt.

Das zu prüfende Muster wird nun in die Flüssigkeit getaucht, deren Einfluß festgestellt werden soll (Säure, Laugen usw.). Die Temperatur der Prüfflüssigkeit soll etwa 20° Celsius + 5° Celsius betragen und die Prüfröhrchen sollen etwa 90 mm tief eintauchen. Alsdann wird auf geeignete Weise (siehe Anmerkung) durch Messungen festgestellt, in welchem Maße sich der Ohmsche Widerstand zwischen der Lackschicht und der Prüfflüssigkeit ändert.

Es wird empfohlen, die Beständigkeit in 10prozentigen Säuren bzw. Laugen zu prüfen. In der nachstehenden Tabelle sind die spezifischen Gewichte einiger Flüssigkeiten aufgeführt:

Prüfflüssigkeit	Spezifische Gewichte bei 15% C g/cm
Schwefelsäure . .	1.060
Salpetersäure . .	1.056
Salzsäure	1.050
Natronlauge . . .	1.115

Anmerkung: Die Änderung des Ohmschen Widerstandes der Lackschicht auf den Prüfröhrchen kann z. B. so bestimmt werden, daß der eine Pol einer Gleichstromquelle an dem unlackierten Teil des Messingröhrchens kontaktsicher befestigt wird. Der andere Pol der Stromquelle wird als Elektrode ausgebildet in die Prüfflüssigkeit getaucht. In den Stromkreis wird ein Widerstand von bekannter Größe und ein Galvanometer, geeicht in Milliamperé, eingeschaltet. Wird die Lackschicht bei der Prüfung angegriffen, so sinkt der Ohmsche Widerstand, was durch einen größeren Ausschlag des Galvanometers angezeigt wird.

Diese Prüfmethode ergibt ebenfalls nur Vergleichswerte. Man kann indessen an Hand der beschriebenen Methode sehr wohl einen für einen bestimmten Zweck bestmöglich geeigneten Tränk- oder Überzugslack aus vorhandenen Lacktypen durch Vergleichsmessungen ermitteln und diese Unterlagen für spätere Werkstoff-Eingangskontrollen verwenden.

Prüfung auf Wasserbeständigkeit:

Zwei Streifen aus blanken Kupferblechen von 0,1—0,13 mm Dicke, 30 mm breit und 200 mm lang, werden in den zu prüfenden Isolierlack getaucht, zum Ablaufen zur Seite gestellt und je nach Art des zu prüfenden Lackes an der Luft oder im Trockenofen getrocknet. Nach Erkalten der Prüflinge auf etwa 20° Celsius (Raumtemperatur) wird einer der Prüflinge in kochendes Wasser getaucht und hierin 15 Min. belassen. Der Lackfilm darf hierbei keine weiße Verfärbung annehmen und darf sich an der Oberfläche nur ganz wenig trüben.

I. Trocknung

Eine Übersicht über die Trockeneigenschaften der Isolierlacke gewinnt man wie folgt:

a) Oberflächentrocknung. Je 2—4 Seidenpapier- und Leinenstreifen werden in gebrauchsfertig verdünnten (siehe Verdünnungsvorschrift Seite 73) Isolierlack getaucht, zum Abtropfen aufgehängt und bei ofentrocknenden Lacken im Ofen, bei der jeweils vom Lieferanten vorgeschriebenen Temperatur getrocknet.

Gleichzeitig wird eine in Isolierlack getauchte Glasplatte in die Versuchsreihe eingeschaltet. In Abständen von etwa 1 Std. wird der Lackfilm auf seinen Trockenzustand geprüft und so die Zeit ermittelt, in welcher eine restlose Durchtrocknung desselben erreicht ist.

Bei lufttrocknenden Öllacken betragen die Oberflächen-Trockenzeiten etwa 6—12 Std., bei ofentrocknenden Lacken etwa 3—4 und bei sehr fetten Lacken etwa 8—10 Std.

Bei lufttrocknenden Lacken wird eine Temperatur von etwa 18—20° Celsius zugrunde gelegt.

Abb. 113. Imprägnierte Leinen- und Papierstreifen für Durchschlags-, Alterungs- und Ölprüfungen.

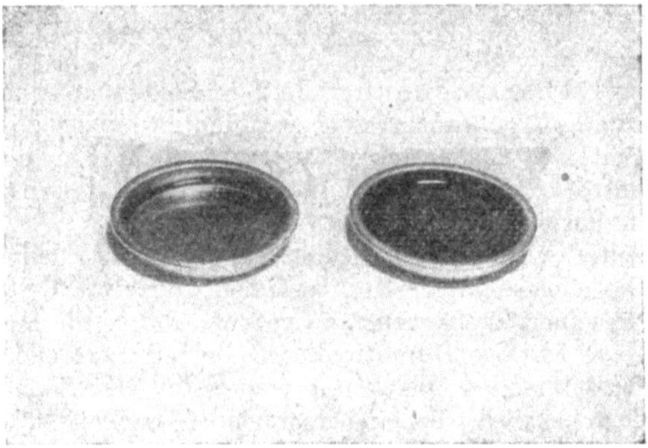

Abb. 114. Prüfung eines hellen und schwarzen Öl-Isolierlackes auf Durchtrocknung bei stärkeren Lackschichten (Tiefentrocknung).

Abb. 115. Die Prüfschalen nach der Ofentrocknung. Links der helle Öl-Isolierlack weist eine gerunzelte Oberfläche auf. Der schwarze Öl-Isolierlack zeigt eine glatte, glänzende Oberfläche.

Abb. 116. Die Ritzprobe. Der helle Öl-Isolierlack (links) ist nur an der Oberfläche getrocknet. Der schwarze Öl-Isolierlack ist bis auf den Grund restlos durchgetrocknet. Die Kontrollprüfung zeigt, daß schwarze Öl-Isolierlacke bei gleichen Verhältnissen schneller und sicherer in den tiefer gelegenen Wicklungslagen durchtrocknen, als helle Öl-Isolierlacke mit etwa gleichem Ölgehalt.

Die endgültige Beurteilung der Trockeneigenschaften kann erst nach vollständigem Erkalten des Lackfilmes vorgenommen werden.

b) T i e f e n t r o c k n u n g. Je 2—4 Versuchsspulen von etwa 60 mm ⊖ und je 50—100 Windungen, Draht 0,5—0,8 mm, 2 Drähte parallel, werden in gebrauchsfertig verdünnten Isolierlack getaucht, zum Abtropfen aufgehängt und anschließend im Ofen, wie unter Absatz a) dargelegt, getrocknet. Nach etwa 3—4 Std. Trockenzeit wird eine der Spulen aus dem Ofen genommen und nach dem Erkalten wird eine Durchschlagsprüfung zwischen den parallelen Drähten gemäß Seite 145 vorgenommen. Alsdann wird die Spule mit einer Schere durchschnitten und die Trocknung in den tieferen Wicklungslagen geprüft. Anschließend werden in Abständen von je 1—$1^1/_2$ Std. die übrigen Spulen in gleicher Weise untersucht. (Siehe Abb. 8.)

c) Auf 2—3 Blechschalen von etwa 6—7 cm Durchmesser werden je etwa 5 Gramm gebrauchsfertig verdünnten Isolierlack gegossen. Diese Schalen werden in den Trocknungsprozeß gemäß Ziffer I Absatz b eingeschaltet.

Nach etwa 5—6 Std. Trockenzeit (bei etwa 90—100° Celsius) wird die erste Schale aus dem Ofen genommen und abgekühlt. Alsdann wird der Lackfilm mittels eines scharfen Messers in der Mitte der Schale durchtrennt und durch Daumendruck festgestellt, ob eine restlose Durchtrocknung des Filmes erreicht ist. Anschließend werden die übrigen Schalen untersucht.

Der getrocknete Lackfilm soll möglichst frei von Runzeln und die Schnittfläche (Ritzprobe) soll keine zackigen Ränder aufweisen.

II. Backfähigkeit und mechanische Härte

Die gemäß Ziffer I Absatz b zur Prüfung verwendeten Drahtspulen werden nach der Herausnahme aus dem Ofen und nach der

Abb. 117. Prüftransformator für Durchschlagsprüfungen in Verbindung mit den Einrichtungen nach Abb. 5 und 145. Werkbild Koch & Sterzel, Dresden.

Durchschlagsprobe zwischen Daumen und Zeigefinger genommen und durch Ausübung eines kräftigen Druckes daraufhin geprüft, ob die einzelnen Windungen fest aneinander gebacken sind und die mechanische Härte und Stabilität der Wicklung, bezogen auf den Verwendungszweck, ausreichend ist.

Nach dem Durchschneiden der Spulen gemäß Ziffer I Absatz b) wird festgestellt, ob die einzelnen Windungen auch im Innern der Spule genügend getrocknet sind. Bei Lackdrahtspulen ist darauf zu achten, ob beim Lösen der gebackenen Windungslagen die Lackschicht des Drahtes beschädigt wird. (Siehe Abb. 8.)

III. Durchschlagsfestigkeit

a) Die gemäß Ziffer I Absatz a) hergestellten Papier- und Leinenstreifen werden mit Hilfe eines Mikrometers gemessen und festgestellt, wie stark der Lackträger (Papier oder Leinen) ist und welche Zunahme durch die Imprägnierung erzielt worden ist. Alsdann wird die Durch-

Abb. 118. Prüftransformator nach Abb. 117, geöffnet. Werkbild Koch & Sterzel, Dresden.

schlagsprüfung gemäß Seite 28, und zwar entweder zwischen Kugelelektroden von etwa 12 mm ⊖ oder zwischen Metallflächen-Elektroden von etwa 30—40 mm ⊖ vorgenommen. Aus 3—4 Durchschlägen wird der Mittelwert bezogen auf die Filmstärke und auf die Elektrodenform festgelegt.

b) Die gemäß Ziffer I Absatz b hergestellten Prüfspulen werden ebenfalls einer Durchschlagsprüfung unterzogen, indem die Prüfspannung an den beiden Anfängen oder Enden der Spulen gelegt wird. Bei Lackdrahtspulen gewinnt man hierdurch einen Überblick über den Grad der Trocknung und auch darüber, ob der Imprägnierlack die Lackschicht der Drähte nachteilig verändert hat.

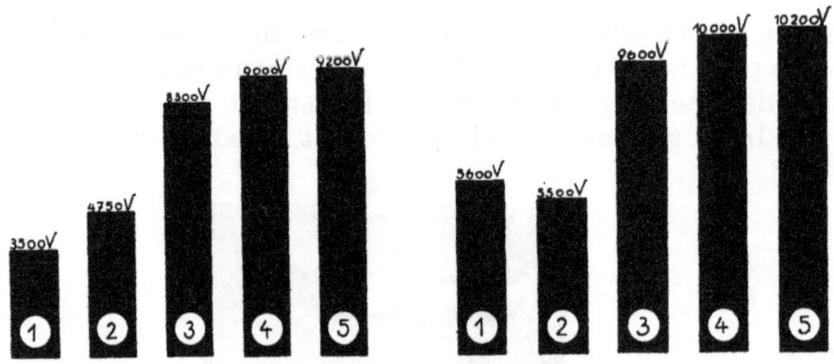

Abb. 119. Die Zunahme der Durchschlagsfestigkeit nach Alterung der Öl-Isolierlack-Imprägnierung. Nr. 1 ist ein heller, lufttrocknender, Nr. 2 ein schwarzer, lufttrocknender, Nr. 3 ein schwarzer, ofentrocknender, Nr. 4 ein heller, ofentrocknender und Nr. 5 ein hochwertiger, schwarzer Spezial-Isolierlack.

Die Ergebnisse aus dieser Prüfung können aber nur dann als Wertmesser verwendet werden, wenn aus mehreren Ergebnissen das Mittel zugrunde gelegt wird.

Anmerkung: Die Durchschlagsfestigkeit der Isolierlacke auf Ölbasis nimmt mit der Alterung zu. Gealterte Lackfilme weisen daher eine höhere Durchschlagsfestigkeit auf, als frische Lackfilme, die unmittelbar nach der Ofentrocknung geprüft werden. (Siehe Abb. 118.)

IV. Ölfestigkeit

Die gemäß Ziffer I Absatz a imprägnierten Papier- und Leinenstreifen werden nach der Trocknung in Transformatorenöl von etwa 20° Celsius gelegt und verbleiben hier je nach der verlangten Ölfestigkeit des der Prüfung unterzogenen Lackes 10—100 Std.

Wenn es sich um Isolierlacke für ölgekühlte Transformatoren-Wicklungen handelt, dann werden die Prüfstreifen in erhitztes Transformatorenöl (100° Celsius) gelegt. Die Dauer dieser Prüfung soll mindestens 24 Std. betragen. Die Ausdehnung der Prüfdauer auf mehrere Tage bis Wochen ist empfehlenswert.

V. Alterungsbeständigkeit und Elastizität

Die gemäß Ziffer I Absatz a hergestellten Papier- und Leinenstreifen werden zusammen mit der erwähnten Glasplatte und zusätzlich mit einem lackierten Blech im Ofen bei 100° Celsius gealtert.

Bei mageren Lacken kann schon nach etwa 2—3 Std. Prüfdauer mit der Knickprobe begonnen werden, bei fetten Lacken etwa nach 24 Std.

Die Papier-, Leinen- und Blechstreifen werden über einen Dorn von 1 mm Durchmesser über 90 Grad gebogen und festgestellt, ob der Lackfilm hierbei Risse aufweist.

Der Lackfilm auf der Glasplatte wird mit Hilfe eines scharfen Messers geritzt und es wird versucht, Teile des Lackfilmes von der Glasfläche abzuheben. Diese Filmteile werden ebenfalls über einen Dorn von 1 mm ⊖ gebogen. Hochwertige, ofentrocknende Öl-Isolierlacke weisen bei 90—100° Celsius Alterungsbeständigkeiten bis zu 2000 Std. und mehr auf. Bei normalen, ofentrocknenden Öl-Isolierlacken liegen die Alterungszeiten je nach dem Ölgehalt etwa zwischen 150 und 2000 Std.

VI. Eindringvermögen

Es werden Löschpapierstreifen etwa 0,5 cm tief in gebrauchsfertig verdünnten Isolierlack getaucht und die Steighöhe in Zentimeter festgestellt. Bei dieser Prüfung handelt es sich im Regelfall um Vergleichsmessungen zwischen mehreren Lacksorten. Die Unterschiede in der Steighöhe sind sehr verschieden. Die Differenzen zwischen Minimum

Abb. 120. Die Kontrolle des Eindringvermögens bei verschiedenen Isolierlacken.

und Maximum betragen etwa das 12—15fache. Das Eindringvermögen der ofentrocknenden Isolierlacke ist naturgemäß besser, als dasjenige der lufttrocknenden Lacke. Je längere Zeit der Öl-Isolierlack zur Trocknung benötigt, je besser ist (immer bei gleicher Viskosität) in der Regel das Eindringvermögen.

VII. Körpergehalt

In der Regel soll bei Isolierlacken der Gehalt an nichtflüchtigen Stoffen, im Anlieferungszustand etwa 50—60% betragen. Es werden etwa 10 g Lack auf eine Blechschale gegossen und nach der restlosen Trocknung wird der Gewichtsverlust festgestellt.

Ausblick auf die weitere Entwicklung besserer Isolierlacke und Anwendungsmethoden

1. Lösungsmittelfreie (schwundfreie) Tränklacke

Auf Seite 23 wurde bereits auf die Möglichkeiten hinsichtlich der Ausarbeitung lösungsmittelfreier, d. h. schwundfreier Isolier-Tränklacke und ihre Bedeutung für den Elektromaschinen- und Transformatorenbau kurz hingewiesen. Der Verfasser hat auch schon im Jahre 1939/40 in verschiedenen Fachaufsätzen als erstrebenswerte Verbesserung lösungsmittelfreie Isolierlacke in den Vordergrund fachlicher Betrachtungen gestellt und der Überzeugung Ausdruck gegeben, daß einer Verwirklichung dieser Idee keine unüberwindliche Hindernisse im Wege sein würden.

Wie im Laufe des Jahres 1947 aus USA verlautet, sind dort bereits derartige Lacke ausgearbeitet und zum Einsatz gebracht worden[1]).

Der Übergang dieser Lacke aus dem flüssigen in den festen Zustand geschieht durch Polymerisation (chemische Verkettung) und dieser Vorgang wird durch die Einschaltung eines Katalysators (ein Stoff, der die Geschwindigkeit einer chemischen Reaktion ändert, selbst aber anscheinend unverändert bleibt) hervorgerufen. Es findet hierbei also keine Verdunstung von flüchtigen Lackbestandteilen, sondern lediglich eine chemische Umwandlung — und zwar ohne Volumenschwund — statt.

Die Vorteile solcher Tränklacke bei der Imprägnierung von Wicklungen an elektrischen Maschinen und Transformatoren sind einleuchtend und für den Fortschritt in diesen Sparten der Elektrotechnik von Bedeutung. Mit Hilfe der schwundfreien Tränklacke kann die angestrebte, beschleunigte Abgabe der Wicklungs-Stromwärme an das Kühlmedium (Kühleffekt) und die Abführung der Wärme aus dem Innern der Maschinen an die Außenluft verbessert werden. Dieser Vorteil gestattet eine höhere spezifische Beanspruchung des Leitermetalls in den Wicklungen (Amp/qmm) und somit Ersparnisse an Wicklungsmetall und am Totalgewicht der Maschinen.

---

1) General Electric Co in Schenectady (1947) u. Schweizerische Isola Werke. in Breitenbach (1951).

Infolge der schwundfreien „Trocknung“ werden innerhalb der Wicklungen mit Luft gefüllte Hohlräume, wie sich solche bei der Trocknung lösungsmittelhaltiger Tränklacke zwangsläufig ergeben, vermieden. Hierdurch wird nicht nur die Abführung der Wicklungs-Stromwärme, sondern auch die Betriebstüchtigkeit und Lebensdauer der Maschinen verbessert.

2. Feuchtigkeitsbeständige Tränklacke

Da die bisherigen Elektro-Isolierlacke eine mehr oder weniger bedeutungsvolle Wasseraufnahmefähigkeit besitzen, welche die Betriebstüchtigkeit und Lebensdauer der Wicklungen an elektrischen Maschinen nachteilig beeinflussen, so ist das Streben nach möglichst wasserbeständigen, ja sogar wasserabweisenden Tränklacken verständlich.

Nach den Berichten aus den Vereinigten Staaten Nordamerikas weisen die von der Fa. Dow Corning Corporation im Jahre 1947 herausgebrachten Silikonisolierlacke u. a. auch bezüglich der Feuchtigkeitsaufnahme erhebliche Verbesserungen auf.

Als Beispiel ist ein Elektromotor erwähnt, der nach ununterbrochener zweijähriger Wasserlagerung (in Seewasser) — ohne Trocknung — ein betriebstüchtiges Verhalten zeigte.

Nachdem inzwischen die USA-Silikon-Lackrohstoffe auch den deutschen Lackfabriken zur Verfügung stehen, ist der interessierten Verbraucherschaft Gelegenheit gegeben, praktische Versuche mit Silikonlacken durchzuführen.

Außer den Silikonen stehen den Isolierlackchemikern noch andere Neustoffe zur Verfügung und es ist damit zu rechnen, daß die Lackrohstoffhersteller mit weiteren Neuausarbeitungen aufwarten werden.

3. Ein neues Lackdraht-Herstellungsverfahren

Bereits im Jahre 1939 wurde in der Fachzeitschrift Electrical Engineering Band 58 über die erfolgte Ausarbeitung eines neuartigen Lackrohstoffes für Drahtlacke und gleichzeitig über ein neuartiges Herstellungsverfahren für Lackdrähte berichtet.

Die inzwischen stattgefundene obligate Einführung sowohl des Lackrohstoffes (Polyvinylazetal) als auch des Herstellungsverfahrens in USA dürfte mit einer entscheidenden Wende auf dem Gebiete der Lackdrahtherstellung verbunden sein.

Bekanntlich wurden die ersten Lackdrähte um das Jahr 1900 zuerst in USA hergestellt. Etwa um das Jahr 1905 fanden die Lackdrähte auch in Europa Eingang.

Es ist fast unbegreiflich, daß in der langen Zeit von 1900 bis 1939 (in 39 Jahren) weder in der rohstofflichen und rezeptlichen Zusammensetzung der sogenannten Emaillelacke, als auch in der konstruktiven

Ausführung der bisher üblichen Horizontal- und Vertikal-Emailliermaschinen und in den Anwendungsverfahren ein nennenswerter Fortschritt verzeichnet werden kann.

Dieser auffällige Stillstand in der Entwicklung eines außerordentlich wichtigen Werkstoffes hat dem gestaltenden, fortschrittlich eingestellten Elektromaschinen- und Transformatorenbauer viel Sorge und Enttäuschungen bereitet.

Wenngleich mit der Ausarbeitung und Einführung synthetischer Tränk- und Einbrennlacke ein merkbarer Fortschritt in den letzten Jahren festgestellt werden konnte, kann das „Lackdrahtproblem“ noch nicht als restlos gelöst bezeichnet werden. Indessen hat es den Anschein, als ob auf diesem interessanten Gebiete auch in Europa ein erheblicher Schritt nach vorne zu erwarten sei.

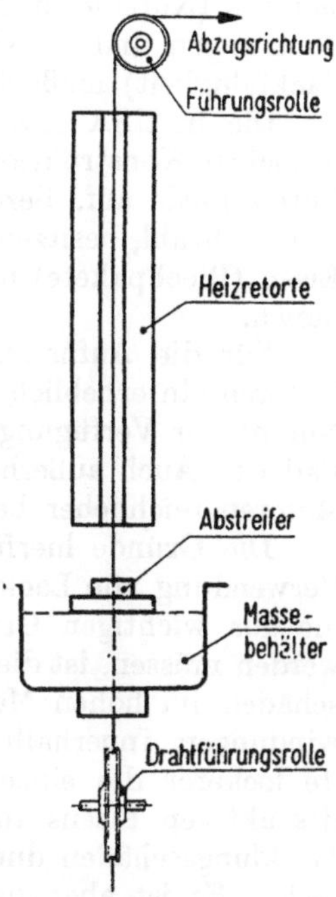

Abb. 121.
Prinzipdarstellung des USA-Formex-Verfahrens.

Im Vordergrund des Interesses steht die wirtschaftlichere Herstellung der Lackdrähte, gleichbedeutend mit einer fast völligen Abkehr von den bisher allgemein üblichen Herstellungsverfahren und hiermit unlöslich verbunden die konstruktive Verbesserung der Emaillier- (Einbrenn-)einrichtungen, insbesondere in wärmetechnischer Hinsicht.

Das Bestreben geht dahin, das bisher übliche Herstellungsverfahren zu vereinfachen, die Leistungsfähigkeit der Lackiermaschinen und Hilfseinrichtungen zu steigern und die Qualität der Lackdrähte zu verbessern. In dieser Hinsicht kann das in USA obligat eingeführte „Formex-Formvar-Verfahren“ als beispielgebend bezeichnet werden.

Die mit diesem Verfahren erzielten Erfolge haben nennenswert dazu beigetragen, daß z. Zt. in USA etwa 75—80% der hergestellten Wicklungsdrähte eine Lackisolation erhalten.

Auf den wichtigen Gütewert „Imprägnierfest“ bezogen, können aber auch diese Drähte noch nicht als 100prozentig bezeichnet werden. Es wird darüber berichtet, daß die Formexdrähte zusammen mit normalen Lackdrähten etwa 3 h in Leichtbenzin, Schwerbenzin und Butylalkohol (bei Zimmertemperatur) einer Prüfung unterzogen wurden, und zwar wurden die Drähte nach der Lagerung in den erwähnten Lacklösungsmitteln rechtwinkelig über einen straff gespannten Stahldraht von 0,25 mm ⊖ gezogen. Die Prüfung hat ergeben, daß nur der Formexdraht der Beanspruchung gewachsen war.

Aus dieser Prüfung geht leider nicht hervor, ob die Formexdrähte auch die Prüfung in erhitztem Tränklack (etwa 80—100° Celsius) und bei einer zeitlichen Einwirkung von mehr als 3 h aushalten.

Wenn jedoch trotzdem von beachtlichen Erfolgen mit Formexdrähten aus USA berichtet wird, dann dürfte hierfür nicht zuletzt auch die konstruktive Auslegung des aktiven Eisens bei Drehstrommotoren (Nutenform, Nutenvolumen, Füllfaktor) sowie der Aufbau der Wicklungen und die Geeignetheit der synthetischen Tränklacke (hohe Backfähigkeit) maßgebend sein.

Die in USA z. Zt. üblichen Drehstrommotoren weisen den neuezeitlichen Konstruktionen deutscher Hersteller gegenüber beachtliche Unterschiede auf. Bezogen auf etwa gleiche Leistung, Ausführungsart und Drehzahl, besitzen die in USA hergestellten Motoren mehr aktives Eisen (Blechpakete) und weniger Kupfer als die deutschen Konstruktionen.

Für die Aufnahme der Ständerwicklungen steht bei den USA-Motoren ein erheblich größerer Wickelraum (auffällig viel Platz in den Nuten) zur Verfügung, als dies bei den deutschen Konstruktionen der Fall ist. Auch außerhalb der Nuten ist der Wickelraum bei den USA-Motoren reichlicher bemessen.

Die Gründe hierfür sind einleuchtend. Bezogen auf die obligate Verwendung von Lackdrähten bei der Herstellung solcher Wicklungen, die aus wichtigen Gründen mit geeigneten Tränklacken imprägniert werden müssen, ist die Höhe der Ausschußziffer infolge von Anlösungsschäden im hohen Maße von dem Anlagedruck der einzelnen Drahtwindungen innerhalb und außerhalb des aktiven Eisens abhängig. Je lockerer die einzelnen Drahtwindungen innerhalb und außerhalb des aktiven Eisens angeordnet werden, je geringer ist die Gefahr der Wicklungsschäden durch die anlösende Wirkung der erhitzten Tränklacke. Es ist aber auch erklärlich, daß zur Erreichung der erforderlichen Kurzschlußfestigkeit der Wicklungselemente besonders backfähige Tränklacke zur Verfügung stehen müssen. Bei der Formung der Lackdrähte zu Träufelspulen gleicher und ungleicher Weite unter Zuhilfenahme geeigneter Wickelgeräte ist auf möglichst große Biegungsradien an den Nuten-Austrittsstellen zu achten. Hier ist in der Regel der Windungs-Anlagedruck und somit die Durchschlagsgefahr am größten.

Unter sorgfältiger Beachtung dieser Voraussetzungen ist es möglich, selbst mit weniger imprägnierfesten Lackdrähten die Ausschußziffer auf ein erträgliches Minimum zu halten.

Der Konstrukteur und Berechner elektrischer Maschinen kann, wie kurz dargelegt wurde, bei der Auslegung des aktiven Eisens, insbesondere aber bei der Festlegung des Nutenvolumens (Füllfaktor) und der Wickelräume außerhalb des aktiven Eisens, nicht zuletzt auch durch ein sorgfältiges Studium der Isolierlackeigenschaften, sowie durch die günstige Formgebung der Wicklungselemente, von sich aus einen nicht zu unterschätzenden Beitrag bei der Lösung des Lackdrahtproblemes leisten.

Mehr Platz in den Nuten und außerhalb des aktiven Eisens ist aber auch gleichbedeutend mit einer Herabsetzung der Wickelzeiten.

Auf der Suche nach wirtschaftlicheren Lackdraht-Herstellungsmethoden versucht man aus naheliegenden Gründen von der bisher allgemein üblichen Mehrfachlackierung (normal 5 Lackauflagen, bei

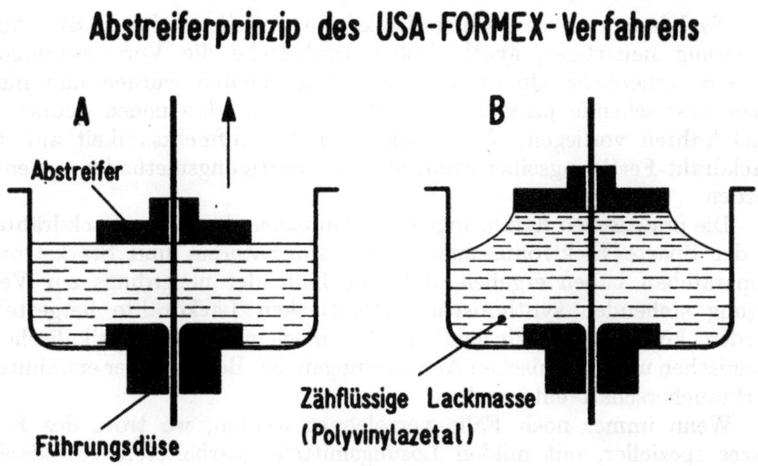

Abb. 122.

A. Ruhezustand. B. Betriebszustand.

sogenannten Starkschichtdrähten 8—10 Lackauflagen) im kontinuierlichen Durchlaufverfahren abzukommen und mit nur einer Lackauflage den Anforderungen zu entsprechen. Hier steht also die Wirtschaftlichkeit des Herstellungsverfahrens im Vordergrund des Interesses.

Ein großer Teil der Lackdrahtverbraucher aus der Sparte Elektromaschinen- und Transformatorenbau wird diesen Bestrebungen mit einer gewissen Skepsis gegenüberstehen. Das ist an sich verständlich, wenn man berücksichtigt, daß man vielfach aus Furcht vor der Ausschußziffer dazu übergegangen ist, die Lackdrähte zusätzlich mit einer einfachen oder sogar doppelten Textilumspinnung oder in Ermangelung der Spinnstoffe mit einer Bewicklung aus transparenter Isolierfolie zu versehen.

Indessen hat es den Anschein, als ob die Bestrebungen, neuartige Lackdrähte unter Verwendung neuartiger Lackrohstoffe und Herstellungsverfahren zum Durchbruch zu verhelfen, auch in Europa feste Gestalt annehmen werden. Im Hinblick hierauf dürfte es für den Konstrukteur und Berechner elektrischer Maschinen und Transformatoren zweckmäßig sein, frühzeitig auf diese Entwicklung Rücksicht zu nehmen. Entsprechende Möglichkeiten wurden bereits aufgezeigt.

4. Betrachtungen über den Stand der Technik in der deutschen Lackdrahtherstellung und Vorschläge für konstruktive Verbesserungen der Lackdrahtmaschinen

Vorbemerkung:

Nachdem den deutschen Lackdrahtherstellern durch die Ausarbeitung neuartiger, synthetischer Drahtlacke die Voraussetzungen für eine erhebliche Qualitätssteigerung dargeboten wurden und nunmehr ausreichende praktische Erfahrungen mit den neuen deutschen Lackdrähten vorliegen, soll nachstehend die Aufmerksamkeit auf die Lackdraht-Fertigungseinrichtungen und Fertigungsmethoden gelenkt werden.

Die praktischen Erfahrungen mit den neuen deutschen Lackdrähten in der Sparte Elektromaschinen-, Transformatoren- und Starkstrom-Apparatebau haben ergeben, daß mit Hilfe der neuerdings zur Verfügung stehenden synthetischen Drahtlacken Lackdrähte hergestellt werden können, die hinsichtlich der mechanischen, physikalischen, chemischen und thermischen Anforderungen den Belangen der erwähnten Verbraucherschaft entsprechen.

Wenn immer noch Fälle verzeichnet werden, wo trotz des Einsatzes spezieller, mit milden Lösungsmitteln gearbeiteten Tränklacke und trotz Beachtung aller Vorsichtsmaßnahmen vereinzelt Fertigungsausfälle infolge Anlösungsschäden in Erscheinung treten, so kann heute auf Grund umfangreicher Kontrollversuche festgestellt werden, daß die Ursachen dieser Rückschläge auf Qualitätsunterschiede in der Lackdrahtbeschaffenheit zurückgeführt werden können.

Nachstehend soll versucht werden, die wahrscheinlichen Ursachen dieser Qualitätsunterschiede und Mittel zur Beseitigung derselben aufzuzeigen.

Der Verfasser hat den Wunsch, daß die Darlegungen nicht als eine Kritik, sondern als eine Anregung zu einem Erfahrungsaustausch aufgefaßt und bewertet werden. Er geht hierbei von der Tatsache aus, daß eine genügende Anzahl Fälle aus der Verbraucherpraxis vorliegen, wo selbst bei der Verwendung von Lackdrähten mit der DIN-Härte = 8 H[1]) und darüber Anlösungsrückschläge bei verschiedenen, unabhängig voneinander arbeitenden Verbrauchern festgestellt worden sind, und zwar auch dann, wenn Tränklacke mit besonders milden Lösungsmitteln unter Beachtung aller Vorsichtsmaßnahmen zum Einsatz gelangten.

[1]) Siehe auch S. 149: Bleistift-Prüfverfahren.

Der Verfasser ist sich darüber klar, daß die Beseitigung der zunächst als wahrscheinlich angenommenen Ursachen nicht einfach und auch nicht von heute auf morgen möglich ist, sofern sich die Vermutungen wenigstens z. T. als richtig herausstellen sollten.

Vielmehr kommt es dem Verfasser darauf an, die einwandfrei festgestellten Mängel hinsichtlich der ungleichmäßigen Lackdrahtbeschaffenheit im Interesse der Hersteller- und Verbraucherschaft überhaupt einmal eindeutig aufzuzeigen.

Die oben erwähnten, mit allen modernen Mitteln der Prüftechnik von gewissenhaften und berufenen Fachleuten durchgeführten Untersuchungen haben ergeben, daß die aus der laufenden Fertigung entnommenen, zu vorschriftsmäßigen Wickellocken verarbeiteten Lackdrahtprüflinge vereinzelt bereits im unbehandelten Zustande unter dem Mikroskop sichtbare Querrisse in der Lackschicht aufwiesen. Der weitaus größere Teil der zahlreichen Prüflinge erwies sich jedoch als völlig einwandfrei. Sämtliche Prüfdrähte hatten die DIN-Härteziffer 8 H und darüber. Die Drähte entsprachen im übrigen in allen Teilen den Lackdraht-Prüfvorschriften.

Nach einer Behandlung der Prüflinge in milden Lösungsmitteln (Mischung aus Test- und Leichtbenzin), und zwar bei 70—80^0 Celsius und auf einem Zeitraum von 7—8 Stunden zeigten weitere Prüflinge Risse in der Lackschicht. Bereits vorher an den Prüflingen festgestellte Risse klafften weiter auseinander und die Anzahl der Risse hatte sich erhöht.

Das Lösungsmittelgemisch in den Glasgefäßen zeigte deutlich eine Vorverfärbung und auf dem Boden der Glasgefäße wurde ein ausgefällter Satz festgestellt, der abgelöste, kleine Filmteilchen enthielt.

Der größte Teil der Prüflinge überstand die Lösungsmittelprobe, d. h. die Prüflinge waren völlig unverändert.

Bei einer Ergänzungsprüfung mit aggressiveren Lösungsmitteln unter sonst gleichen Bedingungen waren die Erscheinungen noch auffälliger und eindeutiger. Bei einigen Prüflingen ging die DIN-Härte von 8 H auf 3—4 H und weniger zurück. Die Zahl der Prüflinge mit Rißbildungen in der Lackschicht stieg an. Bei anderen Prüflingen zeigten sich die Rißbildungen zahlreicher und deutlicher.

Der überwiegende Teil der Prüflinge hielt aber auch diese Probe ohne irgendwelche Veränderung aus.

Bei den rißbeschädigten Prüflingen wurde teilweise eine Trübung der vorher transparenten Lackschicht festgestellt. Bei einigen Prüflingen war eine Blasenbildung, mehr oder weniger starke Quellung der Lackschicht und sogar kleine Ablösungen von Filmteilen festzustellen.

Für diese Versuche wurden Lackdrähte verschiedener Herkunft, und zwar auch solche verwendet, die mit USA-Formvar-Drahtlacken hergestellt werden. Im übrigen waren alle Drahtprüflinge die Erzeugnisse aus der neuesten Fertigung.

Wesentlich an diesen Prüfergebnissen sind die Qualitätsschwankungen bzw. die Unterschiede in der chemischen Beschaffenheit der Lackfilme auf den Drahtoberflächen.

Hierauf beziehen sich die nachstehenden Darlegungen.

Die konstruktive Auslegung der Lackiermaschinen für die Lackdrahtherstellung

I. Allgemeines:

Seit dem Jahre 1905 werden in Deutschland Lackdrähte hergestellt. Die Herstellungsidee stammt aus den USA, und zwar aus dem Jahre 1900.

Im Ablauf dieses Lackierverfahrens erhalten die blanken Kupfer- oder Aluminium-Drähte in einem kontinuierlichen Durchlauf in der Regel 5 (Normalschichtdrähte) oder mehr Lackauflagen (Starkschichtdrähte), die je für sich in einer mit Gas oder Elektrizität beheizten Retorte bei einer Temperatur von etwa 250—400^0 Celsius eingebrannt werden.

Es handelt sich hierbei um einen Lackier- und Trockenvorgang besonderer Art, der unter Einsatz sogenannter Draht-Lackiermaschinen in der Lackdrahtinsdutrie eine große Bedeutung erlangt hat.

Ist die Einbrennretorte — als wesentlicher Bestandteil der Lackiermaschinen — in horizontaler Lage angeordnet, dann spricht man von einer

Horizontal-Draht-Lackiermaschine

Ist die Lage der Retorte senkrecht (vertikal), dann spricht man von einer

Vertikal-Draht-Lackiermaschine

Das Prinzip einer Horizontal-Lackiermaschine ist in Abb. 69 dargestellt.

Der blanke Draht wird über die rotierende Hohlrolle eines Lackbehälters geführt, mit Lack benetzt, weiter über einen „Abstreifer“ (aus Filz, Elchleder oder dergleichen) geleitet und anschließend wird die aufgebrachte Lackschicht in der Retorte eingebrannt. Dieser Vorgang wiederholt sich pausenlos 5—8 oder sogar mehrmals.

Dieses kurz skizzierte Abstreiferverfahren weist gegenüber manchen Vorteile aber auch den Nachteil auf, daß die Abstreifereinlagen (Filz, Elchleder oder dergleichen) im Ablauf des kontinuierlichen Einbrennverfahrens mit der Zeit abgenutzt werden, nachgestellt und endlich ersetzt werden müssen.

Da der Anlagedruck des Abstreifermaterials in senkrechter Richtung größer ist als in waagerechter Richtung, so ist die aufgetragene Lackschicht nicht überall gleichmäßig. Unter dem Mikroskop zeigt der

Drahtquerschnitt zuzüglich Lackauflage keine kreisrunde, sondern eine schwach elyptische Form. Dieser Mangel wird jedoch durch die Vielzahl der nacheinander aufgebrachten Lackschichten bis zu einem gewissen Grade ausgeglichen.

Die Vertikal-Draht-Lackiermaschinen können ohne Abstreifervorrichtung hergestellt werden. Der überschüssige Lack läuft nach dem Lackauftrag von selbst in den unten angeordneten Lackbehälter zurück. Die Stärke der Lackauflage wird hierbei durch die Viskosität des Drahtlackes geregelt, die auf einen konstanten Wert gehalten werden muß.

Bekanntlich stehen für die Herstellung und Prüfung der Lackdrähte VDE und DIN-Blätter zur Verfügung.

Drahtlacke:

Die für Lackdrähte in Betracht kommenden Isolierlacke sind speziell für diesen Zweck entwickelte, in neuerer Zeit vorwiegend auf synthetischer Basis aufgebaute Einbrenn-Lacke, die früher irrtümlich als

Emaillelacke

bezeichnet wurden. Aus dieser Zeit stammt auch die irrtümliche Bezeichnung

Emaille-Lackdraht

Diese Einbrennlacke sind mit den echten (anorganischen) Emaillen nicht identisch.

In den letzten Jahren haben nur noch die elektrisch beheizten Draht-Lackiermaschinen eine Bedeutung. Die Gasbeheizung mußte aus naheliegenden Gründen zugunsten der elektrischen Heizung zurücktreten. Die Gründe hierfür sind einleuchtend.

Das Einbrennen der Lackschichten erfolgt bei Temperaturen, die in der Regel um 250° Celsius (Kunststofflacke) bis fast 400° Celsius (Öllacke) liegen.

Die jeweils für eine bestimmte Lacksorte in Betracht kommende Einbrenntemperatur muß auf einen möglichst konstanten Wert gehalten werden. Die Temperatur-Regelung kann bekanntlich bei der elektrischen Heizung mit einem höheren Genauigkeitsgrad erfolgen und aus diesem Grunde wird u. a. die elektrische Heizung bevorzugt zum Einsatz gebracht.

Nach diesen Darlegungen könnte es den Anschein erwecken, als ob es sich bei der Lackdrahtherstellung um einen höchst einfachen Vorgang handele.

Indessen stellt die Lackdrahtherstellung — wie allgemein bekannt ist — auch zur Zeit noch (also nach 45 Jahren) ein noch nicht vollständig gelöstes Problem dar, wie aus den nachfolgenden Ausführungen zu ersehen ist.

II. Der Kern des Lackdrahtproblemes

Der Kern des Lackdrahtproblemes liegt

a) in dem zweckdienlichen, rohstofflichen und rezeptlichen Aufbau des Drahtlackes (Angelegenheit des Lackchemikers),

b) in der zweckdienlichen Konstruktion und Ausführung der Draht-Lackiermaschinen (Angelegenheit der Erbauer von Draht-Lackiermaschinen).

Das Problem gemäß Absatz a soll hier nicht ausführlich behandelt, sondern nur in den wesentlichen Punkten erwähnt werden.

Hierzu gehört der kurze Hinweis, daß die in jüngster Zeit auf dem Lackdrahtgebiet erzielten Fortschritte zum weitaus überwiegenden Teil durch die Verbesserung der Drahtlacke erreicht worden sind.

Im Vordergrunde der nachstehenden Betrachtungen steht die zweckdienliche Konstruktion der Draht-Lackiermaschinen gemäß Absatz b.

Einerseits deswegen, weil der Elektromaschinen-, Transformatoren- und Starkstromapparatebau-Fachmann berufen und in der Lage ist, seine speziellen Kenntnisse und beruflichen Erfahrungen bei der konstruktiven Gestaltung neuzeitliche Draht-Lackiermaschinen zum Einsatz zu bringen.

Andrerseits aber auch deswegen, weil die bisher auf dem Lackdrahtgebiet erzielten Fortschritte — wie bereits erwähnt — zum weitaus geringsten Teil auf Verbesserungen an den Lackiermaschinen zurückzuführen ist.

Demnach erscheint die konstruktive Verbesserung der Lackdraht-Lackiermaschinen als eine vordringliche Aufgabe.

III. Die konstruktive Gestaltung der Draht-Lackiermaschinen

Für die zeitgemäße Gestaltung der Draht-Lackiermaschinen sind Kenntnisse und praktische Erfahrungen etwa auf folgenden Gebieten erforderlich:

Wärmetechnik:

Der konstruktive Aufbau der Einbrennretorte fällt z. T. in das Gebiet der Wärmetechnik, z. T. in das Gebiet der Elektrotechnik.

Es handelt sich im wesentlichen darum, innerhalb der Retorte auf eine möglichst wirtschaftliche Art mit Hilfe des elektrischen Stromes eine ausreichende Menge Wärmekalorien zu erzeugen und diese Wärme an der richtigen Stelle für die Trocknung der auf der Drahtoberfläche aufgebrachten Lackschicht zum Einsatz zu bringen.

Hierbei spielt die Querschnittsform, die Größe des lichten Querschnittes und die Länge der Retorte, die Gestaltung und Anordnung der Wärmeisolation der Retorte, die Wärmeträgheit der Retorte, die

Gestaltung und Anordnung der elektrischen Heizkörper, die Belüftung und die Abführung der Lackdünste aus der Retorte sowie die Anordnung der Retorte im konstruktiven Aufbau der Lackiermaschine eine wichtige Rolle.

Elektrotechnik:

Die Wahl der elektrischen Beheizungsart (in der Regel Widerstandsbeheizung), ob direkte oder indirekte Beheizung der Retorte, im letzteren Falle die Wahl und Anordnung hochwärmebeständiger Isolierstoffe (Glimmer, Asbest usw.) zwischen Heizleiter und Retorte, die Berechnung und Dimensionierung des Heizelementes erfordert Kenntnisse und Erfahrungen in der Elektrotechnik.

Temperatur-Meß- und Regeltechnik:

Die Wahl und Anordnung der Wärmefühler in der Retorte (Thermo-Elemente, Ausdehnungs-Elemente) sowie die genaue Messung, Regelung und Registrierung der Einbrenntemperatur über weite Zeiträume erfordert ausreichende Kenntnisse und praktische Erfahrungen in der Meß- und Regeltechnik, insbesondere in der Wahl und Arbeitsweise der Meßinstrumente und Temperaturregler. Hierbei spielt u. a. auch die Konstanthaltung der Heizspannung unabhängig von den Netz-Spannungsschwankungen durch Einordnung selbsttätiger Regeltransformatoren eine wichtige Rolle.

Fertigungskontrolle:

Die geforderte, stets gleichmäßige Beschaffenheit des Lackdrahtes in lacktechnischer Hinsicht (Einbrennhärte usw.) setzt das Vorhandensein einer kontinuierlichen Fertigungskontrolle voraus.

Hier stehen z. B. registrierende Schreibgeräte in Betracht, welche die Möglichkeit bieten, die Höhe der Einbrenntemperatur in der Retorte und die Draht-Abzugsgeschwindigkeit in m/Min. jederzeit abzulesen und für zurückliegende Zeiten nachträglich zur Kontrolle festzustellen. Diese überaus wichtigen Einrichtungen sind bei den zur Zeit im Einsatz befindlichen Lackiermaschinen nur in ganz wenigen Fällen vorhanden.

Es fehlen weiter fast durchweg selbsttätig regelnde Spannungstransformatoren, welche die Heizspannung unabhängig von den schwankenden Netzspannungen auf einen konstanten Wert mit der erforderlichen Präzision regulieren.

Schwankungen in der Heizspannung bedeuten gleichzeitig Schwankungen in der Einbrenntemperatur und folgerichtig auch Schwankungen in der Einbrennhärte der Draht-Lackschicht. Dasselbe bezieht sich auf die Konstanthaltung der Abzugsgeschwindigkeit.

Allgemeiner Maschinenbau:

Eine Anzahl der verschiedenen Konstruktionsteile der Lackiermaschinen werden zweckmäßig in Leichtmetallguß hergestellt.

Andere Teile fallen in das Gebiet der Eisenkonstruktion, Blechbearbeitung, spanabhebende Fertigung, Modellbau, Gießerei, Schweißerei, Passung und Normung.

Für die möglichst stufenlose Regulierung der Draht-Abzugsgeschwindigkeit werden zweckmäßig stufenlose Regelgetriebe zum Einsatz gebracht.

Werkstoffkunde:

Die konstruktive Auslegung neuzeitlicher Draht-Lackiermaschinen erfordert ausreichende Kenntnisse auf dem Gebiete der Werkstoffkunde.

Elektromaschinen-, Transformatoren- und Starkstromapparatebau:

Für die direkte Beheizung blanker Metall- oder Eisenretorten kommen spezielle Heiztransformatoren in Frage, deren Primärwicklungen mit mehreren Heizstufen versehen sind.

Für die automatische Heizspanungs-Regulierung kommen Spannungs-Regeltransformatoren in Betracht.

Der mechanische Antrieb der Lackiermaschinen muß so ausgelegt werden, daß die Motorendrehzahl und somit auch die Abzugsgeschwindigkeit unabhängig von der Belastung und von Netz-Spannungsschwankungen konstant gehalten werden kann.

Technik der Lackdrahtherstellung:

Es dürfte einleuchtend sein, daß der Gestalter und Erbauer neuzeitlicher Draht-Lackiermaschinen auch über Kenntnisse und praktische Erfahrungen auf dem Sondergebiet der Lackdrahtherstellung verfügen muß.

Es kommt letzten Endes darauf an, die Draht-Lackiermaschine so auszulegen und auszurüsten, daß der Fertigungsvorgang mit hohem Genauigkeitsgrad dupliziert werden kann. Dieser Forderung kann aber nur dann entsprochen werden, wenn alle erforderlichen Voraussetzungen erfüllt sind.

Draht-Einbrennlacke:

Es sind auch ganz folgerichtig ausreichende Kenntnisse über den rohstofflichen Aufbau, über die physikalischen und chemischen Eigenschaften sowie über das Verhalten der Lacke im Ablauf des Trocknungs-(Einbrenn-)Vorganges erforderlich.

Von der lacktechnischen Seite aus betrachtet, muß die Draht-Lackiermaschine u. a. so ausgelegt sein, daß die Lackzufuhr zum Auftragsgefäß selbsttätig und in stets gleicher Viskosität des Lackes geschieht.

Wickeltechnik:

Der Konstrukteur und Erbauer neuzeitlicher Lackdrahtmaschinen muß auch die wichtigsten Forderungen kennen, die seitens der Verbraucherschaft hinsichtlich der mechanischen, physikalischen, chemischen und thermischen Eigenschaften an Lackdrähte gestellt werden.

Prüf- und Fertigungsvorschriften:

Auch hierüber sind ausreichende Kenntnisse erforderlich.

Neutralisierung der Abgase bei der Lackdrahtherstellung:

Während des Einbrennvorganges entstehen in der Retorte Lackdämpfe und Gase, die wegen des Geruches und möglicherweise auch wegen der Gesundheitsschädlichkeit über einen Exhaustor abgesaugt und durch entsprechende Einrichtungen neutralisiert werden müssen. Desgleichen besteht die Möglichkeit, daß sich in den Röhren des Absaugsystems Kondensate anlagern, die mit der Zeit zu einer Querschnittsverengung und somit zu Störungen führen können. Die Bildung solcher Kondensate muß durch geeignete Maßnahmen verhindert werden.

Nach diesen Hinweisen gemäß Absatz 1—12 ist ersichtlich, daß an neuzeitliche Draht-Lackiermaschinen eine ganze Anzahl der verschiedensten Forderungen gestellt werden und daß es keineswegs einfach ist, alle diese Bedingungen in zweckdienlicher Weise zu erfüllen.

IV. Die Ausgestaltung des Lackierraumes

Aber selbst die vollkommenste Draht-Lackiermaschine vermag nur dann allen Anforderungen zu entsprechen, wenn am Aufstellungsort die erforderlichen Voraussetzungen erfüllt sind.

Hier müssen beispielsweise Vorkehrungen getroffen werden, die eine Staubbildung im Fertigungsraum (z. B. durch Zugluft) auf ein Minimum beschränken oder sogar verhindern.

Desgleichen verlangt die angestrebte Duplizierbarkeit des Fertigungsvorganges eine möglichst gleichmäßige Raumtemperatur und gleichmäßige Luftfeuchtigkeit.

Zu diesem Zwecke werden an den Ein- und Ausgängen des Fertigungsraumes sogenannte Luftschleusen eingeordnet. Diese Luftschleusen sollen das Eindringen kälterer oder wärmerer Luft in den Fertigungsraum und das Entstehen von Luftwirbeln (Staubwirbel) bestmöglich verhindern.

Der Verfasser sah diese Einrichtung erstmalig in einer großen Lackdrahtfabrik Frankreichs.

Der Fertigungsraum wird zweckmäßig durch eine sogenannte Klimaanlage, und zwar Sommer und Winter, auf eine konstante Raumtemperatur (etwa 20° Celsius) gehalten. Desgleichen wird die relative Luftfeuchtigkeit im Fertigungsraum durch die Klimaanlage gesteuert.

Um Temperaturschwankungen durch direkte Sonneneinstrahlungen zu verhindern, werden die Fenster vielfach mit Sonnenblenden (Vitragen) versehen.

V. Die Konstruktion der Heizretorte

Bei der neuzeitlichen Draht-Lackiermaschine steht die Konstruktion und Beheizung der Einbrennretorte an erster Stelle. Bisher war es allgemein üblich, die Retorte etwa nach Abb. 123 auszulegen.

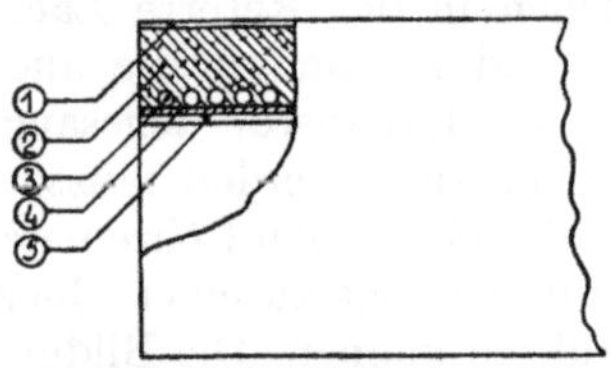

Abb. 123. Einbrennretorte mit indirekter Chromnickel-Widerstandsbeheizung.

1 = Äuß. Metall-Schutzmantel
2 = Wärmeisolierende Masse
3 = Heizwicklung
4 = Glimmerschicht
5 = Retortenrohr

Ein im Querschnitt rechteckig- oder ovalgeformtes Rohr aus Eisenblech wird äußerlich mit Glimmer oder Asbest isoliert. Auf diese Isolierschicht wird unmittelbar der Chromnickel-Heizdraht von entsprechender Länge und Querschnitt aufgewickelt.

Alsdann wird unmittelbar auf dem Heizdraht eine wärmeisolierende Schicht aus Kieselgur, Glaswatte oder dergleichen in einer Stärke von etwa 5—8 cm und hierüber ein Schutzblech angeordnet.

Analog können auch Flachheizkörper allseitig in dem lichten Raum der Retorte angeordnet werden oder es werden im unteren Teil der Retorte in versenkter Anordnung Glühspiralen angebracht, die in den Retortenraum strahlen.

Es ist erklärlich, daß bei dieser Anordnung zwischen der Temperatur des Heizdrahtes und der Temperatur im eigentlichen Einbrennraum ein erhebliches Temperaturgefälle entsteht.

Im ersteren Falle (indirekte Beheizung) wird die in dem Widerstandsdraht erzeugte Wärme über die Glimmer- oder Asbestschicht (beides schlechte Wärmeleiter) auf den lichten Retortenraum übertragen. Hierbei muß natürlich auch die Metallschicht der Retorte durchdrungen werden.

Es ergibt sich hierbei eine gewisse Wärmeträgheit der Retorte und somit auch eine erhebliche Schwierigkeit, eine möglichst geradlinig verlaufende Temperatur-Kennlinie der Retorte zu erreichen.

Die Temperatur-Kennlinie solcher Retorten kann keine gerade Linie sein, weil infolge der eigenen Wärmeträgheit die Voraussetzungen für eine exakte Temperatursteuerung fehlen.

Eine geringere Wärmeträgheit des Heizelementes ist bei der direkten Glühspiralen-Heizung zu erwarten. Jedoch hat diese Heizungsart den

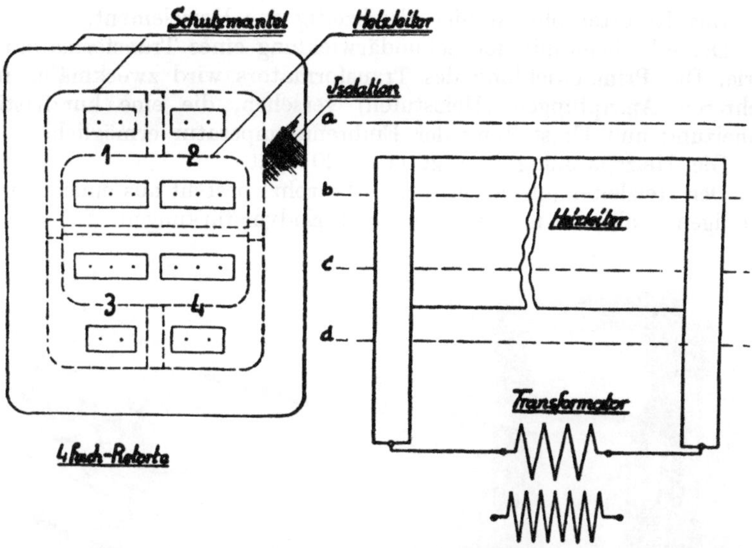

Abb. 124. 4 fach Einbrennretorte nach Raskop mit nur einem Heizelement in direkter Wiederstandsbeheizung über einen Transformator.
-a-, -b-, -c- und -d- = Drahtdurchlauf durch die Retorte.

Nachteil, daß die Lackdünste sich negativ auf die Lebensdauer der rotglühenden Heizspiralen auswirken und es besteht die Möglichkeit einer Entzündung der Lösungsmitteldünste.

Aus diesen und anderen Gründen schlägt der Verfasser die direkte Retortenheizung infolge Stromdurchganges durch das Retortenrohr vor (Abb. 124).

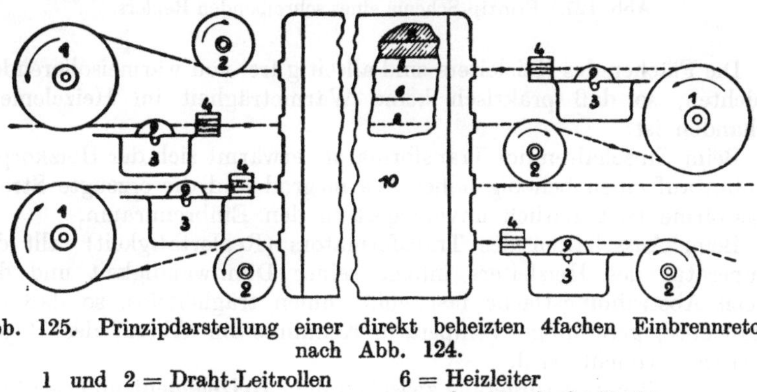

Abb. 125. Prinzipdarstellung einer direkt beheizten 4fachen Einbrennretorte nach Abb. 124.

1 und 2 = Draht-Leitrollen
3 = Lackgefäße
4 = Abstreifer
6 = Heizleiter
8 = durchlaufender Draht
9 = Lackauftragsrolle

Das Retortenrohr ist hier gleichzeitig das Heizelement.

Dasselbe liegt mit der Sekundärwicklung eines Transformators in Serie. Die Primärwicklung des Transformators wird zweckmäßig mit mehreren Anzapfungen (Heizstufen) versehen, die eine kurzfristige Anheizung und Umstellung der Einbrenntemperatur ermöglichen.

Die Heizspannung beträgt etwa 20 Volt.

Der Heizleiter (gleichzeitig Retortenrohr) besteht aus einem dünnwandigen Stahlrohr mit Anfangs- und Endverstärkungen.

Abb. 126.

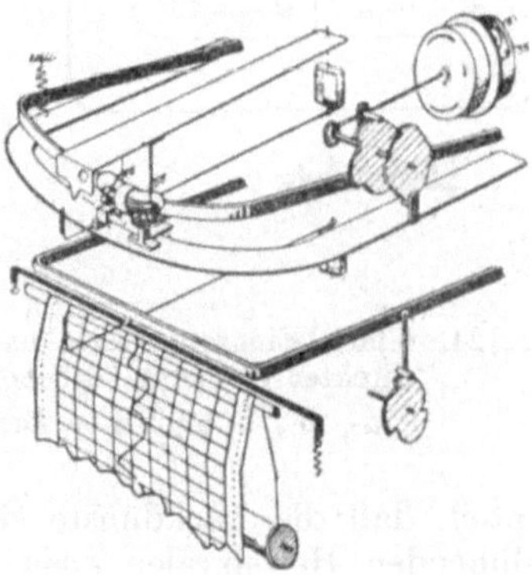

Abb. 127.

Abb. 126. Fallbügel-Regler in Kombination mit einem Temperatur-Schreibgerät. Temperatur-Meß- und Schreibgerät für wärmetechnische Betriebsüberwachung. Werkbild W. H. Joens & Co., Düsseldorf.

Abb. 127. Prinzip-Schema eines schreibenden Reglers.

Die Flächen des Heizleiters sind allseitig frei von wärmeisolierenden Schichten, so daß praktisch keine Wärmeträgheit im Heizelement vorhanden ist.

Beim Einschalten des Transformators erwärmt sich der Heizkörper spontan auf einen beliebig hohen Wärmegrad und die erzeugte Strahlungswärme tritt zeitlich unverzögert in den Einbrennraum.

Beim Ausschalten des Transformators (Reglertätigkeit) fällt die Temperatur des Heizleiters infolge seiner Dünnwandigkeit und der großen Abstrahlungsfläche fast vollkommen trägheitslos, so daß die angestrebte, geradlinige Temperatur-Kennlinie im Ablauf des Regelvorganges erreicht wird.

Da das Temperaturgefälle zwischen dem Heizelement und der Luft im Einbrennraum sehr gering ist, liegt die optimale Einbrenntemperatur nur wenige Grad Celsius unter der Temperatur des Heizleiters (unter Rotglut).

In den Abb. 124 und 125 ist das Prinzip der beschriebenen Retortenbeheizung dargestellt.

Der Heizleiter — gleichzeitig Retortenrohr — besteht in dem Beispiel aus einem dünnwandigen Stahlrohr rechteckigen Querschnittes und ist als 4fach-Retorte ausgelegt.

Die Innen- und Außenflächen des Heizelementes strahlen die Wärme direkt in den Einbrennraum. Die an sich freischwebende Einbrennretorte ist von dem inneren Schutzmantel durch Einbau keramischer Formteile ausreichend elektrisch isoliert. Zwischen dem inneren und äußeren Schutzmantel aus polierten Blech ist eine wärmeisolierende Schicht eingeordnet.

Diese Anordnung und Auslegung hat folgende Vorteile:

a) Das Heizelement ist praktisch trägheitslos und gewährleistet daher eine geradlinige Temperatur-Kennlinie.
b) Das Heizelement gewährleistet kurze Anheizzeiten, da die Wärme unmittelbar im Einbrennrohr erzeugt wird und trägheitslos in den Einbrennraum strahlen kann.
c) Die Temperatur des Heizelementes liegt nur wenige Grade über der optimalen Einbrenntemperatur.
d) Der Wärmewirkungsgrad des Heizelementes ist erheblich besser als bei anderen Beheizungsarten.
e) Sowohl die Innen- als auch die Außenflächen des Heizelementes sind aktiv in den Strahlungsvorgang eingeschaltet.
f) Die Auswechslung des Heizelementes kann gegebenenfalls kurzfristig geschehen. Das Heizelement ist praktisch unverwüstlich.

Die Drahtführung ist gemäß Prinzipdarstellung nach Abb. 125 so gewählt, daß entgegen Abb. 69 sowohl der Hinweg als auch der Rückweg aktiv für den Einbrennvorgang ausgenützt wird. Bei der Auslegung nach Abb. 69 wird jeweils nur ein Weg für den Lackauftrag und Einbrennvorgang ausgenutzt. Der Rückweg ist Leerlauf.

Zusammenfassung der Vorbedingungen, die durch zweckentsprechende Auslegung der Konstruktionsteile und durch Einordnung zusätzlicher Meß- und Regelapparate erfüllt sein müssen

1. **Einbrenntemperatur in der Retorte,**
   die jeweils empirisch ermittelte, optimale Einbrenntemperatur;
2. **Abzugsgeschwindigkeit,**
   die jeweils empirisch ermittelte, optimale Abzugsgeschwindigkeit;
3. **Luftgemisch in der Retorte,**
   die Luftzusammensetzung in der Einbrennretorte;

4. **Viskosität des Drahtlackes,**
die als günstig ermittelte Lackviskosität und Lacktemperatur;

5. **die Lufttemperatur und die Luftfeuchtigkeit im Fertigungsraum,**

6. **die Heizspannung (Netzspannung)**
muß durch geeignete Einrichtungen im Ablauf des kontinuierlichen Einbrennvorganges auf einem konstanten Wert gehalten werden.

7. **Die Temperatur-Kennlinie der Einbrennretorte**
soll einen möglichst geradlinigen Verlauf aufweisen.

8. **Fertigungskontrolle,**
die Einbrenntemperatur in der Retorte und die Abzugsgeschwindigkeit sollen mindestens über den Zeitbereich von 8 Arbeitsstunden durch geeignete, automatisch arbeitende Meß- und Schreibgeräte registriert werden.

Lediglich der Vollständigkeit halber sei erwähnt, daß die Beschaffenheit der zur Verarbeitung kommenden blanken Drähte, insbesondere die Weichheit des Metalles und die gleichmäßige zunder- und oxydfreie Beschaffenheit der Drahtoberfläche ebenfalls als wichtige Voraussetzungen für die Erlangung einer stets gleichmäßigen, fehlerfreien Lackdrahtbeschaffenheit genannt werden können.

Eingeschlossen sind hier der Glüh- und Ziehprozeß sowie die den Lackdrahtherstellern bekannten Vorbehandlungsverfahren, die zur Erlangung einer einwandfreien, lackierfertigen Drahtoberfläche als chemische, mechanische und elektrolytische Reinigungs- und Veredelungsverfahren angewandt werden

Bei diesen Betrachtungen ist davon ausgegangen, daß die Filmbildung auf der Lackdrahtoberfläche durch kurzfristig ablaufende physikalische, chemische und thermische Einflüsse vor sich geht und hierbei auch das Luftgemisch in der Retorte auf die Filmbildung einen Einfluß ausübt.

Ändert sich im kontinuierlichen Ablauf des Einbrennvorganges der eine oder andere bzw. gleichzeitig mehrere der filmbildenden Faktoren, dann muß sich folgerichtig auch die chemische und mechanische Beschaffenheit des Lackfilmes auf der Drahtoberfläche mehr oder weniger ändern.

Erhöht sich beispielsweise infolge Drehzahlsteigerung des Antriebmotors die Abzugsgeschwindigkeit oder fällt die Einbrenntemperatur infolge Spannungsschwankungen im Netz, so erfährt auch die Härte des Lackfilmes und die chemische Beschaffenheit desselben eineV eränderung.

Derselbe Fall kann aber auch eintreten, wenn sich das Luftgemisch in der Retorte durch Drehzahländerung des Absaug-Ventilators oder durch variabele Werte in der Schornsteinwirkung innerhalb des Absaugsystemes verändert.

Es sind also eine ganze Anzahl Faktoren, die je für sich einen Einfluß auf die Filmbildung ausüben und daher beachtet werden müssen.

Hierzu soll nicht unerwähnt bleiben, daß die Drahtlacke in ihrer rohstofflichen und rezeptlichen Zusammensetzung so hergestellt werden, daß dieselben — wie der Fachmann sich ausdrückte — eine ausreichende ±-Fahrspanne aufweisen, d. h. also, daß geringfügige Schwankungen in der Abzugsgeschwindigkeit oder Einbrenntemperatur usw. nicht zu einer nachteiligen Auswirkung kommen.

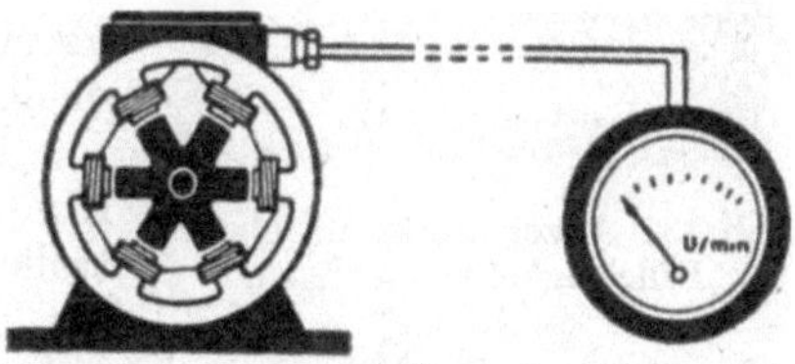

Abb. 128. Prinzipdarstellung einer Drehzahl-Fernmessung.

Wie dehnbar dieser Begriff in Wirklichkeit ist, zeigen die eingangs erwähnten Prüfergebnisse.

Die exakte Erfassung der Oxydations-, Polymerisations- und Kondensationsvorgänge, die bei der Filmbildung in dem Retortenraum eine entscheidend wichtige Rolle spielen, ist nicht einfach, aber auch nicht erforderlich.

Vielmehr kommt es darauf an, die in bezug auf eine bestimmte Drahtlacktype jeweils empirisch ermittelten Optimalwerte der Ein-

Abb. 129.

Abb. 130.

Abb. 129. Ansicht einer Drehzahl-Fernmeßeinrichtung. Der Geber ist am Motor angeordnet, der Anbauort des Anzeigeinstrumentes kann beliebig gewählt werden.

Abb. 130. Anzeigende Ringwaage für Messungen von Drucken im Bereich von 0—1000 mm WS.

brenntemperatur, Abzugsgeschwindigkeit, Viskosität und Temperatur des Drahtlackes im Lackgefäß, Retortenbelüftung usw. dauernd auf einen konstanten Wert gehalten werden.

In der Praxis der Lackdrahtherstellung liegen die Verhältnisse so, daß ein Mann mehrere Lackdrahtmaschinen zu bedienen hat. Während derselbe beispielsweise an der Maschine Nr. 4 zu tun hat, laufen die Maschinen Nr. 1, 2, 3, 5 und 6 ohne Aufsicht. Was während dieser Zeit geschehen ist, kann im Regelfalle nachträglich nicht mehr festgestellt werden, sofern der kontinuierliche Fertigungsvorgang nicht durch eine automatisch arbeitende Betriebskontrolle überwacht und die Einzelwerte zweckdienlich aufgezeichnet werden.

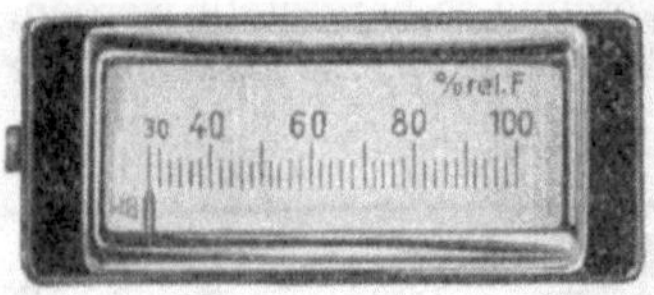

Abb. 131. Anzeigegerät für relative Feuchtigkeitsmessungen.

Diese, bisher noch nicht obligat vorhandene Betriebs- und Fertigungskontrolle baldmöglichst einzuführen, soll eine der Aufgaben der vorliegenden Ausführungen sein. Ein- und Mehrfach-Schreibgeräte, die sich für den genannten Zweck ausgezeichnet eignen, werden von Spezialfabriken hergestellt und kurzfristig geliefert.

An Hand der Meßstreifen können nachträglich die Drahtrollen ausgesondert werden, die infolge vorübergehenden Temperaturschwankungen oder dergleichen eine ungleiche Beschaffenheit aufweisen und somit eine Gefahr für den Lackdrahtverbraucher darstellen.

Abb. 132.

Abb. 133.

Abb. 132. Einfarben-Punktschreiber für die Registrierung von Temperaturen 100—250° Celsius. — Abb. 133. Tragbarer Gaskonzentrationsmesser.

Zusammenfassung:

Die z. Zt. marktüblichen, mit synthetischen Drahtlacken neuester Ausarbeitung hergestellten Lackdrähte mit einer Härteziffer von 8 H und mehr als 8 H weisen in der chemischen und mechanischen Beschaffenheit des Lackfilmes vereinzelt gewisse Gütewertsunterschiede auf, die in mehreren Fällen zu Anlösungsrückschlägen bei der Verbraucherschaft geführt haben.

Die Ergebnisse umfangreicher Kontrollversuche berufener Fachleute berechtigen zu der Annahme, daß diese Qualitätsschwankungen im kausalen Zusammenhang mit Mängeln stehen, die in den Lackdraht-Fertigungseinrichtungen gesucht werden können.

Hierauf wurde hingewiesen und es wurden auch Mittel und Wege aufgezeigt, die zur teilweisen oder gänzlichen Beseitigung der Mängelursachen zum praktischen Einsatz gebracht werden können.

Im Zusammenhang hiermit wurde auf das zur Zeit allgemein übliche Prinzip der Lackdrahtfertigung sowie auf die konstruktive Auslegung der Lackdrahtmaschinen und auf die physikalischen, chemischen und thermischen Vorgänge bei der Filmbildung näher eingegangen.

Es wurde in den Darlegungen unter Beweis gestellt, daß die Duplizierbarkeit des kontinuierlichen Lackdraht-Fertigungsvorgangs und somit die stets gleichmäßige Lackdrahtqualität nur dann mit ausreichender Genauigkeit erreicht werden kann, wenn alle erforderlichen Voraussetzungen hierzu erfüllt sind.

Diese Voraussetzungen wurden im einzelnen aufgezeigt.

Die vorgeschlagenen Verbesserungen können etwa wie folgt zusammengefaßt werden:

1. Retortenkonstruktion mit möglichst geradliniger Temperatur-Kennlinie (direkte Beheizung des Retortenrohres).
2. Konstanthaltung der Heizspannung (Netzspannung) durch Einbau von automatischen Regeltransformatoren.
3. Konstanthaltung der Einbrenn-Temperatur durch Verwendung hochempfindlicher Wärmefühler und automatisch arbeitendem Präzisions-Fallbügel-Temperaturregler.
4. Konstanthaltung der Abzugsgeschwindigkeit durch Verwendung stufenlos arbeitender Regelgetriebe und Wechselstrom-Synchronmotoren (mit konstanter Drehzahl).
5. Konstanthaltung der kontinuierlichen Retortenbelüftung durch drehzahlbeständige Belüfter.
6. Konstanthaltung der Raumtemperatur und Luftfeuchtigkeit durch Einbau einer Klimaanlage im Fertigungsraum. Anordnung von Luftschleusen am Ein- und Ausgang der Fertigungsräume, Anordnung von Fenster-Sonnenblenden (Vitragen).
7. Konstanthaltung der Lackviskosität und Lacktemperatur im Lack-Auftragsgefäß.
8. Einbau von Mehrfach-Schreibgeräten zur Erlangung einer zuverlässigen Fertigungskontrolle.

Für die Lösung der Meß- und Regelprobleme stehen u. a. folgende Möglichkeiten zur Verfügung:

A. Temperaturmessungen und Temperaturregelungen: Betriebskontrolle
   a) Thermo-Elemente als Präzisions-Wärmefühler (Geber),
   b) Drehspul-Millivoltmeter zum Anschluß an Thermoelemente (Empfangsgerät),
   c) Fallbügelregler in Kombination mit
   d) Ein- und Mehrfach-Schreibgeräte (Abb. 7).

B. Messung und Registrierung der Abzugsgeschwindigkeit
   a) Wechselstrom-Magnetinduktor (Geber),
   b) Spannungs- bzw. Frequenzmesser (Empfänger),
   c) Schreibgerät, Mehrfach-Schreibgeräte.

C. Kontrollmessungen des Luftgemisches in der Retorte
   a) Unterdruckmessung:
      Barowaage, Ringwaage, Feder-Druckmesser,
   b) Gasanalyse:
      Wärmeleitfähigkeitsmethode: Anzeige-, Schreib- und Regelgeräte, elektr. Gaskonzentrationsmesser, Rauchgasprüfer, Abgasprüfer.

D. Relative Luftfeuchtigkeitsmessung
   a) Haar-Hygrometer, Widerstandsthermometer (Differentialverfahren),
   b) elektrische Fühlorgane, Meß- und Schreibgeräte.

5. Elektro-Isolierlacke mit besserem Wärmeleitvermögen

Ein bedauerlicher Mangel der bisher üblichen Elektro-Tränklacke ist die geringe Wärmeleitfähigkeit und Wärmedurchlässigkeit.

Die weitere Entwicklung besserer und preiswerterer Elektromaschinen steht mit der Ausarbeitung wärmeleitfähiger Tränklacke im engen Zusammenhang.

Nachdem wahrscheinlich schon in nächster Zeit auch in Europa lösungsmittelfreie Tränklacke zur Verfügung stehen werden, dürfte es eine bevorzugte Aufgabe berufener Fachleute sein, nach Tränklacken mit besseren Wärmeleitvermögen zu forschen. Die bisherigen Ergebnisse müssen leider als unzulänglich bezeichnet werden. Indessen sind die Aussichten für eine Verwirklichung der Idee nicht ungünstig.[1])

---

[1]) Siehe „Plastische Isoliermassen“ S. 69.

6. Elektro-Isolierlacke mit höherer Wärmebeständigkeit

Die Dauerwärmebeständigkeit der auf der Basis organischer Lackrohstoffe hergestellten Elektro-Isolierlacke liegt etwa bei 120° Celsius. Damit war dem Konstrukteur hinsichtlich der thermischen Beanspruchung üblicher Isolierstoffe eine Grenze gesetzt.

Diese Grenze wurde durch die Erfindung der Silikon-Kunstharze in USA nunmehr nennenswert verschoben.

In Silikon-Isolierlacken getränkte Lackdrahtwicklungen vertragen eine Dauertemperatur von etwa 175° Celsius. Diese Lacke gestatten erstmalig die volle Auswertung der Glasgespinst- und Asbest-Isolierstoffe. Sie bedeuten daher eine entscheidende Wende im Elektromaschinen- und Transformatorenbau hinsichtlich der Ausmaße, Gewichte und Preise.

Die Silikon-Harze sind organische Silizium-Verbindungen. Näheres über den chemischen Aufbau und Darstellungsmethoden siehe: Kunststoffe. Band 37, Heft 1/1947, Verlag Carl Hanser, München.

Die rohstoffliche und rezeptliche Zusammensetzung der Drahtlacke

Richtlinien für den Isolierlack-Chemiker

Allgemeines

Die Auswahl der Lackrohstoffe, Lösungs- und Verdünnungsmittel sowie die rezeptliche Zusammensetzung der Drahtlacke ist für den Regelfall Sache des Isolierlack-Chemikers.

An ihn müssen die Belange, Ansprüche, Forderungen und Wünsche der Lackdrahthersteller und Lackdrahtverbraucher klar, eindeutig und frühzeitig herangetragen werden. Der Lackchemiker kann erst dann seine Entwicklungsarbeit mit Aussicht auf Erfolg beginnen, wenn er die vielfältigen Anforderungen, die an Drahtemaillelacke gestellt werden, ausreichend studiert und in sein Gedankengut aufgenommen hat.

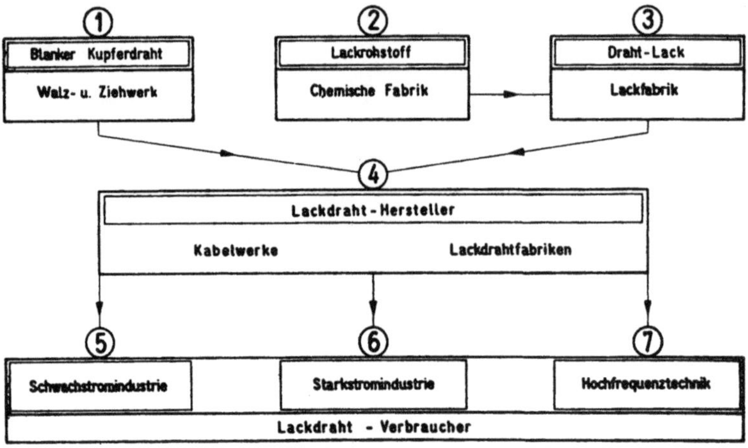

Abb. 134. Übersicht über die an der Herstellung und an dem Verbrauch von Lackdrähten beteiligten Stellen.

Diese Vorarbeit ist von entscheidender Bedeutung für die Lösung des Lackdrahtproblemes überhaupt. Sie sollte mit dem Studium des „Standes der Technik“ auf dem Gebiete der Lackdrahtherstellung beginnen, in der Hauptsache jedoch darauf abgestellt sein, in die vielfältigen, nicht immer einheitlichen Wünsche und Forderungen der Lackdrahthersteller und der Verbraucherschaft bestmöglich einzudringen und diese nach Maßgabe gegebener Möglichkeiten zu erfüllen.

Diese, für den Lackchemiker bedeutsamen Anforderungen liegen teilweise auf dem chemisch-elektrotechnischem Gebiete, zum Teil aber auch auf fabrikationstechnischem Gebiete und können etwa wie folgt zusammengefaßt werden:

A. Die Forderungen der Lackdrahthersteller

1. Die Drahtlacke müssen so beschaffen sein, daß sich dieselben auf den „üblichen“ Horizontal- und Vertikal-Lackiermaschinen unter Anwendung der „üblichen“ Herstellungsverfahren störungslos verarbeiten lassen.

2. Die Forderung zu Ziff. 1 bezieht sich im wesentlichen auf:

a) Die Viskosität des Lackes.

b) Die Höhe der sogenannten Einbrenntemperatur in der Retorte.

c) Die Abzugsgeschwindigkeit der Drähte von der Lackiermaschine.

d) Die Haltbarkeit und Unveränderlichkeit der Lacke während des Versandes, der Lagerung und Verarbeitung auf den Lackiermaschinen.

e) Das Haftvermögen der Lacke auf die Drahtoberfläche der Kupfer- und Aluminium-Drähte.

f) Die Geeignetheit der vom Hersteller vorgeschriebenen und mitgelieferten Lösungs- und Verdünnungsmittel, und zwar sowohl hinsichtlich des mengenmäßigen Bedarfes, des Preises, der Entflammbarkeitsgefahr als auch der Rückgewinnungs- und Wiederverwendungsmöglichkeit derselben.

g) Die Unschädlichkeit und Ungefährlichkeit der Lackdünste, die während des Einbrennvorganges in der Retorte entstehen, sowie auf die Beschaffenheit der Niederschläge, die in der Retorte und in den Dunstabzugsleitungen entstehen können.

3. Die Forderungen erstrecken sich weiter auf die chemischen, physikalischen, thermischen, dielektrischen und mechanischen Eigenschaften und Gütewerte der eingebrannten Lackschicht nach Maßgabe der „Vorschriften für die Prüfung und Bewertung der Lackdrähte“ und den Lieferungs- und Gewährleistungsbedingungen für den Verkauf der Lackdrähte.

B. Forderungen der Lackdraht-Verbraucherschaft

Die verschiedenen Verbrauchergruppen, und zwar:

a) der Elektromaschinen-, Transformatoren- und Starkstromapparate-Bau,

b) die Hochfrequenztechnik (Radio, Bildfunk usw.),

c) die Schwachstromtechnik und Fernmeldetechnik (Telephon, Telegraph, Klingelanlagen)

stellen an die Gütewerte der Lackdrähte entsprechend der verschiedenen Verwendungszwecke verschiedenartige Forderungen.

Diese Forderungen erstrecken sich einerseits auf die nominellen Gütewerte, die in den Vorschriften für die Herstellung und den Verkauf von Lackdrähten enthalten sind (siehe auch Absatz A., Ziff. 3).

Darüber hinaus stellen die einzelnen Verbrauchergruppen Forderungen, die sich auf das Verhalten der Lackdrähte während der Verarbeitung zu isolierten Leitungen (Kabel usw.), Wicklungselementen (Spulen) und Wicklungen verschiedenster Art beziehen, im einzelnen jedoch nicht immer allgemein bekannt sind.

Die Ursache hierfür liegt offenbar darin, daß eine klare Klassifizierung der Lackdrähte gemäß der verschiedenen Verwendungszwecke bisher noch nicht allgemein durchgeführt ist.

Es wäre zweifellos sehr vorteilhaft und würde die Entwicklung hochwertiger Drahtlacke nennenswert erleichtern, wenn sowohl in den Hersteller- als auch in den Verbraucherkreisen eine Klassifizierung der Lackdrähte, beispielsweise für die Belange der

Elektromaschinen-, Transformatoren- und Starkstromapparate-Techniker,

Hochfrequenztechnik,

Schwachstrom- und Fernmeldetechnik

herbeigeführt würde.

C. Kommentare zu den einzelnen Forderungen

Zu Absatz A., Ziff. 1.

Für den Regelfall müssen die Drahtlacke so beschaffen sein, daß dieselben ohne Schwierigkeiten in den Lackdrahtfabriken verarbeitet werden können

Diese Forderung kann leider zur Folge haben, daß hochwertige Lackrohstoffe für die Emaillelacke ausfallen, weil die hieraus herstellbaren Emaillelacke nicht auf den „üblichen Lackiermaschinen" verarbeitet werden können.

Als Beispiel sei hier das in USA aktuelle „Formvar"- und „Formex"-Verfahren genannt. Es handelt sich hier bekanntlich um Emaillelacke, die auf der Basis „Polyvinylazetal" entwickelt werden und sowohl eine Abkehr von den bisher „üblichen“ Lackiermaschinen als auch die Anwendung neuartiger Herstellungsverfahren erfordern.

Dieses Beispiel zeigt, daß zu einem qualitativ oder wirtschaftlich überlegenen Drahtlack die Ausarbeitung neuartiger Lackiermaschinen und Lackdraht-Herstellungsverfahren sehr wohl gerechtfertigt sein kann.

Dem Entwicklungschemiker sollte daher der Mut zum Beschreiten neuer Wege nicht durch starre Vorschriften verbaut werden.

Zu Ziff. 2.

a) In der Regel wird der Drahtlack mit einem relativen Lackkörpergehalt von 40—50% zum Versand gebracht und muß vor dem Gebrauch verdünnt werden.

Die Gebrauchs-Viskosität wird je nach dem Verwendungszweck (Horizontal- oder Vertikal-Lackiermaschinen, Drahtstärke, Lackiermaschinen mit oder ohne Abstreifvorrichtungen usw.) vom Lackdrahthersteller festgelegt und laufend mit Hilfe geeigneter Meßinstrumente (Viskosimeter) sorgfältig überwacht.

b) Die relative Einbrenntemperatur (in der Einbrennretorte, und zwar in der Nähe der durchlaufenden Drähte gemessen) soll tunlichst um etwa 400° Celsius liegen, weil diese Temperatur erfahrungsgemäß ausreicht, dem Kupferdraht die erwünschte Verarbeitungsweichheit zu verleihen.

Liegt die Einbrenntemperatur nennenswert niedriger, dann wird ein Glühen der blanken Kupferdrähte **vor** dem Einbrennprozeß in manchen Fällen nicht zu umgehen sein.

c) Die Abzugsgeschwindigkeit der Drähte von der Lackiermaschine hängt im wesentlichen von der Retortenlänge, von der Höhe der Einbrenntemperatur und von der jeweiligen Drahtstärke ab. Es ist praktisch kaum möglich, für alle Fälle zutreffende Mittelwerte hierfür anzugeben, weil die Retortenlängen und die übrigen Einflüsse in den Lackdrahtfabriken verschieden sind.

Aus diesem Grunde sind im Regelfalle praktische Lackierversuche bei der Verbraucherschaft notwendig. Die grundlegenden Vorversuche im Laboratorium, und zwar unter Einsatz geeigneter Lackiermaschinen, können sich im Regelfalle nur auf bestimmte Verhältnisse (Horizontal- oder Vertikalmaschinen mit bestimmter Retortenlänge, bezogen auf eine bestimmte Drahtstärke) beziehen. Diese Vorversuche sind jedoch unerläßlich.

d) Die Haltbarkeit der Lacke und die Unveränderlichkeit der Lackqualität während des Versandes und der Lagerung, insbesondere aber während der Beanspruchung im Lackauftragsgefäß der Lackiermaschine ist eine nicht zu unterschätzende Forderung. Sie kann ebenfalls nur nach zeitlich ausreichenden, unter Berücksichtigung aller Einflußmöglichkeiten durchgeführten Labor-Versuchen festgestellt werden.

Hier spielen nicht nur Temperaturschwankungen und atmosphärische Einflüsse, sondern auch zeitlich ausgedehnte mechanische und physikalische Beanspruchungen der Emaillelacke im Lackauftragsgefäß eine beachtliche Rolle.

e) Die Ansprüche hinsichtlich der Haftfestigkeit des Lackes auf der Drahtoberfläche können in der Regel verhältnismäßig leicht erfüllt werden.

f) Die Auswahl der Lösungs- und Verdünnungsmittel für Emaillelacke geschieht nach verschiedenen Gesichtspunkten. Über der grundsätzlichen Geeignetheit hinaus darf der mengenmäßige Bedarf während des Einbrennvorganges (Verdunstung) eine gewisse Grenze nicht wesentlich überschreiten. Die beim Einbrennen entstehenden Lackdünste dürfen nicht gesundheitsschädlich sein und geruchlich nicht störend wirken. Insbesondere dürfen sich in den Dunstabzugsrohren keine Kondensate bilden, die den kontinuierlichen Arbeitsvorgang nachteilig beeinflussen oder sogar unmöglich machen. Die verdunsteten Lösungs- und Verdünnungsmittel müssen zurückgewonnen und nach Regenerierung wieder verwendbar sein.

D. Kommentare zu den Forderungen der Lackdraht-Verbraucherschaft

a) Elektromaschinen-, Transformatoren- und Starkstrom Apparatebau

Die Erzielung einer hohen Betriebstüchtigkeit und Lebensdauer der zu Wicklungselementen (Spulen) und kompletten Wicklungen verarbeiteten Lackdrähte erfordert eine Imprägnierung (Tränkung) derselben in geeigneten Tränk-Isolierlacken.

Die fertig geformten Wicklungselemente und Wicklungen werden daher während der Imprägnierung einer chemischen und physikalischen Beanspruchung unterworfen. Aus dieser Beanspruchung ergibt sich eine wichtige Gütewertforderung, nämlich die

Imprägnierfestigkeit

der Lackdrähte.

Unter Imprägnierfestigkeit versteht man hier im wesentlichen die Beständigkeit der Draht-Lackschicht gegen die quellende und lösende Wirkung der in den Tränklacken enthaltenen Lösungs- und Verdünnungsmittel, bezogen auf die Temperaturen und Zeiten, die für eine fach- und sachgemäße Imprägnierung normalerweise aufgewandt werden müssen.

Es sind insgesamt also drei Faktoren, und zwar:

1. Die lösende bzw. quellende Wirkung der Lösungs- und Verdünnungsmittel auf die Lackschicht der Drähte.

2. Die Höhe der Temperatur, die hierbei auf die Lackschicht des Drahtes einwirkt.
3. Die zeitliche Dauer der Einwirkung des erhitzten Tränklackes, die hier berücksichtigt werden müssen.

Die Erfüllung dieser Gütewertforderung ist nicht leicht, aber um so wichtiger und daher auch erstrebenswerter, bezogen auf die Belange des Elektromaschinen-, Transformatoren- und Starkstrom-Apparatebaues.

Die Schwierigkeiten liegen hier in der Tatsache begründet, daß die rohstoffliche und rezeptliche Zusammensetzung der Isolier-Tränklacke sehr verschieden und sowohl dem Hersteller der Emailledrähte als auch dem Hersteller des Emaillelackes, bezogen auf den praktischen Einzelfall, in der Regel nicht bekannt ist.

Die Verhältnisse können als günstiger bezeichnet werden, wenn die Lackfabriken Isolier-Tränklacke herstellen und zur Verfügung halten, die rohstofflich und rezeptlich nicht artverwandt mit den Emaille-Drahtlacken sind und sich somit hinsichtlich der Anlösungsgefahr dem Lackdraht gegenüber mehr oder weniger neutral verhalten.

Sofern der Lackdrahtlieferant in der Lage ist, seinen Kunden eine oder mehrere Tränklacktypen dieser Art anzugeben, läßt sich die Anlösungsgefahr bis zu einem gewissen Grade aus dem Wege räumen. Indessen ist es nur in wenigen Fällen gelungen, neutrale Isolier-Tränklacke herzustellen, die auch sonst allen Anforderungen entsprechen.

Desgleichen ist es noch nicht gelungen, universell imprägnierfeste Lackdrähte fabrikmäßig herzustellen.

Das ist vom Standpunkt des Elektromaschinen-, Transformatoren- und Starkstrom-Apparatebaues bedauerlich. Indessen ist zu berücksichtigen, daß die hiermit zusammenhängenden Schwierigkeiten nicht von einer der an der Lösung des Lackdrahtproblemes beteiligten Kreise allein gelöst, sondern daß nur in enger, zielstrebiger Gemeinschaftsarbeit aller beteiligten Stellen der gangbare Weg hierzu gefunden werden kann.

Der einfachste und zugleich sicherste Weg, dieses Ziel zu erreichen, wäre der, die Herstellung der Lackrohstoffe, der Emaille-Drahtlacke, der Tränklacke und der gebrauchsfertigen Lackdrähte in eine Hand zu vereinigen. In diesem Falle wäre es nicht schwer, die in Betracht kommenden Roh- und Werkstoffe zweckentsprechend auszuwählen und aufeinander abzustimmen.

Überall da, wo diese Voraussetzungen nicht erfüllt werden können, dürfte sich die Bildung einer Interessengemeinschaft empfehlen, die sich im Rahmen einer engen Zusammenarbeit für die Überbrückung der Schwierigkeiten einsetzt.

Es ist nicht schwer zu erkennen, daß hierbei zunächst einmal von der generellen und eindeutigen Klassifizierung der Lackdrähte ausgegangen werden muß.

Als weiterer, wichtiger Gütewert wäre die

Dauer-Wärmebeständigkeit der Lackdrähte

etwa gemäß der Anforderungen nach Werkstoffklasse B herauszustellen. Im Elektromaschinen- und Transformatorenbau rangiert der Lackdraht seit einiger Zeit in der Werkstoffklasse B. Somit kommen innerhalb der Wicklungen Dauertemperaturen von etwa 120° Celsius und mehr (Stauwärme) in Betracht.

Mit Rücksicht darauf, daß die Wicklungen im Regelfalle aus wichtigen Gründen mit hochwertigen Tränklacken imprägniert werden, übernehmen diese Tränklacke einen wesentlichen Teil der thermischen Dauerbeanspruchung, deren Lackdrahtwicklungen betriebsmäßig ausgesetzt sind.

Die bisherigen Erfahrungen, die mit Lackdrähten in bezug auf die Dauer-Wärmebeständigkeit gemacht wurden, können als zufriedenstellend bezeichnet werden.

Der Gütewert „Wärmebeständigkeit“ ist mit dem Gütewert „Alterungsbeständigkeit“ identisch, da die Alterung von der Temperaturhöhe wesentlich beeinflußt wird.

b) Hochfrequenztechnik

Bei dieser Lackdraht-Verbrauchergruppe stehen die Gütewerte:

1. Dielektrischer Verlustwinkel,
2. Chemische Beständigkeit (insbesondere die Wasserfestigkeit),

im Vordergrunde der Interessen.

c) Schwachstromtechnik

Für diese Verbrauchergruppe sind die Gütewertansprüche relativ leicht zu erfüllen.

Die in den Verbrauchergruppen b und c zu Wicklungselementen (Spulen), Kabeln und Leitungen verarbeiteten Lackdrähte werden im Gegensatz zur Verbrauchergruppe a im Regelfalle nicht in Isolier-Tränklacken imprägniert. Ceresin, Bienenwachs und ähnliche Imprägniermittel, die beispielsweise in der Schwachstromtechnik üblich sind, besitzen nicht annähernd die lösenden bzw. quellenden Einflüsse auf die Lackdrahtschicht, als dies bei den Isolier-Tränklacken der Fall ist.

Andererseits hat der dielektrische Verlustwinkel der Lackdrähte im Elektromaschinen- und Transformatorenbau keine nennenswerte Bedeutung. Auch die unbedingte Wasserbeständigkeit der Lackdrähte ist in dieser Verbrauchersparte nicht sonderlich wichtig, weil die fertigen Wicklungen vorgetrocknet und anschließend in hochwertigem Tränklack imprägniert werden. Diese Tränklacke weisen Eigenschaften auf, die möglicherweise der Lackdraht allein nicht oder nicht im ausreichenden Maße besitzt. Überdies ist es üblich, die bereits in Tränklack imprägnierten Wicklungen nachträglich und zusätzlich mit einem besonderen Schutzlack zu überziehen.

Über diese Zusammenhänge muß der Lackchemiker ausreichend unterrichtet sein, um die sich hieraus ergebenden Möglichkeiten in dem rohstofflichen und rezeptlichen Aufbau der Emaillelacke bestmöglich ausschöpfen und auswerten zu können.

Faßt man nun die von den drei hauptsächlichsten Verbrauchergruppen geforderten Lackdraht-Gütewerte zusammen und überträgt dieselben in eine einzige Gütewertvorschrift (Richtlinien für die Bewertung und Prüfung von Lackdrähten), dann treten die mehr oder weniger großen Schwierigkeiten für den Lackchemiker deutlich in die Erscheinung.

Beispielsweise wird die Verbrauchergruppe „Hochfrequenztechnik" einen Lackdraht ablehnen, der keine ausreichende Wasserbeständigkeit oder einen ungünstigen Verlustwinkel aufweist.

Derselbe Lackdraht würde jedoch möglicherweise von der Verbrauchergruppe Elektromaschinen- und Transformatorenbau dankbar aufgenommen, wenn er gleichzeitig eine hohe Imprägnierfestigkeit und Wärmefestigkeit aufweist.

Die bisherige Gepflogenheit, unbeschadet der verschiedenen Ansprüche den Lackdraht = Lackdraht zu setzen und auf dieser Grundlage Entwicklungsarbeiten durchzuführen, muß sich folgerichtig sowohl für den Lackchemiker als auch für die Verbraucherschaft nachteilig auswirken.

Aus dieser Betrachtung ergibt sich auch die Erkenntnis, daß die Richtlinien für die Prüfung und Bewertung von Lackdrähten für die einzelnen Verbrauchergruppen gesondert aufgestellt werden müssen. Zumindest sollte dies solange geschehen, bis universell verwendbare Lackdrähte, die den Anforderungen aller Verbrauchergruppen entsprechen, hergestellt werden können. Das ist z. Zt. leider noch nicht der Fall.

Zusammenstellung der Lackdraht-Gütewerte

Eine Zusammenstellung der wichtigsten Lackdraht-Gütewerte ergibt etwa folgende Übersicht:

1. Elastizität der Lackschicht vor und nach der Alterung (Dorn-Wickelprobe).
2. Fehlerzahl je Meter i.d. Lackschicht (Fehlerzahl-Meßeinrichtung).
3. Dauer-Wärmebeständigkeit (Wärmeprobe).
4. Chemische Beständigkeit gegen Luftfeuchtigkeit, Lösungs- und Verdünnungsmittel, Öl, Laugen, Ceresin, Bienenwachs usw.

a) bei Raumtemperatur (etwa 20° Celsius),
b) bei Betriebstemperatur, bezogen auf den jeweiligen Verwendungszweck,
c) zeitliche Einwirkung gemäß der tatsächlichen Beanspruchung i. d. Praxis.

5. Elektrische Durchschlagsfestigkeit und zwar:
   a) unter gewissen atmosphärischen Einflüssen (Luftfeuchtigkeit, Temperatur usw.),
   b) bei gleichzeitiger Einwirkung von Wärme und Druck (Wärme-Druckprüfung),
   c) unter Berücksichtigung der mechanischen Beanspruchung während der Verarbeitung zu Wicklungen (Drahtspannung, Biegung, Abrieb),
   d) unter Berücksichtigung der lösenden und quellenden Eigenschaften der Lösungs- und Verdünnungsmittel. (Prüfung nach der Imprägnierung und Trocknung.)
6. Der dielektrische Verlustwinkel.
7. Die Elektrizitätskonstante.
8. Prüfung auf Zug- und Dehnungsfestigkeit der Lackschicht (Dehnungs- und Reißprobe).
9. Haftfestigkeit der Lackschicht auf Kupfer und Aluminium (blank).
10. Der Durchgangswiderstand der Lackschicht.
11. Die Gleichmäßigkeit des Lackauftrages auf der Drahtoberfläche.
12. Lagerbeständigkeit (Einfluß von Luftfeuchtigkeit, Wärme, Kälte, Sauerstoff, Licht, Spaltpilze usw. während des Versandes und der Lagerung).

Allein diese Grundforderungen stellen den Lackchemiker vor schwierige Aufgaben, wenn er seine Entwicklungsarbeiten mit der Herstellung oder Auswahl der Lackrohstoffe, sowie mit der Auswahl weichmachender Zusätze, Lösungs- und Verdünnungsmittel usw. beginnt.

Über eine Vielzahl kleiner Vorversuche auf Papier oder Blechstreifen im Versuchsofen führt dann der Weg zu den praktischen Versuchen unter Einsatz von „üblichen" Lackiermaschinen und Einschaltung betriebsmäßiger Bedingungen.

Für die Durchführung der Entwicklungsarbeiten müssen über die Ausstattung eines chemischen Laboratoriums hinaus etwa folgende Apparaturen und Hilfsmittel zur Verfügung stehen:

Zusammenstellung der Prüfapparaturen

a) Mindestens je eine Horizontal- und Vertikal-Lackiermaschine „üblicher" Konstruktion.
b) Mehrere Versuchs-Trockenöfen mit autom. Temperatursteuer-Anlage, für Dauertemperaturen bis etwa 400° Celsius.

c) Eine Fehlerzahl-Meßbrücke zur Ermittelung der Fehlerzahl je Meter Lackdraht.
d) Eine Apparatur für die Dehnungsprüfung.
e) Eine Apparatur für die Wärmedruckprüfung.
f) Eine Apparatur für die elektrische Durchschlagsprüfung.
g) Eine Apparatur für den dielektrischen Verlustwinkel.
h) Eine Apparatur für die Messung des Durchgangs-Widerstandes (Röhren-Voltmeter). Meßbrücke.
i) Eine desgl. für die Prüfung auf mechanische Beanspruchung des Lackdrahtes (Zug, Druck, Knickung, Biegung, Reibung usw.).
k) Eine desgl. für die Dorn-Wickelprüfung.
l) Eine desgl. für die Bestimmung der Filmstärke (Zunahme des Lackdrahtes durch den Lackauftrag).
m) Nach Möglichkeit ein Klima-Schrank.
n) Ein Mikroskop mit Fotokamera für Mikro-Aufnahmen.

Für die Beseitigung des Ausschusses infolge der Anlösungs- und Druckschäden bei der Imprägnierung der Lackdrahtwicklungen bieten sich drei Möglichkeiten, die etwa wie folgt aufgezeigt werden können:

1. In der Entwicklung eines Drahtlackes, mit dessen Hilfe wirklich lösungsmittelfeste Lackdrähte hergestellt werden können.
2. In der Entwicklung eines Isolier-Tränklackes, welcher alle geforderten Eigenschaften aufweist, jedoch mit Lösungs- und Verdünnungsmittel gearbeitet ist, die sich dem Lackdraht gegenüber völlig neutral verhalten.
3. In einer zusätzlichen Umspinnung oder Bewicklung des Lackdrahtes mit geeigneten Spinnstoffen (z. B. Seide, Kunstseide, Baumwolle, Zellwolle usw.) oder wärme- und lösungsmittelbeständigen Kunststoffolien (z. B. Triacetatfolien mit Wärmebeständigkeit von etwa 120—150° Celsius).

Zu Ziff. 1.

Die rohstoffliche und rezeptliche Zusammensetzung imprägnierfester Drahtlacke ist und bleibt eine Aufgabe des berufenen Isolierlack-Chemikers. An Lackrohstoffen kommen in Betracht:

a) Härtbare Kunstharztypen, die unter Einfluß von Wärme in den sogenannten C-Zustand (unlöslicher Zustand) übergehen.
b) Polymere Kunst-Lackrohstoffe, die durch Einfügen eines Katalysators und unter Einfluß von Wärme in angemessenen Zeiten einen imprägnierfesten Lackfilm ergeben.

Die Möglichkeit zu a) enthält die Schwierigkeit, den Grad der Aushärtung des Lackfilmes so zu treffen, daß in dem Einbrennvorgang während der Lackdrahtherstellung die erforderliche Elastizität der Lackschicht (Dorn-Wickelprobe nach VDE Blatt 6450) erzielt wird.

Die optimale Einbrenntemperatur in der Retorte und die Abzugsgeschwindigkeit muß hierbei in einer Plus-Minus-Spanne liegen, die den betriebsmäßig gegebenen Schwankungen im Herstellungsverfahren entspricht.

Die Erfüllung dieser Forderungen ist nicht leicht. Bei nicht völliger Aushärtung ist die Imprägnierfestigkeit des Lackfilmes nicht vollkommen, bei einer Überhärtung ist die Elastizität des Lackfilmes zu gering.

Andererseits sind der Einarbeitung von Weichmachern gewisse Grenzen gesetzt.

Hierzu kann festgestellt werden, daß die Forderungen hinsichtlich Elastizität der Lackschicht (Dorn-Wickelprobe und Alterungsprobe) im Elektromaschinen- und Transformatorenbau wesentlich geringer als in der Dorn-Wickel- und Alterungsprobe gemäß VDE Blatt 6450 vorgeschrieben sind.

Die bisherigen Versuche mit härtbaren Kunstharztypen verliefen negativ, weil die Forderungen der Dorn-Wickelprobe nach VDE 6450 nicht voll erfüllt werden konnten. Dafür waren aber die Drähte 100prozentig imprägnierfest, d. h. die Lackschicht der Drähte veränderte sich weder in den üblichen Lack-Lösungs- und Verdünnungsmitteln noch in erhitzten Isolier-Tränklacken, die nach den üblichen Zusammensetzungen von Lackfabriken angeboten werden.

Diese Drähte entsprachen den Anforderungen des Elektromaschinen- und Transformatorenbaues, wurden jedoch abgelehnt, weil sie den Anforderungen der übrigen Sparten der Lackdrahtverbraucherschaft hinsichtlich der Dorn-Wickelprobe nicht entsprachen (Nachteil des allgemein üblichen Einheits-Lackdrahttypes).

Die Möglichkeiten zu b) sind noch nicht voll ausgeschöpft bzw. der Einsatz dieser Lackrohstoffe hat das Anfangsstadium noch nicht überschritten.

Man hat auch versucht, mit Hilfe von Drahtlacken auf der Basis härtbarer Kunstharze (z. B. modifizierte Phenolharze, Albertole usw.) Lackdrähte in nicht ganz ausgehärtetem Zustand zu Wicklungen zu verarbeiten, anschließend im Ofen auszuhärten und alsdann in Tränklack zu imprägnieren. Die Drähte besitzen im nicht ganz ausgehärtetem Zustand eine höhere Elastizität und durch die nachträgliche Aushärtung wird die volle Imprägnierfestigkeit erreicht. Dieses Verfahren hat sich ebenfalls nicht eingeführt, obgleich es eine immerhin brauchbare Notlösung darstellt.

Auf ähnlichem Gebiete liegt der Versuch, bei Normalschichtdrähten die ersten drei Lackauflagen mit hochelastischen Öllacken, die beiden anschließenden Lackauflagen jedoch mit härtbaren Kunstharzlacken herzustellen. Auch dieser Methode blieb der Erfolg auf der großen Linie versagt.

Zu Ziff. 2.

Der Versuch, das Lackdrahtproblem im Elektromaschinenbau mit Hilfe völlig neutraler Tränklacke zu lösen, ist wiederholt unternommen worden, jedoch sind dieselben über das Laborstadium nicht hinausgegangen.

Die aussichtsreiche Verarbeitung nicht imprägnierfester Lackdrähte ist zweifellos möglich, wenn es gelingt, einen Tränklack herzustellen, der die geforderten Eigenschaften und Gütewerte (Backfähigkeit, kurzfristige und restlose Durchtrocknung in den tieferen Wicklungslagen und im Tropfen, Nichtwiedererweichen bei Betriebswärme der Wicklungen) aufweist und außerdem die Lackschicht der Drähte (auch im erhitzten Zustande) in keiner Weise zur Quellung bringt oder sogar anlöst.

Es gibt beispielsweise wasserlösliche Kunstharz-Emulsionen, die nach erfolgter Trocknung wasserfeste Eigenschaften zeigen. Wasser ist für den Elektromaschinenbau jedoch ein unsympatisches Lösungs- bzw. Verdünnungsmittel, aber es kann im Ablauf des Trocknungsprozesses (in geeigneten Trockenöfen), notfalls unter Einsatz eines Vakuums, restlos aus den Wicklungen entfernt werden. Die Güte einer solchen Imprägnierung könnte ohne Schwierigkeiten durch nachträgliche Anwendung besonders geeigneter Überzugslacke nach Bedarf erhöht werden. Diese Überzugslacke könnten mit den bisher üblichen Lösungs- und Verdünnungsmitteln (Benzol, Benzin, Alkohol usw.) gearbeitet sein.

Es kommt übrigens nicht auf die Mittel und Wege an, sondern auf den Enderfolg. Hierzu gehört indessen der Mut, einmal vom Althergebrachten abzuweichen und wenn nötig, anscheinend abstrakte Mittel anzuwenden, wenn im Enderfolg einem bestehenden Bedürfnis Rechnung getragen werden kann.

Die Lösung des Lackdrahtproblemes in dieser Richtung beginnt durch die in USA bereits zum Einsatz gebrachten, lösungsmittelfreien (schwundfreie) Isolierlacke feste Formen anzunehmen.

Zu Ziff. 3.

Die zusätzliche Umspinnung oder Bewicklung von Lackdrähten ist eine Halbheit, die gleichzeitig mit einer wesentlichen Verteuerung des Wickeldrahtes, verminderter Wärmeabgabe, schlechteren Füllfaktor und anderen Nachteilen einhergeht. Wenn diese Methode trotzdem auch z. Zt. noch vielfach angewandt wird, dann kennzeichnet dieselbe die Tatsache der Unzulänglichkeit der bisher üblichen Lackdrähte hinsichtlich der Imprägnierfestigkeit. Umsponnene oder bewickelte Lackdrähte sind gleichbedeutend mit einer Abkehr von den Lackdrähten und deren Eigenschaften, die im Elektromaschinenbau den Anlaß zu ihrer Verwendung gaben (geringer Raumbedarf, gute Wärmeabgabe, geringerer Preis den umsponnenen Drähten gegenüber).

Überdies mangelt es z. Zt. an geeigneten Spinnstoffen, wärmefesten Kunststoffolien und an Spezialmaschinen (Umspinnmaschinen, Wickelmaschinen).

Eine beachtliche Zwischenlösung stellen die unter der Bezeichnung DEKAFOL-Drähte von den Deutschen Kabelwerken Berlin herausgebrachten Wickeldrähte dar, die an Stelle der Lackierung bzw. Umspinnung oder Bewicklung eine nahtlose Folien-Isolation aufweisen. Die Isolationszunahme ist bei diesen Drähten etwas stärker, als bei den Normalschicht-Lackdrähten. Die hierbei verwendeten Folien sind beständig in Benzin- und Benzolkohlenwasserstoffen, dagegen nicht in Alkoholen cholorierten Kohlenwasserstoffen, Ketonen und Estern.

So bieten auch die Kunststoffolien keine vollkommene Lösung den wirklich imprägnierfesten Lackdrähten gegenüber.

Die Lösung des Kernproblemes liegt zweifellos auf dem Gebiete der Lackrohstoffherstellung und im Arbeitsbereich des Isolierlack-Chemikers, dem die vorstehenden Darlegungen als Anregung dienen sollen.

Hinsichtlich der rohstofflichen und rezeptlichen Zusammensetzung der Drahtlacke wurden in den letzten Jahren seitens der berufenen Isolierlackhersteller erhebliche Fortschritte erzielt, an welchen u. a. die Fa. Dr. Beck & Co., G. m. b. H. in Hamburg 28 hervorragend beteiligt ist.

Angeregt durch das im Jahre 1938/39 in den USA ausgearbeitete Formex-Formvar-Lackdraht-Herstellungsverfahren (Polyvinylazetal), des Nylon-Lackrohstoffes und anderer Neustoffe entstanden in zielstrebiger Forschungs- und Entwicklungsarbeit eine Reihe neuer Drahtlacktypen, mit deren Hilfe zur Zeit Lackdrähte hergestellt werden, die den Weltmarktgütewerten entsprechen.

Als besonders bemerkenswert sei die erheblich verbesserte Imprägnierbeständigkeit und die erhöhte Wärmebeständigkeit der neuen deutschen Lackdrähte erwähnt. Die DIN-Härteziffer dieser neuen Lackdrähte liegen bei 8 H und darüber (DIN-Blatt 46 453).

Es verdient hervorgehoben zu werden, daß dieser erfreuliche Fortschritt in der deutschen Lackdrahtherstellung zum weitaus überwiegenden Teil der Initiative berufener Isolierlackchemiker zu verdanken ist.

Damit ist die Entwicklung auf dem Gebiete der Lackdrahtherstellung jedoch noch nicht zu einem endgültigen Abschluß gekommen. Sowohl auf dem Lackrohstoffgebiet als auch auf dem Gebiete der Drahtlackherstellung kann mit weiteren Neuausarbeitungen gerechnet werden.

Weitere Verbesserungen sind hinsichtlich der konstruktiven Gestaltung — insbesondere in wärmetechnischer und meßtechnischer Hinsicht — der Drahtlackiermaschinen möglich und zu erwarten. An erster

Stelle steht hier die obligate Einführung einer zuverlässigen, kontinuierlichen Lackdraht-Fertigungskontrolle mit Hilfe schreibender Meßgeräte. Die neuzeitliche Meßtechnik bietet ausreichende Möglichkeiten für die exakte Steuerung der Heizspannung, der Einbrenntemperatur, der Abzugsgeschwindigkeit und des Gas/Luftgemisches in der Einbrennretorte. Die meßtechnische Erfassung aller filmbildenden Faktoren und die automatische Konstanthaltung der einzelnen Optimalwerte dieser Faktoren ist die Voraussetzung für eine stets gleichmäßige Beschaffenheit der Lackdrähte. In dieser Beziehung sind erhebliche Verbesserungen notwendig und erreichbar.

Stichwortverzeichnis

A

Abzugsgeschwindigkeit-Lackdrahtherstellung 237
Acetylzellulose 19
Alterung des Lackfilmes 178
Alterungsbeständigkeit 25, 177, 216
Alterungsprobe bei Lackdrähten 147
Alkydale 16
Ankerspulen für Straßenbahnmotoren 192
ANORGANA, G.m.b.H. Gendorf 199
Anorganische Isolierstoffe 112, 177
Anlösungserscheinungen bei Lackdrähten 6, 149
Asphalte als Lackrohstoffe 2
Asbestisolierte Dynamodrähte 4, 42
Auswahl der Isolierlacke 32, 216
Ausblick auf „bessere“ Isolierlacke 219
Ausschleudern der Tränklacke 167
Äthylzellulose 19

B

Bakelite 13
Baekeland-Patente 13
Backvermögen der Isolierlacke 2, 24
Beständigkeit gegen Wasser 144
Bekacite-Lackrohstoffe 15
Benzylzellulose 19
Bessere Isolierlacke 219
Bildung des Lackfilmes 183
Bitumina als Lackrohstoff 11
Bifilar gewickelte Prüfspulen 145
Bleistift-Prüfverfahren für Lackdrähte 149

C

Chlorkautschuk-Lacke 19

D

Dielektrizitätskonstante 144
Dielektrische Verluste 143
Doppelkopf-Ankerspulen 192
Drehzahl-Fernmessung-Abzugsgeschwindigkeit 237
Drahtlacke 67, 227
Durchschlagsfestigkeit 27
Durchgangswiderstand 28
Dynamoblech-Lacke 43

E

Einbrennlacke 132
Eindringvermögen der Isolierlacke 24, 39, 217
Einrichtungen für Lackdrahtherstellung 57, 250
Einbrennretorten für Lackdrahtherstellung 232
Eigenschaften und Gütewerte der Lacke 23
Elastizität des Lackfilmes 25, 39
Erwärmungsprobe der Isolierlacke 28

F

Fallbügel-Regler 105, 234
Fehlschläge bei Imprägnierung von Wicklungen 165
Fehlerzahl-Prüfeinrichtung/Lackdrähte 147
Fertigungskontrolle/Lackdrähte 229
Feuchtigkeitsmesser 238
Feuchtigkeit in den Blechpaketen 196
Feuchtigkeitsaufnahme 26
Filmbildung 183
Formex-Lackdraht-Herstellung 220

G

Galvanotechnik-Isolierlacke 59
Gaskonzentrationsmesser 238
Gattungsbegriffe für Isolierlacke 200
Glasgewebe 113
Glasgespinnst-Isolierbänder 92
Glasseideumsponnene Drähte 189
GENOTHERM-Folie 198

Graphische Darstellung einer Härtekurve 91
Großflächenheizung-Trockenöfen 119
Grünspanbildung bei Wicklungen 168
Glyptalharz-Isolierlacke 15

H

Härtbare Kunstharz-Isolierlacke 15, 100
Härtbare Kunstharzlacke/Trockenkurve 104
Härtekurven für Isolierlacke 49, 104

I

Imprägnier-Einrichtungen 77, 109
Imprägniervorgang bei Silikonlacken 109
Isolierlacke für umlaufende Wicklungen 37
Isolierlacke für Stab- und Bandwicklungen 47
Imprägnierung von Lackdrahtwicklungen 155
Imprägnierproblem/Straßenbahnmotoren 195
Infrarot-Trockenverfahren 128

K

Kaltplastische Isoliermassen 68
Katalysator (Lacktrocknung) 219
Klima-Anlage/Lackdrahtherstellung 231
Klassifizierung/Lackdrähte 133
Kleinstanker mit hohen Drehzahlen 2, 166
Kondensatbildung bei Motoren 195
Kriechstromsichere Isolierlacke 65
Konstruktion von Heizretorten/Lackdrahtherstellung 232
Kunststof-Folien-Feuchtigkeitsschutz 198

L

Lackdraht im Elektromaschinenbau 5, 149
Lackrohstoffe für Isolierlacke 9
Lack-Lösungsmittel 11
Lack-Kabel 56
Lackdraht-Herstellung 132, 224
Lackdrahtmaschinen 134
Lackdraht-Prüfgerät nach Raskop 150
Lackdraht-Probleme 228
Leitsätze für die Prüfung von Isolierlacken 12, 200
Lösungsmittelfrei — Tränklacke 23, 219
Luftumwälzung im Trockenofen 127
Luftschleusen/Lackdrahtherstellung 231
Luft- und ofentrocknende Isolierlacke 34

M

Mittelfrequenz-Trockenanlagen 125
Movitale (Polyvinylazetale) 20

N

Näpfchen-Probe 212
Neutralisierung der Abgase/Lackdrahtherstellung 231
Nitrozellulose 19
Nylon-Lackrohstoff 21

O

Oberflächenschutz-Lacke 30
Ölleinen, Ölseide, Ölschläuche 65
Ölbeständigkeit der Isolierlacke 25, 216

P

Phenol-Formaldehyd 13
Plastopale 17
Plastische Isoliermassen 68
Plexigum J 16, 18
Pioloform (Polyvinylazetal) 20
Polymerisation 219
Polyvinylazetal 20
Programm-Temperatur-Regler 106
Prüfverfahren 208
Prüfung auf Säure- und Laugenfestigkeit 210
Prüfung gegen Wasser 211

R

Retorten für Lackdraht-Lackiermaschinen 232

S

Silikonlacke 107
Silikone-Lackrohstoffe 21
Spannungs-Prüfgerät für Lackdrähte 142

Sch

Schellack 20
Schleuderfestigkeit der Isolierlacke 26, 206
Schwarze oder helle Lacke 33

Schwefeldioxyddämpfe/Kühlschränke 45
Schwundfreie Tränklacke 23

St

Stab-Regler 122
Stand der Imprägniertechnik 1
Straßenbahn-Motoren 187

T

Temperatur-Steuerung 122, 229
Thermische Wicklungsschäden 175
Tiefentrocknung 202
Trockenzeiten für Isolierlacke 27, 35, 202
Transformator-Blechlacke 43
Tränkung der Lackdrahtwicklungen 160
Trocknung imprägnierter Werkstücke 88
Trockenkurven für Tränklacke 94, 104
Trockenöfen 115
Trockenofen nach Raskop 118
Trocknung infolge Stromdurchganges 125
Trocknung mit Mittelfrequenz-Verfahren 125
Trocknung mittels Katalysatoren 219
Trockenverfahren 203
Tropenschutz-Isolierlacke 60

U

Überzugslacke 30

V

Vakuum-Imprägniereinrichtungen 78
Vergrünungen von Wicklungen 168
Verlauf einer Trockenkurve 187
Vereinfachte Darstellung der Silikonlacke 22
Viskosimeter 74
Verlustwinkel 143
Verdünnung der Isolierlacke 73
Vorimprägnierung der Wickeldrähte 52, 189

W

Warmplastische Isoliermassen 69
Wärmebeständigkeit der Isolierlacke 29, 176, 204, 241
Wahl der Isolierlacke 32
Wärmeleitfähigkeit der Isolierlacke 27, 209, 240
Wasserlagerungsprobe 28
Wasserbeständigkeit 211
Wickellocken-Prüfung/Lackdrähte 151
Weichmacher (Weichhalter) 25

Z

Zellulose 19

Anzeigen

Kunststoffe
Hartpapier
Preßspan
Vulkanfiber
G.E. Kuhnel
WERKSTOFFE FÜR ELEKTROTECHNIK
KÖLN 1
SCHLIESSFACH 155
Anker-Material
Kollektoren
Lack-, Dynamo- u.
Widerstandsdrähte

DR. BECK & CO. GMBH
LACK-ISOLATION
SEIT 1904
DIE TRÄNKLACKE
für Wicklungen u. Spulen:
ELMO-LACKE
TENTRONITE
INSULATORS
SILICONITE
ferner
KABEL- u. SCHALTDRAHTLACKE · IMPRÄGNIERLACKE FÜR GLAS UND GEWEBE · TROPEN- u. EXPLOSIONSFESTE SCHUTZLACKE
DR. BECK & CO GMBH HAMBURG 28

Bei Fragen zur Produktsicherheit wenden Sie sich bitte an:
If you have any questions regarding product safety,
please contact:

Walter de Gruyter GmbH
Genthiner Straße 13
10785 Berlin
productsafety@degruyterbrill.com